"十三五"国家重点图书出版规划项目

中国特色畜禽遗传资源保护与利用丛书

蜀 宣 花 牛

王 淮 主编

中国农业出版社

北 京

丛书编委会

本书编写人员

主　编	王　淮
副主编	付茂忠　易　军　王　巍
编　者	王　淮　付茂忠　易　军　王　巍　赵益元
	李自成　唐　慧　季　杨　李　强　石长庚
	甘　佳　方东辉　梁小玉　林胜华　王秋实
	赵仕义　桂　成　胡远彬　石　溢　赵纯超
	曹　伟　杨　嵩
审　稿	李俊雅　刘宗慧

　　我国是世界上畜禽遗传资源最为丰富的国家之一。多样化的地理生态环境、长期的自然选择和人工选育，造就了众多体型外貌各异、经济性状各具特色的畜禽遗传资源。入选《中国畜禽遗传资源志》的地方畜禽品种达 500 多个、自主培育品种达 100 多个，保护、利用好我国畜禽遗传资源是一项宏伟的事业。

　　国以农为本，农以种为先。习近平总书记高度重视种业的安全与发展问题，曾在多个场合反复强调，"要下决心把民族种业搞上去，抓紧培育具有自主知识产权的优良品种，从源头上保障国家粮食安全"。近年来，我国畜禽遗传资源保护与利用工作加快推进，成效斐然：完成了新中国成立以来第二次全国畜禽遗传资源调查；颁布实施了《中华人民共和国畜牧法》及配套规章；发布了国家级、省级畜禽遗传资源保护名录；资源保护条件能力建设不断提升，支持建设了一大批保种场、保护区和基因库；种质创制推陈出新，培育出一批生产性能优越、市场广泛认可的畜禽新品种和配套系，取得了显著的经济效益和社会效益，为畜牧业发展和农牧民脱贫增收作出了重要贡献。然而，目前我国系统、全面地介绍单一地方畜禽遗传资源的出版物极少，这与我国作为世界畜禽遗传资源大国的地位极不相称，不利于优良地方畜禽遗传资源的合理保护和科学开发利用，也不利于加快推进现代畜禽种业建设。

为普及对畜禽遗传资源保护与开发利用的技术指导，助力做大做强优势特色畜牧产业，抢占种质科技的战略制高点，在农业农村部种业管理司领导下，由全国畜牧总站策划、中国农业出版社出版了这套"中国特色畜禽遗传资源保护与利用丛书"。该丛书立足于全国畜禽遗传资源保护与利用工作的宏观布局，组织以国家畜禽遗传资源委员会专家、各地方畜禽品种保护与利用从业专家为主体的作者队伍，以每个畜禽品种作为独立分册，收集汇编了各品种在管、产、学、研、用等相关行业中积累形成的数据和资料，集中展现了畜禽遗传资源领域最新的科技知识、实践经验、技术进展与成果。该丛书覆盖面广、内容丰富、权威性高、实用性强，既可为加强畜禽遗传资源保护、促进资源开发利用、制定产业发展相关规划等提供科学依据，也可作为广大畜牧从业者、科研教学工作者的作业指导书和参考工具书，学术与实用价值兼备。

丛书编委会

2019 年 12 月

序言

　　我国是世界畜禽遗传资源大国，具有数量众多、各具特色的畜禽遗传资源。这些丰富的畜禽遗传资源是畜禽育种事业和畜牧业持续健康发展的物质基础，是国家食物安全和经济产业安全的重要保障。

　　随着经济社会的发展，人们对畜禽遗传资源认识的深入，特色畜禽遗传资源的保护与开发利用日益受到国家重视和全社会关注。切实做好畜禽遗传资源保护与利用，进一步发挥我国特色畜禽遗传资源在育种事业和畜牧业生产中的作用，还需要科学系统的技术支持。

　　"中国特色畜禽遗传资源保护与利用丛书"是一套系统总结、翔实阐述我国优良畜禽遗传资源的科技著作。丛书选取一批特性突出、研究深入、开发成效明显、对促进地方经济发展意义重大的地方畜禽品种和自主培育品种，以每个品种作为独立分册，系统全面地介绍了品种的历史渊源、特征特性、保种选育、营养需要、饲养管理、疫病防治、利用开发、品牌建设等内容，有些品种还附录了相关标准与技术规范、产业化开发模式等资料。丛书可为大专院校、科研单位和畜牧从业者提供有益学习和参考，对于进一步加强畜禽遗

1

传资源保护，促进资源可持续利用，加快现代畜禽种业建设，助力特色畜牧业发展等都具有重要价值。

中国科学院院士
中国农业大学教授 吴常信

2019 年 12 月

前言

　　我国是世界养牛大国，养牛数量仅次于印度、巴西等国家，但是饲养的品种绝大多数都是选育程度不高的地方牛种，生产水平低。世界各国特别是发达国家养牛业的快速发展，主要得益于欧美等发达国家育成了不少优秀的肉用、奶用品种牛，如夏洛来牛、利木赞牛、荷斯坦牛、娟姗牛、西门塔尔牛、短角牛等。到目前为止，我国选育程度较高的也只有中国荷斯坦牛、中国西门塔尔牛等几个奶用或兼用牛品种和近10年来培育成功的几个肉用牛品种，其饲养数量也不到存栏总数的五分之一，不仅数量少，而且在地理分布上也极不平衡。在几个培育牛品种中，除少数中国荷斯坦牛和中国西门塔尔牛在南方饲养外，大多数培育品种牛主要分布在北方地区。我国南方与北方养牛业之间在饲养数量、生产水平、产品人均占有量等方面存在较大差距，区域之间、品种之间发展也很不平衡。培育拥有自主知识产权的新品种，是促进我国牛业发展的重要措施。

　　20世纪80年代初以来，利用宣汉黄牛杂交改良工作取得成效，通过引种导血、世代选育，培育出适合四川乃至我国南方地区高温（低温）高湿和农区较粗放条件下饲养的乳

1

肉兼用牛新品种，丰富了我国牛种资源，为四川乃至全国类似地区养牛业发展壮大提供了新型牛种。蜀宣花牛通过扩繁推广，缓解了我国养牛业发展品种制约的主要瓶颈问题，从根本上扭转了我国南方养牛业不适应经济发展的状况，为养牛业深化发展和缓解我国肉牛业萎缩等问题奠定了坚实的种源基础。

蜀宣花牛的品种形成与我国改革开放同步，新品种的培育工作历时30多年，包括三个阶段，即引种杂交形成杂种群体阶段、导血和横交选育阶段、建立新品种群及世代选育形成新品种阶段。

因此，蜀宣花牛新品种的培育成功，对推动节粮型畜牧业和农业循环经济发展，促进畜牧业内部结构优化调整，缓解"人畜争粮"矛盾，提升养牛业生产技术水平，满足市场对牛奶、牛肉等优质动物食品的多元化需求，振兴农村经济，多渠道增加农民收入，实现资源节约型、环境友好型社会主义新农村建设目标等，都具有重要的现实和长远意义。

本着科学、实用的原则，本书集实用性、可操作性、科学性和通俗性于一体，内容深入浅出，力求为广大农业技术工作人员及养牛生产者全面了解新品种的特征特性和养殖配套技术提供帮助。

编　者

2019 年 6 月

目

录

第一章
蜀宣花牛品种形成

第一节　品种形成背景

发达的养牛业是现代畜牧业的重要标志，当牛的饲养量达到整个畜牧业家畜饲养单位的 70%～80% 时，就能实现粮、牧、草、水、土的良性循环。大力发展养牛业，可有效利用当地的饲料资源和工农业副产物，促进节粮型畜牧业持续健康发展，保障畜产品有效供给，改善居民膳食结构。

一、优化畜牧业产业结构

我国是世界养牛大国，养牛数量仅次于印度、巴西等国家，但是饲养的品种绝大多数都是选育或培育程度不高的地方牛种，生产水平低。全国以荷斯坦牛为主导品种的成母牛单产奶量 4～5t，发达国家达到 6～7t，高的达到 9～10t（如以色列、美国等）。我国肉牛出栏率不足 40%，肉牛胴体重 150kg 左右，为世界平均水平的 70%；存栏牛平均产肉量约为 45kg，而发达国家存栏牛平均产肉量为 120kg。无论是奶牛的单产奶量，还是肉牛的每头平均产肉量，2～3 头牛才相当于发达国家 1 头牛的生产水平。世界养牛业的快速发展，主要得益于欧美等发达国家育成了不少优秀的肉用、乳用品种和产业的有序推进，如夏洛来牛、利木赞牛、荷斯坦牛、娟姗牛、西门塔尔牛、短角牛等。到目前为止，我国选育程度较高的也只有中国荷斯坦牛、中国西门塔尔牛、草原红牛、新疆褐牛、三河牛等几个兼用品种和近几年培育成功的几个肉用品种牛，其饲养数量也不到存栏总数的 1/5。我国培育牛不仅数量少，而且在地理分布上也极不平衡，除少数中国荷斯坦牛和中国西门塔尔牛分布在南方地区外，大多数培育品种牛主要分布在北方地区。南方与北方之间在饲养数量、生产水平、产品人均占有量等方面存在较大差距，在区域之间、品种之间发展也很不平衡。培育拥有自主知识产权的牛新品种，促进牛业发展，已引起了我国政府与行业人士的高度重视。

从畜牧业内部结构看，各畜种之间发展也不平衡。全世界牛的养殖量占畜禽养殖总量的比重近几年平均为73.42%（表1-1），欧洲、北美/中美、亚洲、非洲、大洋洲各大洲牛的养殖比重都在66.06%～75.03%。与中国国情基本相似的印度，其牛的养殖量占畜禽养殖总量比重高达92.79%，而我国牛的养殖量只占畜禽养殖总量的43.02%。这与我国丰富的牛种资源极不相称。

表1-1　各畜禽养殖量占总养殖量的比重（%）

国家/地区	猪	所有牛	山/绵羊	家禽	马/骡/驴/骆驼
全世界	9.11	73.42	5.69	5.70	6.08
非洲	1.39	75.03	9.96	2.94	10.67
北美/中美	8.78	71.71	0.94	8.90	9.66
亚洲	12.42	69.68	6.51	6.88	4.51
欧洲	18.74	66.06	5.01	6.48	3.72
大洋洲	2.38	76.50	18.77	1.63	0.72
印度	1.06	92.79	3.51	1.84	0.79
中国	32.03	43.02	7.20	10.57	7.18
四川省	41.40	38.51	4.90	11.37	3.83

注：表中百分比是根据联合国粮食及农业组织畜禽养殖统计量，按照我国《畜禽养殖业污染物排放标准》（GB 18596—2001）的规定，将牛、羊、家禽等的养殖量折成猪的养殖量计算而得。

从世界肉类生产结构来看，牛肉产量占肉类总产量的比重长期保持在30%左右，而我国仅占10%。在畜牧业产值中，全国畜牧业产值占农业总产值比重不到40%，养牛产值（牛奶和牛肉）占农业总产值预计不足10%，而发达国家畜牧业产值占农业总产值的比重一般在60%以上，奶牛业和肉牛业产值占畜牧业产值比重普遍在50%左右。可见，我国养牛产业还很滞后，猪禽养殖仍居主导地位。四川省畜牧业内部结构不平衡的问题更为突出，牛的养殖量只占畜禽养殖总量的 38.51％，为世界平均水平的 52.45％，比全国还低4.51％；牛肉产量 52.27 万 t，仅占肉类总产量的 4.57％。

二、挖掘地方优势资源

目前，我国牛奶和牛肉仍然是相对短缺的动物食品。中国人均牛奶占有量大约 25kg，是亚洲平均水平的 1/2，是世界平均水平的 1/4，仅为发达国家的1/12。尽管我国是世界上第四大牛肉生产国，但牛肉人均产量也仅为 5kg（四川大约 6kg），为世界平均水平的 50％，远低于发达国家和一些牛肉主产国家的人均产量。四川是我国养牛大省，养牛数量仅次于河南，位居全国第二位；地方牛种资源丰富，有黄牛、水牛、牦牛等地方牛种，丰富的牛种资源和饲养数量与四川养牛业在畜牧业中的地位不匹配。

四川及全国养牛业发展滞后，并存在上述等诸多问题，一个重要的原因是缺乏培育程度高的优良品种。利用巴山（宣汉）黄牛杂交改良工作取得的成果，通过引种导血、世代选育、培育出的蜀宣花牛是适合四川乃至我国南方地区高温（低温）高湿和农区较粗放条件下饲养的乳肉兼用牛新品种，丰富了我国牛种资源，为四川乃至全国类似地区养牛业发展壮大提供新型牛种。并通过扩繁推广，缓解我国养牛业发展中品种制约的主要瓶颈问题，从根本上扭转我国南方养牛业不适应于经济发展的状况，为养牛业深化发展和缓解我国肉牛业萎缩等问题奠定坚实的种源基础。同时，草食畜产品是重要的"菜篮子"产品，牛肉更是国内人民群众的生活所需的重要肉品之一。随着人口增长、城镇化进程加快、城乡居民畜产品消费结构升级，草食畜产品消费需求仍将保持较快增长。缓解草食畜产品供需矛盾，必须大力发展以牛为主的草食畜牧业。

发展草食畜牧业是优化农业结构的重要着力点，既有利于促进粮经饲三元种植结构协调发展，形成粮草兼顾、农牧结合、循环发展的新型种养结构，又能解决地力持续下降和草食牲畜养殖饲草料资源不足的问题，促进种植业和养殖业有效配套衔接，延长产业链，提升产业素质，提高综合效益。

发展以牛为主的草食畜牧业，不仅有助于充分利用我国丰富的农作物秸秆资源和其他农副产品，减少资源浪费和环境污染，而且是实现草原生态保护、畜牧业生产发展、农牧民生活改善的有效途径。

因此，蜀宣花牛新品种的培育成功，对推动节粮型畜牧业和农业循环经济发展，促进畜牧业内部结构优化调整，缓解"人畜争粮"矛盾，提升养牛业生产技术水平，满足市场对牛奶、牛肉等优质动物食品的多元化需求，振兴农村经济，多渠道增加农民收入，实现资源节约型、环境友好型社会主义新农村建设目标等都具有重要的现实和长远意义。

第二节 产区概况

一、培育基地区域

蜀宣花牛的培育基地在地处大巴山南麓的四川省达州市宣汉县，主要育种地在原宣汉县云蒙山合作示范牧场范围的胡家、花池、毛坝、土主、双河、大成等乡镇。蜀宣花牛群体见图1-1。

图 1-1 蜀宣花牛

二、自然资源及生态条件

四川省位于我国西南地区、长江上游，在东经 $97°21'—108°31'$，北纬

26°03′—34°19′，幅员辽阔，自然生态环境复杂，社会经济条件不一，属中国西南内陆，西有青藏高原相扼，东有三峡险峰重叠，北有巴山秦岭屏障，南有云贵高原拱卫，形成了闻名于世的四川盆地，地大物博，历史悠久，自古以来就享有"天府之国"的美誉。由于受地理纬度和地貌的影响，气候的地带性和垂直方向变化十分明显，东部和西部的差异很大，高原山地气候和亚热带季风气候并存。全省总面积约 48.5 万 km²，有草山草坡 334.3 万 hm²，各类农作物秸秆 5 000 余万 t，饲草资源十分丰富，具有发展养牛的良好基础。四川是我国人口大省，也是养牛大省，2008 年牛存栏量达 1 170 余万头。地方牛种资源丰富，有黄牛、水牛、牦牛等品种，其中黄牛 466.27 万头，牦牛 450.22 万头，水牛 233.88 万头，奶牛 19.85 万头。丰富的品种资源和饲养数量，为养牛业发展提供了丰富的种源和新品种培育素材。

育种基地四川省宣汉县位于四川盆地东北大巴山南麓，川、渝、鄂、陕结合部，东经 107°22′～108°31′，北纬 31°06′～31°49′，县境东西长 111km，南北宽 79km。全县境内海拔 800m 以下以低山河谷丘陵为主，属中亚热带湿润季风气候区，春旱夏热，雨水集中，秋长冬暖，霜雪少见，具有盆地的气候特征。海拔 800m 以上的山区，属亚热带湿润季风气候区，"立体"气候明显，春迟秋早，夏短冬长，秋雨冬雾，具有盆周山区气候特点。四季分明，气候温和，水热资源充沛，适宜农作物生长。年平均气温 13.8～16.7℃，极端低温－14℃，极端高温 43.4℃，全年 1 月平均气温 5.6℃，8 月平均气温 27.6℃，年降水量 800～1 200mm，相对湿度 70%～80%，年均日照 1 596.8h，无霜期 230～280d。

全县地势东北高西南低，平均海拔 780m，最高海拔 2458m，最低海拔 277m，地形以丘陵为主，全县地貌类型多样，其中以低、中丘陵为主，总体地貌"七山一水两分田"。辖区幅员面积 4271 km²（42.71 万 hm²），其中耕地面积 5.37 万 hm²（田 3.34 万 hm²，地 2.03 万 hm²），拥有天然草资源 15.13 万 hm²，是耕地面积的 2.8 倍。生态资源丰富，森林覆盖率达 55%，牧草丰盛，发展畜牧业具有得天独厚的自然优势。东接重庆开县，南临四川开江、达州，西连四川平昌，北靠四川万源、重庆城口，境内襄渝铁路、汉渝公路和达陕高速公路贯穿全境，县境内有火车站 3 个，离达州市仅 32km，是通向陕、鄂、渝的连接地带，是北通陕西、东达湖北的交通要地。

土壤的成土母质主要由千枚岩、片岩、页岩等风化而成，海拔 1 100m 以

下为黄壤和黄棕壤，垂直带谱明显。土壤养分充足，自然含硒量较高，土壤pH 4.5～6.5，土层厚度 90～200cm，耕作层有机质含量大于 13g/kg，有效N、P、K 含量分别大于 95mg/kg、80mg/kg、80mg/kg，是牧草生长和牧草种植的最佳土壤。

境内有前河、中河、后河和州河 4 条大河流，流经 28 个乡镇，干流长446.5km，流域面积 3 718.3 km²。全县共有水利工程 16 694 处，引堤总水量8 322 万 m³，有效灌溉面积 55.45 万亩*，占全县总耕地面积的 68.9%，全县境内，无论是河水、井水、地下水，水质均较好。

境内野生植物 3 000 余种，有桫椤、崖柏、银杏、黄连、天麻、杜仲等国家重点保护植物 10 余种。野生动物约 400 种，其中金钱豹、猕猴、大鲵（娃娃鱼）、白鹇等国家重点保护动物数有十种，还有阳鱼、憨鸡、明鬃羊（四不像）等珍稀动物。野生动植物中有药用植物 171 种，药用动物 39 种，被称为"药物之乡"。

三、社会经济状况

宣汉县辖 54 个乡（镇）、492 个村，总人口 132 万，是四川省的幅员大县、农业大县、人口大县、丘陵大县，也是川陕革命老区和国家扶贫开发工作重点县。养牛业是宣汉县畜牧业的重要组成部分，2016 年全县存栏牛 189 793头，出栏 100 238 头，是四川农区第一养牛大县。2016 年全县实现畜牧业产值358 327 万元，畜牧业产值占农业总产值的比重达到 37.1%，其中养牛业产值80 387 万元，占畜牧业产值的 22.4%。

四、养牛历史

宣汉养牛有着悠久的历史，据《县志》记载："宣汉黄牛古称秦牛"，《中国牛品种志》和《四川省家畜家禽品种志》均有记载。宣汉黄牛属巴山黄牛系列，据《康熙字典》"秦牛"考证：宣汉黄牛早在公元前 221 年的秦代就开始饲养，宣汉黄牛属于紧凑细致型品种，体型长方形，体态匀称，肌肉丰满，公牛粗壮结实，母牛细致紧凑。公牛颈宽厚、粗短，母牛颈较薄、稍长。角有"龙门""芋头""羊叉"等角型，"龙门角"占 40% 左右。颈侧皱褶明显，垂皮发达，多

---

* 亩为非法定计量单位，1 亩＝1/15hm²。——编者注

从颈下一直延伸到前胸，平均长 93.3cm，宽 19.7cm。公牛鬐甲高而宽，肩峰隆起，高大而圆。肩峰峰型分高耸型和馒头型，以高耸型为多。高耸型峰从前端底部到峰顶渐向后上方倾斜，高出鬐甲 8～10cm，超出背高 12～13.5cm，基部峰圆 60～80cm，肩峰的倾斜度与背平面的水平夹角为 55°～65°；馒头型峰较小，无倾斜。宣汉黄牛中躯较短，背腰平直，结合良好，腹部充实饱满。粗壮型尻宽长而稍倾斜，大腿肌肉丰满；结实型和细致型则尻长而稍显尖削或呈斜尻，肌肉附着欠佳。母牛肩峰低而薄或无肩峰，乳房附着良好，呈碗形或梨形；被毛细密，毛色以红、黄为主色，占整个牛群的 70％左右；鼻镜以黑色为主。公牛头较宽，母牛头较狭长。粗壮型体躯较长，胸部发育良好，后躯略低，稍狭长。四肢高矮适中或略矮，肌肉较丰满，呈役肉兼用体型。

第三节　品种形成

一、选育历程

蜀宣花牛的品种形成几乎与我国改革开放同时起步，新品种的培育工作历时 30 多年，包括三个阶段，即引种杂交形成杂种群体阶段、导血和横交选育阶段、建立新品种群及世代选育形成新品种阶段。在新品种培育过程中，先后得到四川省科技厅、四川省畜牧食品局、四川省财政厅、四川地方政府及相关部门的大力支持，被列为四川省"九五""十五""十一五"和"十二五"畜禽育种攻关课题。30 多年来，蜀宣花牛新品种培育工作沿着既定的育种方向和目标，有计划持续系统性地进行。育种培育中采用杂交育种和世代选育方法进行开放核心群选育，将传统的动物育种技术与现代繁殖育种技术及分子生物技术相结合，通过育种群及育种体系建设、优秀种公牛选择与培育、生产性能的系统测定、配套饲养技术研发集成等工作的实施，使得新品种性能水平居国内同类领先。

（一）杂交阶段

1979—1985 年，是蜀宣花牛培育过程中的杂交阶段。此阶段主要是引进世界著名乳肉兼用型的西门塔尔牛冻精（32 头）和纯种公牛（2 头）与宣汉黄牛进行杂交。在此阶段，四川省畜牧科学研究院先后主持了"盆周山区肉牛有效杂交组合""盆周农村户养兼用杂种牛实用技术"和"提高农户饲养杂种奶牛产奶

量的配套技术"等研究。建立起了以开发杂种牛乳用性能为主要目的的宣汉县云蒙山合作示范牧场和宣汉县乳品加工厂及饲料加工厂，培育出了具有一定乳用性能的西×本杂种牛群体，为当地农民脱贫致富开创出了一条新的增收途径。

（二）导血和横交选育阶段

1985 年至 20 世纪 90 年代初期是牛群的引种导血和横交选育阶段，杂交牛群初具规模。但由于牛群的改良代次低，所以泌乳性能亦很低，杂一代牛平均产奶量仅为 800kg 左右。为提高牛群乳用性能和实现育种目标奠定良好的遗传基础，我们引进了荷斯坦牛（22 头）冻精，对西×本杂种母牛进行三元杂交配种，导入一次血缘后，后代母牛产奶量有所提高。但由于后代牛毛色为黑白花，且后躯欠丰满，公牛当时无利用价值，养牛户不接受，由此我们再用西门塔尔牛冻精对其后代母牛进行配种，后代毛色由黑白花转变为灰黑白花，后躯有所改善。但养牛户对其毛色仍不接受，仍嫌后躯不够丰满，之后再继续用西门塔尔牛冻精对其后代母牛进行配种，其后代毛色由灰黑白花转变为黄白花或红白花（理想毛色），在此基础上选择理想个体进行横交选育。在此阶段，通过实施"乳肉兼用牛四川山地类群选育""肉牛易地育肥技术"和"畜用营养舔砖的研制"项目，建立起了胎产奶量达 4 000kg 以上、乳脂率不低于 4%的高产母牛核心群，并培育出了胎产奶量达 7 664.5kg、乳脂率 4.6%的高产个体，创建了四川省西塔乳业有限公司，建立起了产、供、销一体化的生产联合体。

（三）建立新品种群及世代选育提高阶段

从 20 世纪 90 年代初期至通过国家新品种审定，是蜀宣花牛建立新品种群及世代选育提高阶段。通过导血和级进杂交后，牛群个体差异较大，生产性能参差不齐，泌乳性能亦偏低。为实现育种最终目标，提高牛群生产性能就势在必行，在横交的基础上实施了建立新品种群及世代选育提高。在此阶段，"乳肉兼用牛新品种选育"被四川省科技厅列为四川省"九五""十五""十一五"和"十二五"畜禽育种攻关项目。通过项目组与地方政府及业务部门的密切配合，选育工作取得了重大进展。经过四个世代的选育，建立起了泌乳期产奶量达 4 000kg 以上、乳脂率不低于 4%的高产母牛核心群 1 300 余头，并培育出了胎产奶量达 8 000kg 以上的高产个体。西塔乳业有限公司进行了改扩建，由原来的日处理鲜奶 5t 增至日处理鲜奶 50t 以上的规模，产品由单一的全脂奶粉发展到可生产 20 多个液态奶品种和 6 个奶粉品种。以西塔乳业和牛肉加工企业为龙头，实现了蜀宣花牛产业化经营，成为该县的重要畜牧产业和农民增收的重要渠道。现在宣汉县已成为四川省农区最大的优质肉牛生产基地和主要乳品生产基地之一。

二、育种方案

（一）育种方向与目标

培育出具有较高乳、肉生产性能，并能有效适应我国南方高温高湿和低温高湿自然气候及农区较粗放饲养管理条件的兼用型牛新品种。

（二）主要性能指标

1. 品种特征　体型中等，具有明显的乳肉兼用特征，生长发育快，适应性强，毛色为黄（红）白花。

2. 体尺体重　成年牛主要体尺体重指标见表 1-2。

表 1-2　蜀宣花牛成年牛体尺体重指标

性别	体高（cm）	体斜长（cm）	胸围（cm）	管围（cm）	体重（kg）
♂	138	174	208	22	700
♀	122	152	180	18	450

3. 乳用性能　选育群母牛在农村舍饲条件下，305d 平均产奶量达到 3 500 kg，平均乳脂率 4.0%。各胎次产奶量要求：第一胎 2 800kg，二胎 3 400kg，三胎及三胎以上 3 800kg。

4. 肉用性能　在舍饲条件下，育肥公牛 18 月龄体重达到 450kg 以上，强度育肥期平均日增重达到 1 100g，屠宰率 56%，净肉率 47%。

5. 繁殖性能　母牛平均产犊间隔 400d，繁殖率 80% 以上。青年母牛初配年龄为 18~22 月龄，体重要求达到 320kg 以上。

（三）技术路线

在西门塔尔牛与宣汉黄牛杂交的基础上，导入荷斯坦牛血缘后再用西门塔尔牛交配，经横交和世代选育实现育种目标，详见图 1-2。

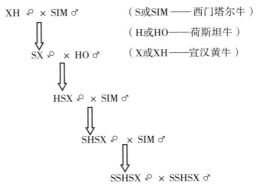

图 1-2　蜀宣花牛育种技术路线图

（四）主要育种方法和技术措施

1. 组建育种协作组，实行联合育种　组建育种协作组和技术组，联合相关科研企事业单位，充分发挥各方技术、资金、人力、物力等软硬资源条件，实施产学研结合，开展联合育种。

2. 明确选育方向和目标，严格执行选择标准　从横交组建选育群开始，按照育种方向和目标要求，依据选择标准，严格执行选择。每个世代进行一次牛群清理、整群，实施牛群鉴定。

3. 建立健全档案制度，系统开展性能测定　从世代选育开始，较为全面地开展繁殖性能、生长发育性能、乳用性能、肉用性能、抗病性能等性能测定，建立健全档案制度，为实施计划选育提供可靠的技术资料，确保育种工作的正常进行。

4. 注重种公牛选择与培育，提高世代选育进展　为保证各世代选育进展，控制近交，各世代种用公牛都必须来自核心群高产个体后代，经过科学培育，选择体型外貌好、雄性特征明显、无可视遗传缺陷的优秀个体作为世代配种公牛，使选用公牛血缘长期保持不少于 8 个不同的家族，并有针对性地开展选种选配工作。

种公牛的具体选择方法：首先，通过系谱（要求符合品种标准，必须是来自优秀公牛的后代，母亲至少有一个泌乳期产奶量 4 000kg 以上，乳脂率不低于 4.0%)、体型外貌进行初选；其次，根据 6 月龄、9 月龄、12 月龄和 18 月龄的生长发育情况进行复选；最后，再根据其生产性能决定终选。

5. 加强核心群母牛的选育，逐渐增加核心群母牛的数量　核心群母牛的具体选择方法：首先，通过系谱（符合品种标准）、体型外貌进行初选；其次，根据 6 月龄、9 月龄、12 月龄和 18 月龄的生长发育情况进行复选，在此基础上再根据血缘关系选择相应的种公牛与其配种；最后，根据其生产性能（包括繁殖、产奶等）决定终选。生产性能好的（泌乳期产奶量达到 4 000kg 以上）最终进入核心群登记。

6. 应用现代分子遗传育种技术，加快选育进展　通过现代分子遗传育种技术的应用，构建湿热条件下以散户养殖为主体的乳肉兼用型牛育种选择体系，解决多品种杂交牛群整齐度和多性状间协同育种等技术难题。健全蜀宣花牛开放式核心群选育体系，加快了选育进展。

7. 应用现代繁殖技术，扩大优秀种公牛覆盖面　为充分发挥优秀种公牛的作用，依托四川省种牛繁育中心的技术力量和硬件条件，开展良种公牛冻精生产与应用，扩大优良种公牛覆盖面，形成以人工授精和自然交配相结合的繁育体系，提高牛群品质和性能水平。

8. 研发集成配套养殖技术，促进牛群生产性能发挥　在重视品种选育的同时，开展配套养殖技术研发，并根据国内外现代养牛技术成果，组装集成适合本品种牛的综合养殖技术，促进牛群生产水平的全面发挥。

9. 育种与生产紧密结合，加大成果的转化力度　按照边选育、边应用的思路，在进行世代选育的同时，不断扩大牛群数量，充分发挥育种成果在生产中的作用，巩固育种成果，扩大育种成果的转化。

三、亲本主要特征

1. 西门塔尔牛　原产于瑞士西部阿尔卑斯山区的河谷地带，具有耐粗饲、适应性强的特点。毛色多为黄白花或淡红白花，一般为白头，体躯常有白色胸带和肷带，腹部、四肢下部、尾帚为白色。体格粗壮结实，前躯较后躯发育好，胸深、腰宽、体长、尻部长宽平直，体躯呈圆筒状，肌肉丰满。四肢结实。乳房发育中等。体重：成年公牛 1 000~1 200kg，成年母牛 650~750kg。泌乳期产奶量 4 000kg，乳脂率 4% 左右。西门塔尔牛肌肉发达，产肉性能良好，甚至不亚于专门化的肉牛品种。12 月龄体重可以达到 450kg，育肥牛屠

宰率 55%～65%。胴体瘦肉多，脂肪少，且分布均匀。西门塔尔牛是改良我国黄牛的主推品种。

2. 荷斯坦牛　具有典型的乳用特征，成年母牛体型为楔形。体格高大，结构匀称，后躯发达。皮毛薄而细短，富有弹性，皮下脂肪少，肌肉附着紧凑。乳房容积大，结构良好，乳静脉粗大而多弯曲。毛色是黑白分明的黑白花片，有黑多白少和白多黑少两类。额部有白星，腋下、腹下、乳房、尾部尖端为白色。角向前下方内侧弯曲。体重：成年公牛 900～1 200kg，成年母牛 650～750kg，初生犊牛 38～50kg；平均体高：公牛 160cm，母牛 140cm。母牛年产奶量 6 000～8 000kg，乳脂率 3.5%～4.0%，乳蛋白率 3.0%～3.5%。该类型是乳用牛中产奶量最高的。

3. 宣汉黄牛　原产于四川境内的宣汉县及周边区县，呈役肉兼用体型，肌肉丰满，公牛粗壮结实，母牛细致紧凑。被毛细密，毛色以红、黄为主色，占整个牛群的 70% 左右。鼻镜以黑色为主。体高、体斜长、胸围、管围和体重成年公牛分别为：118.4cm、131.2cm、160.5cm、17.3cm 和 327.2kg；成年母牛分别为：111.6cm、122.3cm、151.3cm、15.8cm 和 271.0kg。平均最大挽力：公牛 292.9 kg，为体重的 89.5%；阉牛 301.6 kg，为体重的 76.6%；母牛 216.4kg，为体重的 79%。宣汉黄牛抗寒耐热，能适应山区垂直气候变化大的特点，适应山区放牧与使役及粗放的饲养条件，具有较强的抗病能力。主要缺点是良莠不齐，后躯发育不够宽，欠丰满，体长略短。

四、培育成果

历经 34 载，我国南方地区第一个具有自主知识产权、耐湿热性气候、耐粗饲的乳肉兼用型牛新品种——蜀宣花牛培育成功。2011 年 8 月 4 日国家畜禽遗传资源委员会组织专家对培育牛群进行了现场考察，当年 10 月 25 日国家畜禽遗传资源委员会牛马驼专业委员会进行了初审，12 月 23 日国家畜禽遗传资源委员会对培育牛进行了新品种审定，定名为蜀宣花牛，2012 年 3 月 9 日农业部正式颁发畜禽新品种证书（图 1-3），证书号：（农 02）新品种证字第 6 号。蜀宣花牛品种标准作为我国行业标准于 2015 年 12 月 1 日起正式颁布实施，详见附录一。

图 1-3　蜀宣花牛新品种证书

"蜀宣花牛新品种培育及配套技术研究与应用"成果，获得 2012 年度四川省科技进步一等奖（图 1-4），同时分别获得达州市和宣汉县 2012 年度科技进步一等奖。"蜀宣花牛新品种培育及配套生产技术"成果 2017 年获神农中华农业科技奖一等奖（图 1-5）。蜀宣花牛是一个具有生长发育快、乳用性能好、肉用性能佳、抗逆性强、耐粗饲、能有效适应我国南方高温高湿和低温高湿的自然气候及农区粗放饲养管理条件的乳肉兼用型牛新品种，主要性能指标优于我国北方育成的草原红牛、新疆褐牛和三河牛。其血缘关系清楚，含西门塔尔牛血缘 81.25％、荷斯坦牛血缘 12.5％、宣汉黄牛血缘 6.25％。

在农村分散粗放饲养条件下，蜀宣花牛生长发育快，肉用性能好。在中等营养水平阶段育肥条件下，18 月龄体重达 509.1kg，育肥结束前 90d 平均日增重 1 275.6g，屠宰率达 58.1％，净肉率 48.2％，眼肌面积 96.7cm^2。

蜀宣花牛的初配年龄为 16～20 月龄，4.5 周岁左右达到成年体尺体重。妊娠期平均 278d，产犊间隔平均 381.5d，难产率 0.28％，双胎率 0.28％，犊牛成活率 99.26％。公牛射精大，精液质量佳，平均射精量 5.10mL/次，原精活力 0.65 级，解冻后精液活力 0.35 级以上。母牛乳用性能优良，第四世代平均泌乳期 297.0d，产奶量 4 495.4kg，其中核心群平均泌乳期 306.5d，平均产奶量

图1-4　四川省科技进步一等奖获奖证书

图1-5　神农中华农业科技一等奖获奖证书

4 823.7kg。牛乳干物质含量 13.11％，乳脂含量 4.16％，乳蛋白含量 3.19％。

蜀宣花牛的培育成功，解决了地方种质资源高效利用的技术难题，为南方地区养牛业提供了优良品种。目前蜀宣花牛群体总数达 7 万余头，基础母牛 2 万余头，核心群母牛 4 000 余头。蜀宣花牛作为种用、肉用和乳用在全国推广应用，取得了显著的社会效果和经济效益。

蜀宣花牛新品种的培育成功，标志着四川乃至南方地区养牛业（奶牛业、肉牛业）发展呈现出新起点，是我国畜牧业史上的一项重大科技成果，对当前畜牧业内部结构调整，推动四川及全国奶牛业、肉牛业的发展壮大，发展农村经济，加快山区人民脱贫致富奔小康，推进现代畜牧业发展，具有极其重要的理论和现实意义。

五、品种数量及牛群结构

蜀宣花牛群总数 7 万余头，主要分布在四川省宣汉县近 30 个乡镇（表 1-3）及其他 12 个市（州）。其中育种区 5 万余头，选育区基础牛群 2 万余头，种公牛 700 余头（用于生产冻精公牛 20 余头）；核心群母牛 4 000 余头，公牛 82 头。2015 年起，蜀宣花牛正式纳入国家良种补贴范畴。

根据蜀宣花牛品种标准（试行），对 671 头登记母牛综合评级结果表明，特级牛 238 头，占 35.5％；一级牛 191 头，占 28.5％；二级牛 242 头，占 36.0％。

六、推广应用

蜀宣花牛的培育成功，促进了培育地奶源基地和优质肉牛基地建设与发展，探索建立了"企业＋基地＋农户"的产业化生产经营模式，走出了一条以乳、肉制品加工为龙头，农户种草养牛为基础，科技为动力的"企业加基地联农户"的路子，养牛业收入已成为农民增收致富的主要来源。

表 1-3　育种区牛群主要分布及数量（头）

乡镇	数量	乡镇	数量	乡镇	数量	乡镇	数量
厂溪	2 427	君塘	1 260	大成	2 134	庆云	1 041
胡家	2 238	毛坝	2 342	南坝	2 467	柏树	1 673
柳池	1 938	双河	1 874	清溪	2 163	七里	1 042
明月	2 039	凤鸣	1 467	黄石	1 396	天生	873

（续）

乡镇	数量	乡镇	数量	乡镇	数量	乡镇	数量
红峰	1 629	红岭	1 127	上峡	1 246	天台	938
土主	1 357	新华	1 124	下八	1 023		
普光	1 562	花池	1 087	三河	926	合计：43 728 头	
隘口	1 342	黄金	1 225	马渡	768		

注：表中为主要分布区域 2016 年调查数据。

在四川省内培育了四川锦宏蜀宣牧业有限公司、巴尔牧业有限公司、广元雪龙牧业有限公司等 7 个蜀宣花牛繁育基地；在育种区创建和培育了四川省天友西塔乳业有限公司、四川佳肴食品有限公司、四川巴人村食品有限公司等 13 家乳、肉制品加工企业；发展了养牛专业合作社 16 个。在研究和成果转化的机制创新上成效显著，成功实现了产学研强强联合，创新建立了"育种公司＋科研院所＋政府＋合作社＋农户＋乳肉制品加工企业"的"六方"联合协作产业化模式，走出了一条以育种公司、加工企业为龙头，以农户种草养牛为基础，以科研院所为科技支撑的产业化牛业发展路子。

在"育种公司＋科研院所＋政府＋合作社＋农户＋乳肉制品加工企业"的"六方"联合协作产业化模式下，作为种用、肉用和乳用，蜀宣花牛在四川省内推广到 21 个市（州），在四川省外推广到贵州、云南、西藏、重庆、甘肃、江西、广东等 12 个省（自治区、直辖市）。"十二五"期间共推广蜀宣花牛 46 987 头，推广冻精 56 万剂，改良地方牛 25 万头以上，杂交改良效果良好。每年可提供种牛 8 000 头以上，通过杂交改良，每年可向市场提供肉牛 50 000 头以上，奶牛 3 500 头以上，年产值可达到 6.1 亿元以上。

第二章
蜀宣花牛品种特性

第一节　体型外貌

一、外貌特征

　　蜀宣花牛体型中等，结构匀称，体质结实，肌肉发达。被毛光亮，毛色有黄白花和红白花，头部白色或有花斑，尾梢、四肢和腹部为白色，体躯有花斑。头大小适中，角向前上方伸展，照阳角，角、蹄蜡黄色为主，鼻镜肉色或有黑色斑点。体躯深宽，颈肩结合良好，背腰平直，后躯宽广；四肢端正，蹄质坚实。母牛头部清秀，乳房发育良好、结构均匀紧凑；公牛雄性特征明显，成年公牛略有肩峰。公、母牛的外貌见图2-1至图2-6。对1 006头母牛的毛色、皮肤颜色、蹄质颜色及角型的调查分析表明，被毛颜色以黄白花和红白花为主，占90.16%（表2-1）；皮肤颜色以粉色和粉色有斑点为主，占96.92%（表2-2）；蹄质颜色以纯蜡黄色为主，占86.28%；角型以照阳角为主，占93.94%（表2-3）。

图2-1　蜀宣花牛公牛（头部）

图 2-2　蜀宣花牛公牛（尾部）

图 2-3　蜀宣花牛公牛（侧部）

图 2-4　蜀宣花牛母牛（头部）

图 2-5　蜀宣花牛母牛（尾部）

图 2-6　蜀宣花牛母牛（侧部）

表 2-1　被毛颜色分布情况

毛色	头数	比例（%）
黄白花	658	65.41
红白花	249	24.75
灰白花	99	9.84
合　计	1 006	100

表 2-2　皮肤及蹄质颜色分布情况

颜色	皮肤颜色				蹄质颜色			
	粉色	粉色有斑	青色	合计	纯蜡黄	蜡黄有斑	青色	合计
头数	627	348	31	1 006	868	119	19	1 006
比例（%）	62.33	34.59	3.08	100.00	86.28	11.83	1.89	100.00

表 2-3　角型分布情况

项目	照阳角	角向上弯	向前下弯	扁担角	合计
头数	945	19	15	27	1 006
比例（%）	93.94	1.89	1.49	2.68	100.00

二、生长发育性能

（一）不同生长阶段体尺体重

对 2 752 头次蜀宣花牛的初生、6 月龄、9 月龄、12 月龄、18 月龄至成年的体尺体重进行了测定，结果见表 2-4、表 2-5。

在农村分散（户）粗放饲养条件下，蜀宣花牛平均初生重公、母犊分别为 31.56kg、29.61kg，6 月龄时公、母犊体重分别达到 149.3kg 和 154.7kg。12 月龄公牛体重为 315.1kg，为成年体重的 40.28%；12 月龄母牛体重为 282.7kg，为成年体重的 54.15%。12 月龄体高、体斜长和胸围公牛分别为 112.6cm、136.4cm 和 157.7cm，母牛分别为 112.0cm、133.9cm 和 151.0cm。18 月龄体重公、母牛分别为 452.6kg、350.0kg。24 月龄体重公、母牛分别为 484.6kg、394.7kg。蜀宣花牛母牛 4.5 周岁基本达到体成熟。

表 2-4　公牛不同生长阶段体尺体重

月龄	头数	体高（cm）	体斜长（cm）	胸围（cm）	管围（cm）	体重（kg）
初生	439	—	—	—	—	31.56±3.24
6	53	90.9±4.13	110.2±7.18	120.4±7.32	14.9±0.64	149.3±28.30
9	27	106.5±3.27	130.2±5.23	147.5±6.22	16.1±0.61	262.3±25.10
12	54	112.6±3.98	136.4±5.62	157.7±6.14	17.6±0.88	315.1±33.70
18	68	124.9±3.70	155.6±8.36	176.6±7.92	19.9±1.34	452.6±57.21
24	48	130.1±5.38	159.1±8.46	180.9±8.37	20.8±1.12	484.6±66.79
30	14	132.2±4.50	163.1±8.24	183.3±8.92	20.8±2.03	510.7±75.95
36	13	135.4±2.96	166.7±4.52	191.5±2.34	22.7±1.82	570.5±69.29
48	20	140.0±3.15	174.9±9.50	200.8±6.10	23.4±1.64	660.8±56.77
54	20	140.5±3.06	179.0±0.86	212.9±5.89	23.0±0.86	751.5±38.14
60	20	150.2±2.56	186.5±3.75	216.8±5.27	24.0±1.05	813.0±47.68

表 2-5　母牛不同生长阶段体尺体重

月龄	头数	体高（cm）	体斜长（cm）	胸围（cm）	管围（cm）	体重（kg）
初生	433	—	—	—	—	29.61±3.80
6	82	97.9±3.27	112.1±5.91	122.10±6.42	14.9±0.67	154.7±27.30
9	24	106.7±3.25	126.2±6.97	134.50±5.66	15.2±0.71	211.4±24.10
12	83	112.0±4.34	133.9±6.20	151.0±7.38	16.0±1.20	282.7±44.90
18	52	118.5±5.50	137.7±8.05	165.7±9.01	17.0±1.10	350.0±52.50
24	120	121.9±4.40	143.2±7.92	172.5±9.60	17.8±1.10	394.7±31.90
30	110	124.3±4.70	146.4±5.02	177.7±6.30	18.4±1.01	431.5±47.21
36	157	125.6±3.88	151.2±6.34	182.6±5.80	18.6±0.84	466.8±55.14
48	116	126.5±2.96	151.5±6.75	183.4±2.34	18.2±0.84	472.8±32.37
54	66	128.0±2.57	157.6±7.60	188.0±5.80	18.5±0.82	516.1±56.77
60	106	128.0±3.00	156.7±6.86	186.2±5.20	18.6±0.89	513.2±57.12
5.5～14 岁	627	128.2±4.40	158.3±6.41	189.1±7.62	18.6±0.78	524.5±58.90

（二）成年牛体尺体重

对 799 头成年母牛和 40 头成年公牛进行了调查测定，蜀宣花牛的体高、体斜长、胸围、管围和体重成年公牛分别为 145.4cm、182.8cm、214.9cm、23.5cm 和 782.2kg，成年母牛分别为 128.2cm、158.1cm、188.6cm、18.6cm

和 522.1kg（表2-6）。

表 2-6　成年蜀宣花牛体尺体重

月龄	头数	体高（cm）	体斜长（cm）	胸围（cm）	管围（cm）	体重（kg）
公牛	40	145.4±2.81	182.8±2.30	214.9±5.60	23.5±0.96	782.2±42.91
母牛	799	128.2±4.00	158.1±6.60	188.6±7.15	18.6±0.79	522.1±58.48

（三）生长发育曲线

对蜀宣花牛公、母牛初生、6月龄、9月龄、12月龄、18月龄及成年牛体尺体重的测定，发现蜀宣花牛公牛自初生到18月龄，体重呈直线上升趋势，18月龄之后生长速度明显减缓，18月龄为一个生长转折点。蜀宣花牛母牛自初生到12月龄，体重呈直线上升，12月龄以后生长速度明显减缓。公母牛性别间比较，6月龄前母牛的生长速度略优于公牛，6月龄平均体重母牛比公牛高5.4kg。生长发育曲线（图2-7）表明，公牛18月龄是一个生长转折点。在进行肉牛育肥时，18～22月龄出栏可获得较佳的饲养效果和经济效益。

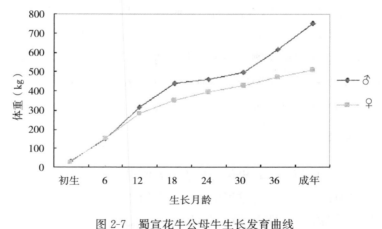

图 2-7　蜀宣花牛公母牛生长发育曲线

第二节　生物学特性

一、生理参数

对70头蜀宣花牛成年母牛的体温、心跳、呼吸等生理指标测定，结果见表2-7，平均值体温38.38℃，心跳74.56次/min，呼吸18.74次/min，瘤胃

蠕动每 2min 2.84 次。

表 2-7　蜀宣花牛的生理指标

测定项目	体温（℃）	心跳（次/ min）	呼吸（次/ min）	瘤胃蠕动（次/2min）
平均值	38.38±0.32	74.56±6.68	18.74±2.23	2.84±0.75
范围	37.6～39.2	54～88	16～32	2～4

二、生长周期

牛为单胎动物，生长周期长。蜀宣花牛母牛发情周期平均 21d，适配年龄 16～20 月龄，妊娠期平均 278d，双胎率 0.28％。产犊间隔平均 381.5d，世代间隔较长。

三、反刍和嗳气

牛是反刍动物，有瘤胃、网胃、瓣胃和皱胃 4 个胃。瘤胃容积较大，约占胃总容积的 80％。牛的上颌无门齿，采食时不经充分咀嚼即将饲料咽入瘤胃内，经过一段时间的浸泡和软化，再返回口腔咀嚼并混入唾液，重新咽下，称为反刍。健康的成年牛，一昼夜反刍 9～16 次，每次反刍持续时间 14～45min。

瘤胃中寄居着大量微生物，是饲料发酵的主要场所，饲料在微生物的作用下，不断发酵产生挥发性脂肪酸和各种气体（二氧化碳、甲烷等），这些气体由食道进入口腔排出体外，称为嗳气。牛嗳气 17～20 次/h。

四、耐湿热性

一般来说，牛的体积大，单位重量的体表面积小，散热机能不发达，耐湿热性较差。但蜀宣花牛在培育过程中通过一定的选择培育手段，具有较一般普通牛更强的耐湿热能力，能有效适应我国南方高温高湿和低温高湿的自然气候及农区较粗放的饲养管理条件。

五、群居性，优势序列明显

牛喜群居。牛群在长期共处过程中，通过相互交锋，可以形成群体等级制度和优势序列。这种优势序列在规定牛群的放牧游走路线、按时归牧、有条不紊进入挤奶厅以及防御敌害等方面都有重要意义。

六、适应性强，分布广

蜀宣花牛在农村粗放饲养条件下，经过长期的人工选择和培育，表现出采食能力强、耐粗饲、易管理等优良特性。在大巴山自然环境条件下培育的蜀宣花牛在全国推广应用，性能表现良好，在重庆市、福建省的饲养观察，育肥肉牛日增重可达 1 200g 以上，表现出抗病力强，耐粗饲。在四川（甘孜州、阿坝州、凉山州）和西藏等海拔 3 000m 左右的高寒地区也能正常生长发育和繁殖，表现出良好的适应性，适应范围广。

第三节　生产性能

一、繁殖性能

（一）母牛繁殖性能

蜀宣花牛母牛初情期在 12～14 月龄，适配期 16～20 月龄，发情周期平均 21d，妊娠期平均 278d。产犊间隔平均 381.5d，难产率 0.28%，双胎率 0.28%，犊牛成活率 99.26%。

1. 母牛受胎及产犊性能　通过对 2 157 个产犊胎次的分析表明（表 2-8），蜀宣花牛母牛的初配年龄在 16～20 月龄之间。在四川农区高温（低温）高湿的自然气候和较粗放的饲养管理条件下，发情和产犊具有一定的季节性，其中以 9—12 自然月为最高，发情和产犊分别占全年的 43.7% 和 53.65%；其次为 1—4 月，发情和产犊分别占全年的 37.0% 和 39.05%；高热高湿的 5—8 月为最低，其发情和产犊分别占全年的 19.3% 和 7.3%。母牛发情配种受孕情况如表2-9所列，发情后第一情期配种受孕的 728 头次，占 33.75%；第二情期配种受孕的 974 头次，占 45.15%；配种三次及三次以上受孕的 455 头次，占 21.10%。

表 2-8　母牛不同自然月发情产犊情况分析表

项目	1—4 月		5—8 月		9—12 月	
	发情	产犊	发情	产犊	发情	产犊
头次	798	842	416	157	943	1 158
比例（%）	37.0	39.05	19.3	7.3	43.7	53.65

表 2-9　母牛发情受孕情况

项目	第一情期受孕	第二情期受孕	第三及以上情期受孕
头次	728	974	455
比例（%）	33.75	45.15	21.1

2. 母牛妊娠期和犊牛性别比例　在所调查的 1 076 头繁殖母牛的 2 157 个胎次中，共产犊牛 2 163 头。其中产公犊 1 102 头，占 50.97%；产母犊 1 061 头，占 49.03%；妊娠期平均为 278.5d。公母比为 1.04∶1。

3. 母牛产犊间隔、难产率、双胎率及犊牛成活率　在所调查的 2 157 个产犊胎次中，产犊间隔平均为 381.5d（310～747d）；其中发生难产 6 头，难产率为 0.28%；产双胎 6 头，双胎率 0.28%；在所产的 2 163 头犊牛中，死亡仅 16 头（包括死胎 3 头），犊牛成活率达 99.26%。繁殖性能良好。

（二）公牛繁殖性能

蜀宣花牛公牛性成熟期为 10～12 月龄，初配年龄为 16～18 月龄。公牛射精量大，平均射精量 5.10mL/次，原精活力 0.65，冻精解冻后精子活力 0.35～0.40，总受胎率达 85.8%。

在蜀宣花牛种公牛中，先后培育出 40 头蜀宣花牛种公牛进入成都汇丰动物育种有限公司实施冻精生产开发，其中 21 头公牛被农业部牛良种补贴验收专家组外貌评定为特级种公牛。对采精公牛部分鲜精质量检测分析（表 2-10）表明，公牛平均每次射精量 5.10mL，鲜精活力 0.65，鲜精质量良好。开发的冻精经农业部牛冷冻精液质量监督检验测试中心（南京）检测，冻精质量符合国标（GB 4143-2008）要求，冻精解冻后精子活力达到 0.35～0.40（表 2-11）。

二、产肉性能

对蜀宣花牛公牛在中等饲养条件下进行控制饲养试验，170 日龄育肥至 540 日龄，平均日增重 1 135.7g，屠宰率 58.1%，净肉率 48.2%，眼肌面积 96.7cm^2，表明蜀宣花牛生长快、肉用性能好。经对 17 头育肥牛肉质分析表明，蜀宣花牛肉的 pH、滴水损失、熟肉率、粗蛋白质、粗脂肪和氨基酸总量分别为 6.84、2.71%、68.33%、19.98%、8.84% 和 19.22%，表明蜀宣花牛肉质较佳。

表 2-10　公牛原精生产情况

牛号	采精次数	采集精液量（mL）	平均排精量（mL/次）	原精活力
51106076	110	632	5.75±1.59	0.65
51106077	277	1 465	5.29±1.22	0.65
51106078	402	2 108.8	5.24±1.15	0.65
51106075	242	1 095.5	4.52±1.02	0.65
51106092	85	410	4.84±0.93	0.65
51106093	126	649.5	5.15±1.09	0.65
51106096	109	531.4	4.88±1.09	0.65
平均			5.10±0.30	

表 2-11　冻精质量农业部监测情况

牛号	检测日期	解冻后活力（%）	剂量（mL/支）	解冻后细菌数（个/剂）	解冻后精子畸形率（%）	呈直线前进精子数（万个/支）
51106078	2011.05.09	38	0.20	0	18.0	1 296
51106077	2010.10.19	35	0.19	4	9.0	1 064
51106075	2010.10.19	35	0.19	1	14.0	1 135
51106093	2010.10.19	40	0.19	17	15.0	1 273
51106096	2010.10.19	35	0.19	20	12.0	1 396

（一）体型指数和肉用指数

蜀宣花牛的体长指数、胸围指数、体躯指数和骨指数成年公牛分别为125.72、147.80、117.56 和 16.16，成年母牛分别为 123.32、147.11、119.29 和 14.51。公、母牛比较，其中体长指数、胸围指数和骨指数三个指标公牛均明显高于母牛，体躯指数母牛高于公牛。蜀宣花牛肉用指数公、母牛分别为 5.376 9 和 4.072 5，低于国外专门化肉牛品种，但也明显高于国内几个比较有名的地方牛品种。根据不同经济类型的分类，专用型肉牛的肉用指数公母牛分别为≥5.6 和≥3.9，肉役兼用型牛的肉用指数公母牛分别为 4.6～5.5 和 3.3～3.8。由此说明，蜀宣花牛的肉用指数界于专用型肉牛和肉役兼用型牛之间，具有良好的肉用性能。蜀宣花牛体型指数和肉用指数情况见表 2-12。

表 2-12　蜀宣花牛体型指数和肉用指数

组　别	头　次	胸围指数	体长指数	体躯指数	骨指数	肉用指数
公牛	40	147.80±4.23	125.72±3.75	117.56±4.11	16.16±0.61	5.3769±0.32
母牛	799	147.11±4.12	123.32±3.47	119.29±4.04	14.51±0.57	4.0725±0.302
公母平均	839	147.14±4.13	123.43±3.47	119.21±4.04	14.59±0.57	

(二) 育肥性能

蜀宣花牛公牛在中等饲养条件下采用控制饲养试验,从 170 日龄,育肥至 540 日龄,体重达 509.1kg,日增重 1 135.7g (表 2-13)。经屠宰测定,蜀宣花牛的屠宰率为 58.1%,净肉率 48.2%,眼肌面积 96.7cm^2 (表 2-14)。由此表明蜀宣花牛具有良好的肉用性能。

表 2-13　18 月龄育肥增重

测定头数 (头)	育肥始重 (kg)	出栏体重 (kg)	阶段增重 (kg)	日增重 (g)
20	316.0±27.1	509.1±39.9	193.1±26.77	1135.7±157.0

表 2-14　蜀宣花牛屠宰性能

头数	宰前活重 (kg)	胴体重 (kg)	屠宰率 (%)	净肉重 (kg)	净肉率 (%)	眼肌面积 (cm^2)
7	494.7±29.24	287.2±17.55	58.1±0.23	238.3±15.76	48.2±0.35	96.7±5.63

(三) 牛肉品质

按照《中国肉牛屠宰试验方法》采取牛肉样品,送农业农村部食品质量监督检验测试中心 (成都),采用凯氏定氮仪、氨基酸分析仪等,分析测定了牛肉常规营养成分和氨基酸含量,蜀宣花牛牛肉的粗蛋白、粗脂肪、粗灰分、钙、磷、氨基酸总量和肌苷酸含量分别为 19.98%、8.84%、0.90%、49.0mg/kg、0.18%、19.22% 和 0.91mg/g (表 2-15)。由此表明蜀宣花牛的肉质良好。

表 2-15　蜀宣花牛肉品质分析

头数	蛋白质 (%)	脂肪 (%)	灰分 (%)	钙 (mg/kg)	磷 (%)	氨基酸总量 (%)	肌苷酸含量 (mg/g)
17	19.98±0.40	8.84±1.08	0.90±0.04	49.0±6.49	0.18±0.01	19.22±0.78	0.91±0.14

三、泌乳性能

蜀宣花牛选育以泌乳性能为主要指标，蜀宣花牛母牛乳用性能优良。在中等饲养条件下，泌乳期平均为 297.0d，产奶量 4495.4kg，乳中干物质13.1%，乳脂率4.2%，乳蛋白3.2%，非脂乳固体8.9%。

（一）产奶量

不同胎次的 2 355 头次蜀宣花牛产奶量测定分析（表 2-16）表明，蜀宣花牛在农户饲养管理条件下，表现出较高的泌乳性能和生产潜力。蜀宣花牛平均泌乳天数为 297.0d，泌乳期平均产奶量为 4 495.4kg，产奶量显著高于我国北方育成的草原红牛、新疆褐牛和三河牛。从不同泌乳胎次看，蜀宣花牛母牛的产奶量和泌乳天数均随着胎次的递增而增加，第 3～4 胎达到高峰，产奶量分别达到 5 273.2kg 和 5 113.9kg，从第 5 胎开始，随着产犊胎次的递增，产奶量和泌乳天数均有所下降。

表 2-16　蜀宣花牛不同胎次的产奶量

胎次	头次	产奶量（kg）	泌乳天数（d）
1	459	3 034.6±603.3	275.1±22.1
2	559	4 063.5±735.2	296.2±14.3
3	623	5 273.2±974.2	305.4±12.3
4	440	5 113.9±1 021.5	304.3±18.3
5	207	5 063.1±967.3	304.2±12.5
6～8	67	5 057.5±1 017.1	303.1±10.6
合计	2 355	4 495.4±854.6	297.0±15.8

（二）泌乳曲线

根据不同胎次各泌乳月平均产奶量绘制出蜀宣花牛的泌乳曲线（图 2-8）。从不同泌乳月看，不同胎次的泌乳高峰期均为第 2 泌乳月，但不同胎次间有一定的差异，其中第 1 胎产犊后产奶量上升不太明显，达到高峰期后下降很快，高峰期维持时间短。此后随着产犊胎次的递增，产奶量的提高，泌乳高峰也随之明显。泌乳高峰期的维持时间,以第3~4胎为最长,第1胎为最短。

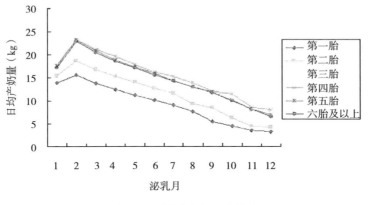

图 2-8　不同胎次的泌乳曲线

（三）鲜乳成分

采用硫酸巴氏乳脂测定法（第 1~3 世代）和乳成分分析仪（第 4 世代），对蜀宣花牛的乳比重、干物质、乳脂肪、乳糖、乳蛋白、灰分及非脂固形物进行了分析测定（表 2-17），1~4 世代牛乳的乳脂含量分别为 4.6%、4.5%、4.5% 和 4.2%，随着世代的递增和产奶量的提高，乳脂含量有所下降。蜀宣花牛乳质良好，是开发高档或特色乳制品的优质原料。

通过对 574 头母牛的乳成分的全面分析，表明蜀宣花牛群体平均乳脂率均较高，不仅优于中国荷斯坦牛（乳脂率 3.4%~3.7%），亦高于纯种西门塔尔牛和国内育成的草原红牛、三河牛及新疆褐牛（分别为 4.03%、4.13%、4.06%、3.54%）。

表 2-17　蜀宣花牛乳营养成分

头数	比重	干物质（%）	乳脂肪（%）	乳蛋白（%）	乳糖（%）	非脂固形物（%）	灰分（%）
574	1.03±0.01	13.1±0.8	4.2±0.5	3.2±0.2	5.1±0.2	8.9±0.4	0.7±0.0

四、生产性能比较

蜀宣花牛与亲本及同类型品种相比，在产奶量、乳脂率、屠宰率、净肉率等经济性状方面，具有较好的综合性能（表2-18）。

表2-18　蜀宣花牛与同类品种的性能比较

指标	蜀宣花牛	蜀宣花牛亲本		同类型品种				
		西门塔尔牛（中国）	荷斯坦牛（中国）	三和牛	新疆褐牛	中国草原红牛	德国黄牛	短角牛
成年公牛体重（kg）	782.2	866.75±84.2	900～1 200	930.5	970.5	850～1 000	1 000～1 300	761
成年母牛体重（kg）	522.1	524.49±45.5	550～750	578.9	451.9	485.5±47.8	650～800	556
平均胎次产奶量（kg）	4 495.4	4 327.5±357.3	6 300（三胎以上）	5 105.8（混合胎次305d）	2 897.6（三胎以上）	1 400～2 000	4 164（年产奶量）	3 000～4 000
平均乳脂率（%）	4.20	4.03	3.4～3.7	4.06	3.54	4.13	4.15	3.9
屠宰率（%）	58.10	60.40±4.9（18～22月龄）	—	54.60（3岁阉牛）	42.9（18月龄阉牛）	56.96±1.86	63.7	65
净肉率（%）	48.20	50.01±5.6		41.20（3岁阉牛）	31.5（18月龄阉牛）	46.63±1.62	56	—

注：除蜀宣花牛数据外，其他牛品种数据引自《中国畜禽遗传资源志　牛志》2011年5月第1版。

第三章
蜀宣花牛品种选育

第一节　选种技术

一、乳用型蜀宣花牛的选择

乳用型蜀宣花牛以产奶为主要目的。总体要求是与产奶密切相关的泌乳、消化、呼吸、循环等器官必须相应发达。一头优秀的乳用型蜀宣花牛，在体型结构上要求有乳用牛的"楔形"（即倒三角形）特征。

对乳用型蜀宣花牛各部位的具体要求是：头部清秀，轮廓明显。额宽，面部中等长，眼大而明亮，鼻镜宽平，鼻孔大。颈长，上下有无数细皱纹，垂肉小，头、颈及前躯结合良好，鬐甲要求稍高或平，不可尖峭或凹陷，与肩部结合良好。胸深而长宽，肋骨扁平，弯曲成圆形，肋间距宽，胸腔容积大（表示心、肺发育良好，血液循环旺盛）。腹大而宽深，不过分下垂，呈不规则的圆筒形。背腰长宽而平直，组合良好，腰角明显。尻部要求宽、长而平直，不应有尖尻、斜尻和屋脊尻，并与腰部结合良好。四肢应稍长，肢势正常，蹄质坚实。两肢间距离稍宽，站立时无内外弧现象。乳房是乳用型牛发挥生产特性最重要的部位，故要求乳房容积要大，四个乳区发育匀称，前乳房向前伸到腹部，后部附着较高，底部平坦，呈四方形，其底线一般应略高于飞节。四个乳头的长短、大小应适中，呈圆柱状，乳头间距宽而匀称，不应有副乳头。乳房内部乳腺组织应充分发育，使整个乳房柔软而富有弹性。乳静脉从乳房沿腹壁经乳井到达胸部，要求粗大、弯曲，特别是腹壁段的乳静脉更应粗大、显露，并交叉成网状。良好的乳房在挤奶前后形状变化较大。挤奶前由于乳腺充满了乳汁，外观乳房饱满，左右乳区间有明显的纵沟；挤奶后纵沟消失，表面形成许多皱襞，乳房变得很柔软，不像挤奶前那样饱满而具弹性；这种乳房乳腺非常发达，称为"腺质乳房"。反之，有的乳房外观较大，但挤奶前后乳房大小变化不大，这种乳房被称为"肉质乳房"。凡是属于肉质乳房的乳用型蜀宣花牛，产奶量一般都不会很高。另外，在生产实践中经常还会遇到一些在外形上及内部结构方面发育不正常的乳房，称为"畸形乳房"。总之，对乳用型蜀宣花牛的外貌特征要求可概括为"三宽三大"，即背腰宽，腹围大；腰角宽，骨盆大；后裆宽，乳房大。在选牛过程中应注意挑选具有腺质乳房结构的乳用型蜀宣花牛，尽量避免购回肉质乳房或畸形乳房的母牛。

二、肉用型蜀宣花牛的选择

肉用型蜀宣花牛的外貌特征要求与乳用牛有明显的不同。肉用牛的体型不论从前望、侧望、后望，其轮廓均呈长方形，整个体躯要求短、宽、深。前躯和后躯要高度发达，使中躯显得相对粗短，以致前、中、后躯的长度趋于相等。头短、宽，两眼间距大，眼大而明。全身表现得粗短、紧凑。四肢较短，体躯低垂，看上去颇有"敦实"之感。角细、耳轻、鼻孔宽，颜面多肉而轮廓清晰。颈短而粗圆，鬐甲平广宽厚，肩长宽，与背腰呈一条直线，两肩与胸部结合良好，无凹陷，显得丰满多肉。胸宽、深，饱满，胸骨突出于两前肢。垂肉高度发达。肋长，向两侧扩张而弯曲度大，肋间肌肉充实。背宽广、平直，腰短而膁小，腰角丰圆。腹部紧凑、充实呈圆筒形，切忌下垂。尻宽、平、长、直而富有肌肉，切忌尖尻、斜尻。大腿部宽、深、厚，显得十分丰满。被毛短、细而有光泽，并呈现卷曲状。皮薄而富有弹性。结缔组织发达，全身肌肉丰满。骨骼较细而结实。

总之，肉用型蜀宣花牛以"五宽五厚"为鉴定要点，即：额宽，颊厚；颈宽，垂厚；胸宽，肩厚；背宽，肋厚；尻宽，臀厚。

三、后备牛的选择

后备牛是指犊牛初生后准备留着种用的不同生产性能公母牛的统称。因此，后备牛的挑选首先要从犊牛开始。所谓犊牛，一般是指从初生到6月龄期间的小牛。犊牛期是小牛从依靠母体获取营养的"寄生"阶段到完全依靠粗饲料为主的"自立"阶段的过渡时期。此阶段，既是生前胎儿期发育的结果，又是生后生长发育的基础。为此，对犊牛的挑选就要从这两方面考虑。在具体选

择上，第一是考察该牛的系谱，即查其父母、祖父母及外祖父母的生产性能和表现情况。第二是考察其本身的外形与结构特点，对于犊牛的某些结构性或器质性缺陷应特别注意。如公犊的隐睾和母犊的阴门、子宫畸形、肢蹄不正、上下颚不齐等。在体型结构上，要求犊牛符合本品种牛的基本特征，结构良好，四肢端正，行动灵活。乳用母犊还要求观察乳头的分布位置，有无副乳头，乳头是否较长，呈扁圆形，较软而呈现皱纹，这样的母犊长大后其乳房结构、乳头形状均较好，产奶量也会较高。第三是观察其本身的生长发育状况。犊牛的初生重是出生前（胎儿期）发育的重要指标，初生重过小，说明胎儿期发育不良，这对后天的生长和生产往往会造成很大的影响。正常胎儿的初生重一般占成年母牛体重的 5％～7％。

从初生到断奶这段时间，称为哺乳期。奶牛哺乳期一般为 3～4 个月，肉牛为 6 个月左右。哺乳期犊牛日增重和断奶重的大小，是衡量后备牛生长发育状况的又一重要指标。对于乳用牛，日增重要求不宜过高，一般 500～700g 即属正常。但肉用牛则要求日增重较高为好，一般要求达 600～800g，有的甚至可达到 1 000g 以上。

通过对犊牛最基本的选择外，不同生产用途的后备牛还有其特殊的考察内容。

（一）乳用后备母牛的选择

对乳用母牛的选留，除了对其进行系谱考察、体型外貌及主要器官观察和生长发育表现选择外，同时还要对其本身的生产性能及对某些主要疾病的抵抗力加以比较。乳用母牛的生产性能主要包括：产奶量、奶的质量、泌乳的均衡性、前乳房指数、排乳速度等。

其中：产奶量一般是指一个泌乳期 305d 内所产鲜奶总量。产奶量越高的牛越好。

牛奶的质量主要指鲜牛奶中所含乳脂肪、乳蛋白、乳糖和非脂固形物的百分比。一般含以上成分越高的牛奶质量越好。

泌乳均衡性是指在一个泌乳期中，产奶量的稳定情况。高产奶牛产奶的最初 3 个月泌乳量占总产奶量的 35％左右，第 4～6 泌乳月占 32.5％左右，第 7～10 泌乳月占 32.5％左右。

前乳房指数是指前乳房产奶量占整个乳房总产奶量的百分比，一般要求在 45％以上。其公式为：

$$前乳房指数 = \frac{前乳房产奶量}{整个乳房总产奶量} \times 100\%$$

排乳速度是指在挤奶时，平均每分钟挤出鲜奶的质量（单位：千克）。此指标对大型奶牛场，特别是在用机器挤奶的情况下，意义非常重大。排乳好的母牛，在3～5min内即可完成挤乳，其排乳速度为2～2.5kg/min。

对于后备乳用母牛的生产性能尚未表现出来之前，可通过系谱（父母）资料的有关指标进行选择。

另外，乳用母牛的繁殖力、长寿性以及对某些疾病的抵抗力也应进行全面考察。

（二）肉用后备母牛的选择

对于肉用母牛，除了通过其生长发育状况和系谱选择外，重点还应从本身的繁殖能力、顺产状况、育犊能力等几方面进行挑选。

繁殖能力主要是指母牛生育后代和哺育后代的能力。包括：正常情况下母牛的发情是否有规律性；两次连续产犊之间所间隔的时间，即产犊间隔，产犊间隔越短越好；每次受孕所进行的配种次数，越少越好；终身产活犊数；是否发生过流产等。

顺产状况是对母牛产犊时是否助产或完全不助产的评价。

育犊能力包括犊牛初生重、哺乳期犊牛生长速度的快慢（以日增重表示）、断奶重及终身哺育断奶活犊牛数等的综合评价。

四、种牛的选择

种牛选择主要根据牛本身的生产性能或与生产性能相关的一些性状，同时还要参考其系谱、后裔及旁系的表现情况。乳用牛主要分析其半同胞的产奶性能（包括产奶量和奶成分），肉用牛可参考其半同胞产肉的成绩进行选择。

（一）乳用种牛选择

1. 种公牛选择

（1）犊牛阶段　一般采用系谱指数并结合公犊牛本身的生长发育情况进行选择，必须选最优秀的公母牛的后代。

公牛母亲的要求：第一胎产奶量4 000kg以上，二胎以上产奶量高于5 000kg，乳脂率4.0%以上，外貌评分80分以上；乳房结构、肢蹄和胸腹容

积无明显的缺陷，相对复合育种值在102%以上。

公牛父亲的要求：公牛女儿头胎产奶量4 000kg以上，乳脂率4.2%以上，乳蛋白率3.2%以上；主要功能性外貌性状，如乳房结构和质地、肢蹄等，育种值不可为负值，并要有明显的改良作用，外貌总评分85分以上。

（2）6～12月龄阶段　参考本身表现来选择，直接测量其某些经济性状。在环境一致并有准确记录的条件下，与牛群的其他个体进行比较。种公牛的体型外貌主要看其体型大小，全身结构是否匀称，外形和毛色是否符合品种要求，雄性特征是否明显，有无明显的外貌缺陷。

（3）青年公牛阶段　根据公牛女儿的生产性能及外貌进行后裔测定。在公牛12月龄时，就采集精液保存，每头公牛保存1万～4万头份后，将公牛淘汰。如后裔测定证明为优秀公牛，则利用这些公牛的精液，否则将全部精液废弃不用。

2. 种母牛选择

（1）种母牛的选择性状

产奶性状：主要包括产奶量（kg）、乳脂率（%）、乳蛋白率（%）和非脂固形物含量（%）等。

生长发育性状：主要包括日增重（g/d）、饲料利用率〔饲料（kg）/增重（kg）〕及生长能力（一定时期内所达到的体重）。

繁殖性状：主要包括头胎产犊月龄，产犊间隔（d）、平均妊娠输精次数（次）、情期受胎率（%）和长寿性（胎或年）等。

体型外貌：主要以体型外貌线性评分来衡量。

抗病力：主要利用辅助性状进行检测，如SCC作为是否发生乳房炎的标记，奶或血清中酮体含量作为酮病的标记，血清中钙、钠和镁的含量作为乳热症的标记等。

质量性状：母牛的毛色、角型、血型、遗传缺陷等属于质量性状。

（2）种母牛的选择方法

单一性状选择法：按顺序逐一选择所要改良的性状，即当第一个性状经选择达到育种目标后，再选择第二个性状，以此类推地选择下去直至全部性状都得到改良。

独立淘汰法：同时选择几个性状，分别规定最低标准，只要有一个性状不够标准的即予淘汰。

综合选择指数法：此法是根据综合选择指数进行选择。这个指数是应用数量遗传学原理，将要选择的若干性状的表型值，根据其遗传力、在经济上的重要程度及性状间的表型相关和遗传相关，给予不同的适当加权而制订的一个可以使个体间互相比较的数值。指数选择法效果的好坏，主要取决于加权系数制定是否合理。制定每个性状的权数，决定于性状的相对经济价值及每个性状的遗传力和性状之间的遗传相关。综合选择指数的公式是：

$$I = W_1 h_1^2 \frac{P_1}{\overline{P}_1} + W_2 h_2^2 \frac{P_2}{\overline{P}_2} + \cdots + W_n h_n^2 \frac{P_n}{\overline{P}_n} = \sum_{i=1}^{n} W_i h_i^2 \frac{P_i}{\overline{P}_i}$$

式中：I——选择指数；

W_i——性状的加权数；

h_i^2——性状的遗传力；

P_i——个体该性状的表型值；

$\overline{P}_i$——牛群该性状的平均值。

为了便于比较，把各性状都处于牛群平均值的个体的选择指数定为100，其他个体都和100相比，如超过100则好，超过的越多越好，反之则越差。这时综合指数公式变换为：

$$I = \sum_{i=1}^{n} \frac{W_i h_i^2 P_i}{\overline{P}_i \sum W_i h_i^2} \times 100$$

（二）肉用种牛选择

1. 种公牛选择

（1）系谱选择　通过系谱记录资料是比较牛只优劣的重要途径。肉牛业中，对犊牛进行选择，并考察其父母、祖父母及外祖父母的性能成绩，对提高选种的准确性有重要作用。实际生产中，一般采用系谱指数并结合公犊牛本身的生长发育情况进行选择，必须选最优秀的公母牛的后代。

（2）本身表现选择　根据种牛个体本身和一种或若干种性状的表型值，判断其种用价值，从而确定个体是否选留，该方法又称性能测定或成绩测验。可以在环境一致并有准确记录的条件下，与所有牛群的其他个体进行比较，或与所在牛群的平均水平比较。种公牛的体型外貌主要看其体型大小，全身结构是否匀称，外形和毛色是否符合蜀宣花牛品种要求，雄性特征是否明显，有无明显的外貌缺陷。对于生殖器官应特别注意，要求发育良好，睾丸大小正常，有弹性，并检测精液质量。除外貌外，还要测量种公牛的体尺、体重，按照蜀宣

花牛品种标准分别评出等级。

（3）后裔测验　根据后裔生产性能及外貌评定等方面的表现情况来评定种公牛好坏的鉴定方法，这是多种选择途径中最为可靠的选择途径。具体方法是将选出的种公牛与一定数量的母牛配种，对犊牛成绩加以测定，并对种牛品质优劣进行评价。但是这种方法的缺点是需要时间较长，往往等到后裔成绩出来时，被测定牛年龄已大，丧失了不少可利用的时间和机会。在实际生产中，为提高公牛利用效率，可在被测公牛后裔测验成绩出来之前，制作冷冻精液并贮存好，待成绩确定后再决定是否使用该精液。用此方法既可以对公、母牛的种用价值进行评定，也可以对数量性状和质量性状加以选择。

（4）旁系选择　指选择个体的兄弟、姐妹、堂表兄妹等，与该个体的关系越近，其材料的选择价值就越大。利用旁系材料的主要目的是从侧面证明一些由个体本身无法查知的性能，如公牛配种能力等。种公牛的肉用性状主要根据其同胞材料进行评定，相比后裔测定，旁系选择可对后备公牛进行早期鉴定，比后裔测定至少缩短 4 年以上的时间。

2. 繁殖母牛选择

（1）繁殖母牛的选择性状

体型外貌：符合肉牛的外貌特点的基本要求。

体尺体重：包括初生、断奶、周岁、18 月龄等各生长发育阶段的体尺体重。

生长发育：主要包括日增重（g/d）、饲料利用率（千克饲料/千克增重）及生长能力（一定时期内所达到的体重）。

产肉性能：包括宰前重、胴体重、净肉重、屠宰率、净肉率、肉脂比、眼肌面积及皮下脂肪厚度等。

繁殖性能：包括受胎率、产犊间隔、发情的规律性、产犊能力及多胎性。

（2）能繁母牛的选择方法　参见乳用种母牛的选择方法。

第二节　选　　配

根据一定的原则，有目的地将选出的优秀公母牛进行交配，以生产高质量后代的过程叫做选配。选配是在鉴定和选种的基础上进行的，选种的效果要通过选配来实现，所以选种选配是蜀宣花牛育种工作不可分割的环节。根据鉴定结果，特别是后裔鉴定的结果来组织。母牛的交配，可使双亲优良的特性、特征和生产性能组合到后代身上，可以巩固选种的结果。因此，正确的选配，对蜀宣花牛品种的改良具有重要的意义。

一、选配的原则

在生产实践中，选配应遵循以下原则：

（一）按等级选配

在品质上，用等级高的公牛和等级高的母牛相交配，等级低的公牛和等级低的母牛交配。当然，在优良种公牛充足的情况下，也可以使等级高的公牛配等级低的母牛，逐步提高全群水平。当前在人工冷冻精液授精的条件下，种公牛站都要求达到利用特级的种公牛生产冻精。另外，公牛的等级应高于母牛，不允许等级高的母牛与等级低的公牛交配，最低限度也应该用同等级的公牛与母牛交配。

（二）按年龄选配

幼龄的个体正处于发育阶段、遗传性不稳定，新生后代具有晚熟、生活力弱、生产性能低及遗传性不稳定等特点；老年牛由于机体衰老，遗传力因此衰退，性细胞生活力不强，其后代虽具有高度的早熟性，但生长停止较早，主要器官发育不全，因而早期衰老，生活力弱，遗传性也不稳定；壮年牛遗传性最稳定，牛体机能活动旺盛，性细胞生活力最高，各种性状均已得到充分发育，其后代具有遗传性稳定、生命力强、生产性能较高和长寿等特点。因此选配时，公母牛选配的年龄最好遵循如下原则：青年母牛与壮年公牛交配；壮年母牛应与壮年或较老年的公牛交配；老年母牛应与壮年公牛交配。也就是说，要注意不使用幼与幼配、老与老配，应尽量使用壮年公牛的冻精配种。

（三）编制选配计划与方案

要有目的地摸清牛群的优缺点，保留哪些优点，纠正哪些缺点，通过选配实现预定计划，做到心中有数。通常情况下，选配应避免近亲交配和近亲繁殖。如在育种过程中，需要进行亲缘选配时，应严格选种，控制近交代数和给以亲代不同的生活环境条件，严防生活力降低。

二、选配的程序

（一）数据资料的收集

收集整个群体的系谱结构、形成历史、现有水平以及有待改进的性状分析对比，做到育种目标明确，选择亲和力好的个体进行交配。

（二）分析交配双方的优缺点

分析群体的优缺点，明确要保留的特性、要提高的特性以及要清除的特性，选配最适合的公牛。

（三）绘制牛群系谱图，分析系、族间亲和力

绘制群体系谱图，追溯个体所属的系和族，比较不同系、族的交配结果，以判断不同系、族间的亲和力大小。

三、选配的方式

通常把选配方式分为品质选配和亲缘选配两种类型。

（一）品质选配

品质选配，又称选型交配。它所依据的是交配个体间的品质对比，即按照公母牛在体型外貌上的表现或生产性能上的特点来组织交配组合，分为同质交配和异质交配两种。

品质选配，较之随机交配最主要的是改变了公母牛间的交配概率，因在随机交配时某种交配类型的概率是公牛与母牛相应基因型频率之积，而在品质选配时却不然。例如，假设一个由有角蜀宣花牛与无角蜀宣花牛组成的群体，有角牛在全部公牛的频率为 R，在全部母牛中的频率也是 R，如果采用随机交配，则有角公牛与有角母牛交配的概率为：

P（有角公牛×有角母牛）＝P（有角公牛）×P（有角母牛）＝$R×R＝R^2$

而若采用同质交配，交配的概率就有所不同。此时有角母牛的频率仍是 R，但该母牛与有角公牛交配的概率却是 1 而非 R，因为选配的原则要求它必须与有角公牛交配。因此，此时 2 个有角牛交配的概率为 R 而非 R^2。对于异

质交配，交配的概率同样也不同。交配概率不同，会影响下一代的基因型频率和基因频率，从而具有不同于随机交配的独特作用，产生独特用途。

1. 同质选配　是选择体型外貌、生产性能或其他经济性状相似的公母牛交配。同质选配的作用主要是保持和固定优良性状，增加群体中纯合基因型的频率，其目的在于获得与双亲品质相似的后代。

同质选配多在杂交育种后期阶段，为了稳定牛群性能、增大牛群整齐度时采用。另外，在原有品种牛群中，为建立某种品系，以巩固发展某一或某些优良性状，也实行公母牛间的同质选配。由于同质选配只是根据其表型相似，而不考虑基因型是否相同，因此相似的个体进行配对时，也可能出现不相似的后代，所以它比亲缘选配达到纯合的速度要慢得多。

因此，运用同质交配需要注意以下几点：①表型选配虽与遗传选配作用性质相同，但其程度却有不同。而且运用遗传同型交配，下一代的基因型可以准确预测，而表型同型交配因表型相同的个体基因型未必相同，故其下一代的基因型无法准确预测。因此，实践中应尽量准确地判断个体的基因型，根据基因型进行同质交配。②同质交配是同等程度地增加各种纯合子的频率。因此若理想的纯合子类型只是一种或者几种，那就必须将选配与选择结合起来。只有这样，才能使群体定向地向理想的纯合群体发展。③同质交配将使一个群体分化成为几个亚群，亚群之间因基因型不同而差异很大，但亚群内的变异却很小。因此在亚群内要想进一步选育提高可能比较困难。④同质交配因减少杂合子的频率而使群体均值下降，因此可能适于在育种群中应用，却不适于在繁殖群中应用。⑤同质交配必须用在适当时机，达到目的之后即应停止。同时，必须与异质选配相结合，灵活运用。

2. 异质选配　是选择体型外貌、生产性能或经济性状不相似的公母牛交配。其目的是结合双亲优良性状，或用一个亲本的优点去纠正另一亲本的缺点。因此，异质选配可以丰富和改变遗传结构，改善和提高后代的体型外貌、生活力、适应性和生产性能。例如，一方面具有高产奶量特性，另一方面具有乳脂率高特性，这样的公母牛双方组合，以期生产产奶量、乳脂率均高的后代；再如，使背腰平直的公牛同背腰凹陷的母牛交配，以纠正后代母牛凹背的缺点。

异质选配时存在性状分离和重组现象。因此后代是不一致的，有可能出现很不理想的个体，所以必须有预见性地估计到性状的遗传力和分离规律，并严

格进行淘汰。

在育种工作中，异质选配和同质选配往往先后进行。在品种培育的初期多采用异质选配，以综合双亲的优良性状，发现和巩固新的性状；而当出现理想型时，为了巩固有益经济性状的遗传性，则采用同质选配，以便迅速繁殖与亲本一致的后代。

（二）亲缘选配

亲缘选配是指根据交配双方亲缘关系的远近来安排交配组合，以期巩固优良性状、提高牛群品质的选配方式。

亲缘选配交配的双方是否有亲缘关系，是指在一定祖代内（一般指7代以内），二者是否有共同祖先，以及共同祖先的头数多少及共同祖先离该二头牛世代间隔的远近。当然共同祖先个数越多，且距该二头牛越近时，则亲缘关系越近，反之则亲缘关系越远。

亲缘选配又包括如下类型：①嫡亲交配：指牛群中亲子间、全同胞兄妹姐弟间的组合及牛群中的半同胞兄妹姐弟间及祖孙之间的组合。②近亲交配：指牛群中的姑侄间、叔侄间、堂兄妹姐弟间的组合及曾祖孙之间的组合。组合配对双方血缘更远的叫中亲或远亲交配。

亲缘选配的效果是：①固定优良性状：亲缘选配可以使牛群中纯合子基因型频率增加，优良基因纯合概率加大。采用不同程度的近亲交配，并与有计划的选择相结合，选择具有理想性状的纯合体进行自群繁殖。②淘汰有害性状：亲缘选配可使不良基因结合的频率也加大，常常带来生产性能降低、生活力衰退以至造成生理缺陷等弊端，所以一般情况下商品牛生产不用亲缘选配。在育种上，亲缘选配可以暴露隐性有害基因，从而可以及早将具有有害性状的个体淘汰。从而大大降低有害基因在群体中的频率。③提供优良组合的杂交亲本：利用亲缘选配的分化作用并与有计划的选择相结合，可以选育出在基因型上有明显差别的类群，然后进行系间交配，筛选优良杂交组合，提高杂种优势。④保持优良祖先的血统：牛群中如果有个别或少数特别优秀的个体出现，可采取近亲交配的方法来保留它们的血统。在这种情况下，近交系数可以高达25%，可以进行亲子、全同胞间的选配。若不采用近亲交配，那么优良祖先的基因就将随着繁殖代数的增加而逐渐消失，结果种也就很难保住了。

亲缘选配的关键在于亲缘关系远近。亲缘选配不能滥用，否则会普遍引起后代衰退。为防止这种近交衰退现象的发生，在亲缘选配时要注意以下事项：①在亲缘选配后代中实行严格选择和淘汰，尽可能淘汰有害基因，这对种公牛尤其重要，往往要通过连续几代的选择和淘汰，经后裔测定后才可应用。②注意控制亲缘程度，牛群内要维持足够的公牛。当牛群中公牛数量很少时很难阻止近交系数的上升，保持足够数量的公牛是必要的。③对长期进行闭锁繁育的牛群可以进行血液更新，即引入与本群无亲缘关系的公牛或精液，有效地防止近交衰退。④给双亲以不同的生活条件，使合子具有更高的生活力和更广泛的适应性。

四、选配的应用

选配是一项繁杂而细致的工作，必须深入调查研究，阅读大量资料，找出主要问题，然后根据牛群现状，解决矛盾的可能性，编制选配计划。

当牛群较大时，首先将准备参加配种的基础母牛列出其名号，然后根据当时牛场或牛群的育种要求，按母牛的生产性能、体尺、外貌存在的主要问题进行分类，把存在相同问题的母牛归为一类，指定适当的公牛与之配种。这样就能较快地改进和提高整个牛群的质量。

对牛群不大或牛群中为数不多的特别优秀的母牛，可根据每头母牛在生产性能及外貌结构上的优缺点制订全年的个体选配计划，安排最优秀的公牛与之交配，并按前述选配原则对选配组合进行逐个的全面审定，以同质选配为主，固定其优良性状，并应用公牛在主要经济性状方面的优点去提高母牛性能，同时也可用母牛的长处去弥补公牛的局部缺点，以达到提高牛群整体质量之目的。

第三节　品系繁育

品系繁育是育种工作的高级阶段，它是纯种选育常用的一种育种方法。特点是有目的地培育牛群在类型上的差异，以使牛群的有益性状继续保持和扩大到后代中去。品系形成快、数量多、周转快，加大品种内的异质性，从而加快种群的遗传进展，促进现有品种的改良，充分利用杂交优势，促进新品种的育成。

一、品系培育的条件

在一个品种内，无论品系是如何形成和发展的，品种和品系的群体有效大

小要足够大，才能长期存在。对于有目的的人工建系进行品系繁育来说，建系之初至少要满足以下几个条件。

（一）足够的牛群数量

牛群数量很小是无法进行品系繁育的。一般认为一个品种至少要有一定数量的品系，每个品系应有适当的家系组成。

当计划要进行品系间杂交以生产商品牛时，因杂交方案不同对品系数的需求也有不同。例如，如果采用近交系双杂交方案，至少需要4个品系；如果想利用配套品系生产商品牛，至少要有父本和母本两个品系。如果品系繁育的目标是建立几个近交系，建系所需的基础群可以适当缩小。

（二）较高的综合性能

品系繁育的目的，是提高和改进现有品种的生产性能、充分利用品系间不同的遗传潜力来产生杂种优势。所以，每个品系的综合性能一般都要比原品种优越，而且各自都有自身的遗传特征。如果牛群中有个别出类拔萃的公牛和母牛，就可以采用系祖建系法建系。如果优秀性状分散在不同个体身上，还可以用近交建系或群体继代建系法来建系。

（三）科学的饲养管理

只有在适宜的饲养水平和管理条件下，良种才有可能发挥其高产性能，在选育的同时，加强饲草、饲料基地建设，改善管理条件，保证环境卫生，发挥选育的作用。

（四）先进的技术与设备

品系繁育过程涉及畜牧业生产过程中的方方面面，要求有统一的组织协调工作，先进而充分的理论根据，完整而严密的技术配合工作，还应有必需的仪器设备等。

二、品系繁育的方法

牛的品系繁育中建系方法有系祖建系法和群体继代选育法等。

（一）系祖建系法

1. 方法　选择一头优秀的种公牛作为系祖，选留其能完整地继承并遗传稳定系祖品质的个体作为继承者，通过选配，把系祖的优良品质变为群体所共有的稳定特征，形成类似系祖品质的单系。

这种建系方法虽然可以使系祖的优秀性状具有较强的遗传优势，具有较高的育种价值，但由于强调中亲交配，建系时间长，品系的品质只能接近或维持系祖的水平，改良速度慢。

2. 步骤

第一，选定系祖。最好是具有某些性能突出的优秀种公牛个体，性状遗传稳定，无有害隐性基因。可采用后裔测定和育种值来选择系祖，创造系祖时可从核心母牛群中选择若干符合要求的种子母牛与较理想的种公牛选配，从所产生的公牛中经后裔测定后选出系祖。创造系祖时可采用亲缘选配，系祖的近交系数以不超过12.5％为宜。

第二，选择基础母牛群。基础母牛群至少要100～150头，在人工授精条件下，品系的基础母牛群可更大。选配的母牛表型与系祖相似，并与系祖无亲缘关系。

第三，根据特点培育系祖继承者。牛世代间隔长，一个品系延续三代后逐渐消失，为延续系祖优良特性，必须培育系祖继承者。每一代种牛均朝系祖方向选择，同时剔除系祖的缺点，使品系提高。采用同质选配、中等程度的近交，后期采用高强度近交。为了防止近交衰退，可利用顶交，即近交公牛与无血缘关系的母牛交配，一般3～5头母牛与一头系祖交配。

最后，是品系杂交。建立品系就是保持品种的遗传多样性，其最终目的是品系的利用，应根据选育目标加强选择与培育。后代不应是系祖的复制品，否则性状的真实状况会被环境所掩盖，通过品系杂交，使蜀宣花牛的优良性状结合在一起，以提高该品种的遗传品质和生产性能指标。

（二）近交建系法

选择足够数量的公母牛以后，根据育种目标进行不同性状或不同个体间的交配组合，然后进行高度近交，同胞或亲子交配使群体迅速达到纯合状态，通过选择淘汰后建立高度近交的品系。

首先组建基础群，母牛群要求数量越多越好，选择优秀、同质、稳定、无缺陷的个体；公牛数量不宜过多，以免近交后群体出现的纯合类型过多，影响近交系的建立，公牛要求也是同质的。

然后采用全同胞或亲子交配的形式，扩大基础群的有益特性。

一般有 3~5 个系祖组成一个支系，选建支系后再合成一个近交系。

（三）群体继代选育法

群体中缺乏各优良性状集一身的个体，群体内各个体分别具有一个或几个优良性状，按照建系目标，选择公、母牛组建基础群。基础群生产性能在群体平均水平以上，各个体间无亲缘关系，基础群组建后进行封闭繁育，强调选种，后备种牛从封闭后代中选择，严格选留，淘汰不良个体。当群体小时采用随机交配，群体大时进行个体选配。有符合品系标准的优秀个体时采用同质选配和近交。

基础群是异质还是同质群体，既取决于素材群的状况，也取决于品系繁育预定的育种目标和目标性状的多少。当目标性状较多而且很少有方方面面都满足要求的个体时，基础群以异质为宜，建群以后通过有计划的选配，把分散于不同个体的理想性状汇集于后代。如果品系繁育的目标性状数目不多，则基础群以同质群体为好。这样可以加快品系的育成速度，减轻工作强度，提高育种效率。

基础群要达到一定规模，可避免因群体有效含量太小而在育种过程中被迫近交，也可避免因群体太小而不能采用较高的选择强度，从而降低品系的育成速度。一般来说，基础群要有足够的公牛，且公母比例合适。

种牛的选留要考虑到各个家系都能留下后代，优秀家系适当多留。一般情况下不用后裔测验来选留种畜，而是考虑本身性能和同胞测定，以缩短世代间隔，加快世代更替。

第四节　育种记录与良种登记

一、常用的育种记录方式

牛场的各项技术资料是蜀宣花牛选育、繁殖配种、饲养管理、疾病防控等工作的基础。没有育种记录，蜀宣花牛的育种工作就不能有效进行，管理也会杂乱无章。育种记录主要包括以下内容：

1. 种牛卡片　登记牛的编号、品种、良种登记号、出生日期及地点、血统、体尺、体重、外貌结构及评分、后代品质、公牛的配种成绩、母牛的产奶性能和产犊成绩、鉴定成绩等，并附公、母牛照片。

2. 公牛采精记录表　登记公牛编号、出生日期、第一次配种日期、每次采精的精液数量、质量、稀释液种类、稀释倍数、稀释后及解冻后的活力、冷冻方法等。

3. 母牛繁殖登记表　登记母牛配种、产犊等情况，包括发情情况、配种时间、精液源（公牛号）、犊牛初生重及编号等。

4. 母牛产奶登记表　包括每日分次产奶记录表、全群每日产奶记录表、每月产奶记录表、各泌乳期产奶记录表。

5. 犊牛培育记录表　登记犊牛的编号、出生日期、品种、系谱、初生重、毛色、外貌特征、各阶段生长发育情况（各阶段体重、主要体尺及平均日增重）、屠宰性能（屠宰率、净肉率、眼肌面积、骨肉比等）、鉴定成绩等。

6. 牛群饲料消耗记录表　登记每头牛和全群每天各种饲草、饲料消耗数量。

7. 患病记录　登记患牛编号、所患疾病及病程、治疗结果、转归情况等。

二、良种登记

良种登记是建立蜀宣花牛良种繁育体系的一项基础性工作，可有效发挥良种牛在育种工作中的作用，完善的良种登记能为蜀宣花牛育种提供可靠的依据，也是养殖场（户）进行选种选配，提高牛群质量，提升生产水平的一项重要措施。良种登记是掌握遗传变异来源和建立育种核心群的手段。

在国际上，牛的良种登记制度已经实行了200多年，对加快品种育种进度起到了很大的促进作用。按惯例，培养品种牛由协会、育种委员会或协作组统一组织，品种犊牛出生时即予以登记入卡，淘汰或死亡者应及时注销、存档，成年后按良种牛的标准鉴定、审查合格后，发给良种登记证书和良种登记牌，并将该牛收录在良种登记簿中，对不符合标准的牛不予登记。

良种登记是选择种母牛和培育种公牛的基础，通过良种登记可进行科学的综合遗传评定，准确选择良种，是蜀宣花牛群体遗传改良的重要措施之一，同时也是一个时期牛群遗传改良进展和成绩的重要标志。蜀宣花牛良种

登记的内容（表 3-1）包括测定生产性能、评定体型外貌、健康状况，查清血缘关系，并进行准确、完整的记录，建立档案等。首先要建立蜀宣花牛系谱档案，包括：牛号、犊牛的父号、母号、祖父号、祖母号、外祖父号、外祖母号、女儿号、产地、现所在地等基本资料。在繁殖记录方面，登记胎次、配种日期、受胎与否、与配公牛编号、分娩日期、犊牛性别等。采用线性评定方法，对蜀宣花牛的体型结构、尻部、肢蹄、乳房、乳用特征等进行打分评定。对于乳用蜀宣花牛，收集的数据还包括产奶量、乳脂率、乳蛋白率等生产性能测定数据。

表 3-1 蜀宣花牛良种登记表

_____市_____县（区）_____乡_____村　　登记时间：　　年　月　日

场户信息	场户名称				
	通信地址				
	联系人		固定电话		
	手机号码		电子邮箱		
	登记牛只耳标号		登记牛只来源	1. 购入　2. 自繁　3. 冷配	
牛只信息	出生日期		出生地		
	出生重（kg）		毛色		
	登记时年龄		登记时胎次	体型评分	
	父号		是否验证公牛	冻精来源	
	母号		是否登记	所有者	
	祖父号		是否验证公牛	冻精来源	
	祖母号		是否登记	所有者	
	曾祖父号		是否验证公牛	冻精来源	
	曾祖母号		是否登记	所有者	

（续）

母牛繁殖记录

胎次	初配日期	配妊日期	配妊次数	与配公牛	流产日期	产犊日期	犊牛性别
1							
2							
3							
4							
5							
6							

母牛生产性能记录

胎次	干奶日期	泌乳天数（d）	产奶量（kg）	乳脂率（%）	乳蛋白率（%）	乳糖率（%）
1						
2						
3						
4						
5						
6						

第四章
蜀宣花牛繁殖技术

第一节　生殖生理

一、生殖器官

(一) 母牛的生殖器官

了解母牛的生殖器官解剖结构和相对位置，对熟练掌握人工授精技术、准确掌握输精部位和提高繁殖成绩具有重要意义。母牛的生殖器官包括卵巢、输卵管、子宫、阴道、尿生殖前庭、阴唇和阴蒂等，详见图4-1、图4-2。

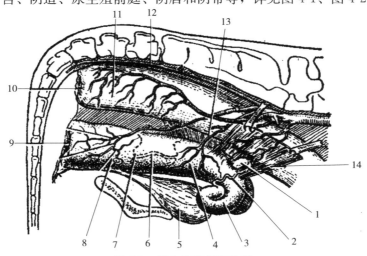

图 4-1　母牛生殖器官位置
1. 卵巢　2. 输卵管　3. 子宫角　4. 子宫体　5. 膀胱　6. 子宫颈管　7. 子宫颈阴道部
8. 阴道　9. 阴门　10. 肛门　11. 直肠　12. 荐中动脉　13. 子宫中动脉　14. 子宫阔韧带

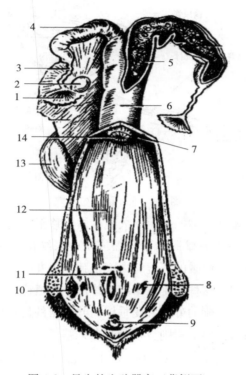

图 4-2　母牛的生殖器官（背侧面）

1. 输卵管伞　2. 卵巢　3. 输卵管　4. 子宫角　5. 子宫黏膜　6. 子宫体　7. 阴道穹隆
8. 前庭大腺开口　9. 阴蒂　10. 剥开的前庭大腺　11. 尿道口　12. 阴道　13. 膀胱　14. 子宫颈口

母牛的卵巢长 2～3cm、宽 1.2～2.0cm、厚 1～1.5cm，呈扁椭圆形，附着在卵巢系膜上，子宫颈尖端外侧。从阴唇开始由后至前，依次是尿生殖前庭、阴道、子宫等。生殖前庭长约 10cm，阴道全长 22～28cm；子宫分子宫颈、子宫体和子宫角三部分，子宫颈长 5～10cm，子宫体长 3～4cm，子宫角长 20～40cm。生殖前庭长度＋阴道长度＋子宫颈长度共长 37～48cm（平均约 42cm）。

（二）公牛的生殖器官

公牛的生殖器官机能是产生活的性细胞（精子）使卵子受精。公牛的生殖器官由睾丸、附睾、副性腺、输精管、尿生殖道、阴茎、包皮及阴囊等组成，详见图 4-3。

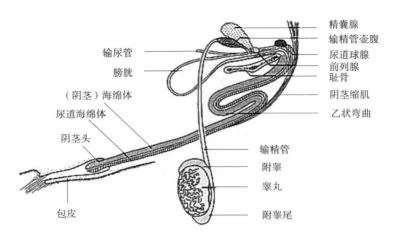

图 4-3　公牛的生殖器官

睾丸：一对且相互对称，生后不久便从体内移至阴囊。阴囊使睾丸的温度维持在 $34\sim35℃$，由阴囊壁肌肉的收缩或松弛来维持。在寒冷的环境，睾丸就被收缩靠近身体，在温暖的环境肌肉就松弛。睾丸的其他解剖特点是位于精细管之间的间质细胞。这种细胞分泌维持雄性生殖道机能、产生第二性征和影响性欲冲动的睾酮。睾酮的分泌又受垂体前叶分泌的促黄体素调节，而其他的垂体前叶促性腺激素促卵泡素则直接刺激睾丸精子发生的机能。

附睾：非常卷曲的单管，长 30m 以上，它是由紧靠睾丸的头、体、尾三个部分所组成。

输精管：输精管是进入膀胱附近的骨盆尿道的管道，输精管壁含有纵肌和环肌，在射精时不随意地收缩，借以排出精子。每条输精管在骨盆部扩大形成壶腹部结构。壶腹部含有许多腺体，便于精子聚集。

尿道和阴茎：2 个壶腹部在公牛的骨盆部进入尿道。尿道接受副性腺的分泌物并作为尿的排泄管。精子于射精时在尿道与副性腺分泌的精清混合。

副性腺：副性腺包括输精管的壶腹部、精囊、前列腺和尿道球腺。能够分泌富含精子生活所必需的营养物质的"精清"，为从睾丸运输精子至母牛阴道提供必要的媒质。

二、母牛发情及排卵周期

（一）发情前期

卵巢内黄体萎缩，有新滤泡发育，卵巢渐增大，开始分泌雌激素，生殖器官开始充血，黏膜增生，子宫颈口稍有增加。在此期间，母牛尚无性欲表现，此期 12～17h。

（二）发情期

滤泡迅速发育，雌激素分泌增多，阴唇肿胀，生殖器官充血、黏膜及腺体分泌增多，但从阴道流出的黏液不多且稀薄，牵缕性差，子宫颈口开放，此期 8～10h。发情盛期母牛接受爬跨，交配欲强烈，阴道黏液显著增多，流出后如玻璃样，有高度的牵缕性，极易黏附于尾、飞节等处。子宫颈红润开张。一侧卵巢增大，有突出于表面的滤泡，直径 1cm 左右，触之波动性较差。发情末期母牛逐渐转入平静，不再接受爬跨。阴道黏液减少，黏稠，牵缕性差。滤泡增大至 1cm 以上，波动明显。发情后期母牛安静，无发情表现。卵巢排卵，黄体出现，并分泌黄体酮，此期 3～4d。

（三）休情期

母牛精神状态恢复正常。周期黄体逐渐萎缩退化，新滤泡开始发育，又开始下一次发情周期。此期的长短，常决定发情周期的长短，一般为 12～15d。

三、精子发生及射精过程

（一）精子发生过程

精子是由睾丸内精细管的生殖细胞经 2 次减数分裂而产生。公牛的精细管长约 4.8m，构成睾丸的主要部分。成年公牛的睾丸平均每周产生 70 亿个精子。精子形成以后，沿着精细管输送到较大的细管——睾丸网。精子就从这里离开睾丸的顶部进入附睾头部。精子在通过附睾期间成熟，所以当其到达附睾尾部时，已有授精能力并准备射精。公牛的精子从形成直至到达附睾尾部间隔的时间约为 8 周。

（二）射精过程

射精是由附睾和输精管的肌肉收缩发生的，使精子通过骨盆尿道排入阴茎。同时，以精子和精清 1∶4 的比例进行混合，形成精液。每次射精的精子

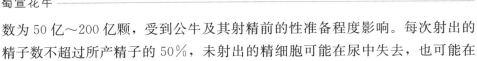

数为 50 亿～200 亿颗，受到公牛及其射精前的性准备程度影响。每次射出的精子数不超过所产精子的 50%，未射出的精细胞可能在尿中失去，也可能在附睾中被重新吸收。

第二节　配种方法

一、配种时期

（一）初配年龄

后备牛进入初情期（第一次发情），表明具备了繁殖后代的能力，但此时后备牛生殖器官结构和功能尚未完善，骨骼、肌肉和各内脏仍处于快速生长阶段。如果此时配种，不仅会影响其本身的正常发育和生产性能，还会影响到犊牛的健康。因此，母牛通常 16～20 月龄，体重达到成年体重的 60%～70% 时才能配种；公牛通常 18～20 月龄，体重达到成年体重的 60%～70% 时才能配种。

（二）产后配种时间

无论肉牛、乳用牛，产犊成绩往往与其生产性能密切相关，因此产犊后应尽早配种。但母牛产后卵巢功能、子宫形态和功能、内分泌功能等恢复需要一段时间，一般需要 21～50d。产后至第一次发情在 30～45d 范围，因此，产后配种应在产后 60～90d 内完成。

二、人工授精

（一）采精

1. 开采月龄和采精频率　蜀宣花牛正常的开采月龄为 18 个月。18～24 月龄的公牛，身体及睾丸发育尚未完全成熟，射精量少，2～5mL/次，密度为 5 亿～8 亿个/mL，一般每周采精 1 次；2～5 岁的种公牛，身体及睾丸发育完全成熟，是产生精子的最佳时期，一般每周采精 2 次，每次间隔 0.5h 以上，连采 2 回；5 岁以上的种公牛，由于体质减弱，睾丸生精机能也开始退化，可根据具体情况确定采精次数。

2. 采精前假阴道的准备　假阴道的准备有三个要素：温度、压力、润滑度。温度是指灌水后假阴道内的温度，一般为38.5℃左右。经过长期采精的种公牛，温度可提高1~2℃，增强对阴茎的刺激，容易采精。对于压力，没有具体的标准，应根据个体牛的具体情况掌握，一般初采的公牛压力小一些，随着采精月龄的增加压力可适当增大，以增加对公牛阴茎的刺激。润滑剂主要由凡士林和液状石蜡混合而成，比例为4∶1左右，冬季环境温度低，润滑剂易凝固，可适当增加液状石蜡的比例，润滑剂涂抹深度为距假阴道开口2/3处，要求薄而均匀，防止润滑剂流入精液中。

3. 包皮消毒及采精前的性准备　采精前要用0.2%的高锰酸钾液冲洗包皮，冬季用温水。冲洗包皮后，导牛员和采精员要密切配合，作好公牛采精前的性准备。当公牛表现特殊的性兴奋，渴望接近台牛时，阴茎从包皮中伸出、勃起，排出副性腺冲洗尿道，两前肢抬起，拥抱台牛，这时采精员及时跟上将阴茎偏离台牛后躯，防止公牛阴茎接触台牛后躯，造成阴茎污染或损伤。同时导牛员用力将公牛拉下台牛，连续两次，当公牛再次爬上台牛时，采精员延着阴茎伸出的方向递上假阴道，这时公牛的阴茎充分充血，当阴茎龟头接触到假阴道开口感觉适合时，后肢跳起用力向假阴道内冲插并自然射精，保持装有假阴道集精管的一端向下45°，将假阴道缓慢从阴茎上拔出。

（二）制精

1. 采精与精液品质检查　按照牛冷冻精液国家标准的要求选择公牛，并检疫无病。采得的精液，精子活力不低于0.6，精子密度不低于8亿个/mL，精子畸形率不超过15%。

2. 精液的稀释　用牛冷冻精液稀释液，以原精液的活力和密度确定稀释的比例。按国家标准，以解冻后每个输精剂量所含直线前进运动精子数：细管不低于1 000万个/支，颗粒不低于1 200万个/粒。

3. 精液分装　目前牛冷冻精液多采用0.25mL、0.50mL无毒耐冻的塑料细管。有些大型冷冻站多采用自动细管印字机、自动分装机，还可用手工印字、手工分装机、自制分装机，以及用注射器分装精液等方法。细管封口采用聚乙烯醇粉末、钢（塑料）珠或超声波封口等，不论何种封口，管口都要封严，不能漏进液氮，否则解冻时细管易炸裂。

4. 降温与平衡　将稀释后的精液瓶盖好，置于30℃温水杯中，一起放入冰箱内，或将装有稀释精液的瓶或细管用6~8层纱布包裹好放入冰箱内，约

1h 缓慢降温至 3～5℃，然后在 3～5℃温度下静置、平衡 2～4h。

5. 细管精液冷冻　将平衡后的细管精液平铺在纱网上，距液氮面 1～2cm 处悬置 5～10min，最后将合格的冷冻精液移入液氮罐内保存。用纱网可以冷冻颗粒精液，还可以冷冻细管精液，所用的冷冻器具也可以自制。将精液排放在纱网上，最多可冷冻 2.5mm 细管 150 支，连接超低温温度计，控制框的升降高度，使冷冻温度控制在－120～－110℃，冷冻 1 次时间为 9min，冷冻效果很好。

细管精液的优点是标记鲜明，精液不易混淆；剂量标准，精液不易污染；适于机械化生产，解冻输精方便；适于快速冷冻，精液降温均匀，冷冻效果好，精子复苏率和受胎率高；精子损耗率低；容积较小，便于大量贮存；采用金属输精器，输精时不会折断。缺点是采用 2 次稀释时，如果没有低温恒温设备，易使精液温度回升，影响冷冻精液质量；如果封口不严，解冻时细管易破裂。因此，细管精液冷冻必须有优质塑料细管和分装封口、印字及输精等专用设备，成本较高。由于塑料细管精液卫生条件好，精子损耗少，易标记和适于机械化生产等优点，我国多数地区从 20 世纪 80 年代开始应用细管冷冻精液，目前细管冻精已逐渐取代颗粒冻精。

（三）精液运输及保存

（1）运输液氮冻精时，应使用专用运输罐。用车辆运输时应用木箱或其他保护装置加以固定。

（2）冻精要贮存在装有足够液氮的贮存罐中，罐内冻精不得暴露在液氮表面。

（3）从罐内取冻精时，只能将提筒置于罐颈下部用长柄镊夹取冻精，冻精在罐内脱离液氮的时间不得超过 10s。

（4）在向另一容器转移冻精时，冻精在空气中暴露的时间不得超过 5s。

（5）定期添加液氮，如发现液氮消耗显著增加或容器外壳挂霜后，应立即更换液氮罐。

（6）液氮罐应每年清洗、干燥 1 次。

（四）母牛发情鉴定

鉴定母牛发情的方法有外部观察法、试情法、直肠检查法、阴道检查法。

生产上常用外部观察法和直肠检查法或两者结合进行。

1. 外部观察法

爬跨现象：发情牛有爬跨或被爬跨现象，特别在发情盛情，当发情牛被爬跨时，常静立不动，愿意接受交配。

一般行为变化：眼睛充血有神，兴奋不安，鸣叫，食欲减退甚至拒食，排尿次数增多，产奶量下降。

阴户变化：充血肿胀，流出黏液。发情初期，黏液稀薄量少；盛期黏液量增加，黏度增高，牵拉 6～8 次不断。

阴道出血：在发情后期有 90％的育成牛和 50％的成年牛有从阴道排出少量血液的现象。据研究，在输精后第 2 天出现流血的受胎率最高。

2. 直肠检查法　主要检查卵泡发育情况。卵泡出现期，直径 0.5～0.75cm，波动不明显，表明发情开始；当卵泡增加到 1～1.5cm 时，呈小球状，波动明显，表明母牛由发情盛期进入后期；排卵后卵泡成为一个小窝，排卵后 6～8h 黄体开始生长，小窝被黄体填平。

（五）适时配种

1. 根据发情时间　母牛发情开始后 12～18h 或母牛停止发情（拒绝爬跨）后 8h 内为最适输精时间。也可采用上午发情下午输精，下午发情次日上午输精。

2. 根据黏液变化　母牛阴道流出的黏液呈半透明、黏稠性差、牵丝较短、乳白色、似浓炼乳状或烂豆花状时输精为宜。

3. 根据卵泡发育情况　卵泡壁薄，波动明显，有一触即破之感时输精。若 8～12h 后卵泡仍未破裂可再输精 1 次。

4. 一个情期两次输精　间隔时间为 8～12h。

（六）输精前准备

1. 母牛准备　母牛最好保定在输精架内或牛床颈架上进行配种。保定好后，先用 1％的新洁尔灭或 0.1％的高锰酸钾溶液洗净外阴部，然后用干净的毛巾或纱布擦干。输精时让助手或饲养者将母牛尾巴拉向一侧。

2. 输精器械的准备

（1）各种器械用后先用肥皂水或 2％的小苏打水洗刷除去污物，再用温开水冲洗干净。

（2）玻璃、金属器械、胶球（用纱布包好）和布类用蒸汽灭菌 30min 或干热灭菌。金属和玻璃器械也可用 75％的酒精擦拭和吸注消毒，并在酒精火焰上烘干。

（3）输精器经消毒后，再用 1‰灭菌食盐水或解冻液冲洗后才能吸取精液输精。

（4）输精器用后及时清洗、消毒。每配种一头母牛须使用一支消毒后的输精器。

3. 输精人员准备　人工授精人员在输精前应将指甲剪短磨光，洗净手及手臂，用消毒毛巾擦干，再用 75％的酒精消毒药棉擦手，待酒精挥发后即可操作。操作时应穿戴上长臂乳胶手套、工作服和工作鞋。

4. 精液准备

（1）细管冻精的解冻　用（38±2）℃温水直接浸泡解冻。解冻后用细管专用剪剪去顶部封口 0.8cm，再将细管插入输精枪内，套上塑料外套管固定在输精器双螺纹上。

（2）颗粒冻精的解冻　将 1mL 解冻液倒入解冻容器中，水浴加温至（38±2）℃再投入颗粒冻精，摇动至融化，拿出试管，将精液吸入输精器。

（3）输精　冻精解冻后应在 1h 内输精，需外运时，应置于 4～5℃温度下不超过 8h。

（七）输精方法

牛的配种主要采用人工授精，现阶段主要使用直肠把握子宫颈输精法，具体操作步骤如下：

先用手轻轻揉动肛门，使肛门括约肌松弛，然后将戴有乳胶长臂手套的左手，伸进直肠内把粪掏出（若直肠出现努责应保持原位不动，以免戳伤直肠壁，并避免空气进入而引起直肠膨胀），用手指从子宫颈的侧面，伸入子宫颈之下部，然后用食指、中指及拇指握住子宫颈的外口端，使子宫颈外口与小指形成的环口持平（图 4-4）。另一只手用干净的毛巾擦净阴户上污染的牛粪，持输精枪自阴门以 35°～45°的角度向上插入 5～10cm，避开尿道口后，再改为平插或略向前下方进入阴道。当输精枪接近子宫颈外口时，握子宫颈外口处的手将子宫颈轻提向阴道方向，使之接近输精枪前端，并与持输精枪的手协同配合，将输精枪缓缓穿过子宫颈内侧的螺旋褶皱（在操作过程可采用改变输精枪前进方向、回抽、摆动等技巧），插入子宫颈深部 2/3～3/4 处，当确定注入部位无误后将精液注入。

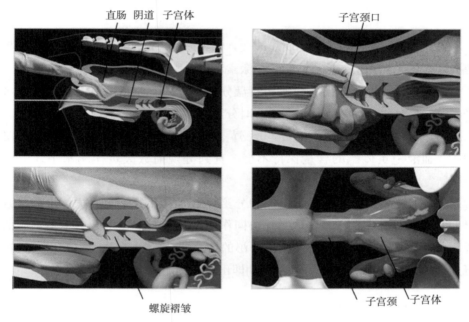

图 4-4　输精操作示意图

（八）优缺点

1. 优点　精液可以注入子宫颈深部或子宫体，受胎率高。母牛无痛感刺激，同样适用于处女牛。可防止误给孕牛输精而引起流产。用具简单，操作安全方便。

2. 缺点　初学者不易掌握而造成受胎率低，甚至引起子宫外伤等。细管精液解冻后，剪去聚乙烯醇封口端，将细管装入凯苏枪内再行输精。目前在凯苏枪外面套上特制的一次性使用的塑料软管护套，可以减少凯苏枪头的消毒次数而连续使用。输精管口切忌用酒精棉消毒，因酒精会杀死精子而影响受胎率。

第三节　妊娠与胎儿生长发育

一、妊娠生理变化

（一）内分泌变化

妊娠期间内分泌系统发生明显改变，各种激素协调平衡以维持妊娠。参与协同调控的主要激素包括雌激素、孕激素和促性腺激素三类。

雌激素：妊娠后较大的卵泡和胎盘分泌少量的雌激素，但维持在最低水平。分娩前分泌增加，到妊娠 9 个月时分泌明显增加。

孕激素：在妊娠期间不仅黄体分泌黄体酮，肾上腺、胎盘组织也能够分泌孕酮，血液中黄体酮的含量保持不变，直到分娩前数天黄体酮水平才急剧下降。

促性腺激素：促进性激素生成和分泌。垂体前叶分泌的促黄体生成激素（LH）和促卵泡成熟激素（FSH）协同作用，刺激卵巢或睾丸中生殖细胞的发育及性激素的生成和分泌；胎盘分泌的绒毛膜促性腺激素（HCG）可促进妊娠黄体分泌孕酮。HCG 在怀孕初期即出现，妊娠两个月达高峰。

（二）生殖器官变化

由于生殖激素的作用，胎儿在母体内不断发育，促使生殖系统也发生明显变化。配种后，黄体成为妊娠黄体继续存在，并以最大的体积维持存在于整个妊娠期，持续不断地分泌黄体酮，直到妊娠后期黄体才逐渐消退。妊娠期间，随着胎儿的增长，子宫的容积和重量不断增加，子宫壁变薄，子宫腺体增长、弯曲。子宫括约肌收缩、紧张，子宫颈分泌的化学物质发生变化，分泌的黏液稠度增加，形成子宫颈栓，把子宫口封闭。子宫韧带中平滑肌纤维及结缔组织增生变厚，由于子宫重量增加，子宫下垂，子宫韧带伸长。子宫动脉变粗，血流量增加，在妊娠中、后期出现妊娠脉搏。阴道黏膜变苍白，黏膜上覆盖子宫颈分泌的浓稠黏液。阴唇收缩，阴门紧闭，直到分娩前变为水肿而柔软。

（三）体况

初次妊娠的青年母牛，在妊娠期仍能正常生产。妊娠后新陈代谢旺盛，食欲增加，消化能力提高，所以母畜的营养状况改善，体重增加，毛色光润。血液循环系统加强，脉搏、血流量增加，供给子宫的血流量明显增大。

二、妊娠诊断

在母牛的繁殖管理中，妊娠诊断有着重要的经济意义，尤其是早期诊断可减少空怀，提高繁殖率。妊娠诊断方法虽然很多，但目前在生产实践中应用的主要有外部观察法、直肠检查法、超声波诊断法和黄体酮水平测定法4种。

（一）外部观察法

妊娠最明显的表现是发情周期停止，配种后18～24d不再发情；食欲增加，被毛光亮，性情温顺，行动谨慎；到5个月后，腹围出现不对称，右侧腹壁突出，乳房逐渐发育。外部观察法通常作为一种辅助的诊断方法。

（二）直肠检查法

直肠检查法是判断是否妊娠和妊娠时间的最常用且最直接可靠的方法。有经验的人员在母牛配种后40～60d就能作出判断，准确率高达90％以上。

1. 检查要点

母牛妊娠21～24d，在排卵侧卵巢上存在有发育良好、直径为2.5～3cm的黄体，90％可能性是怀孕了。配种后没有怀孕的母牛，通常在第18d黄体就消退，因此，不会有发育完整的黄体。但胚胎早期死亡或子宫内有异物也会出现黄体，应注意鉴别。

妊娠30d后，两侧子宫大小不对称，孕角略为变粗，质地松软，有波动感，孕角的子宫壁变薄，而空角仍维持原有状态。用手轻握孕角，从一端滑向另一端，有胎膜囊从指间滑过的感觉，若用拇指与食指的指肚轻压子宫角，可感到子宫壁内有一层薄膜滑过。

妊娠60d后，孕角明显增粗，相当于空角的2倍左右，波动感明显，角间沟变得宽平，子宫开始向腹腔下垂，但依然能摸到整个子宫。

妊娠90d，孕角的直径为12～16cm，如胎儿头大小，波动极明显；空角也增大了1倍，角间沟消失，子宫开始沉向腹腔，初产牛下沉要晚一些。子宫颈前移，有时能摸到胎儿。孕侧的子宫中动脉根部有微弱的震颤感（妊娠特异脉搏）。

妊娠 120d，子宫全部沉入腹腔，子宫颈已越过耻骨前缘，一般只能摸到子宫的背侧及该处的子叶（如蚕豆大小），孕侧子宫动脉的妊娠脉搏明显。

2. 常见错误判断

（1）胎膜滑落感判断错误　当子宫角连同宽韧带一起被抓住时就会误判胎膜滑落感；当直肠折从手指间滑落时同样会发生错误。

（2）误认膀胱为怀孕子宫角　膀胱为圆形器官而不是管状器官，没有子宫颈也没有分叉，分叉是子宫分成两个角的地方。正常时在膀胱顶部中右侧摸到子宫。膀胱不会有滑落感。

（3）误认瘤胃为怀孕子宫　因为有时候瘤胃挤压着骨盆，这样非怀孕子宫完全在右侧盆腔的上部。如摸到瘤胃，其内容物像面团，容易区别。同时也没有胎膜滑落感。

（4）误认肾脏为怀孕子宫角　如仔细触诊就可识别出叶状结构。此时应找到子宫颈，看所触诊器官是否与此相连。若摸到肾叶，那就既无波动感，也无滑落感。

（5）阴道积气　由于阴道内积气，阴道会膨胀，犹如一个气球，不细心检查可误认它是子宫。按压这个"气球"，并将母牛后推，就会从阴户放出空气。排气可以听得见，并同时感觉得出气球在缩小。

（三）超声波诊断法

超声波诊断法是利用超声波的物理特性和不同组织结构的声学特性相结合的物理学妊娠诊断方法。国内外研制的超声波诊断仪有多种，是简单而有效的检测仪器。目前，国内试制的有两种：一种是用探头通过直肠探测母牛子宫动脉的妊娠脉搏，由信号显示装置发出的不同的声音信号，来判断妊娠与否。另一种是探头自阴道伸入，显示的方法有声音、符号、文字等形式。重复测定的结果表明，妊娠 30d 内探测子宫动脉反应，40d 以上探测胎心音可达到较高的准确率。但有时也会因子宫炎症、发情所引起的类似反应干扰测定结果而出现误诊。

在有条件的大型牛场也可采用较精密的 B 型超声波诊断仪。其探头放置在右侧乳房上方的腹壁上，探头方向应朝向妊娠子宫角。通过显示屏可清楚地观察胎泡的位置、大小，并且可以定位照相。通过探头的方向和位置的移动，可见到胎儿各部的轮廓，心脏的位置及跳动情况，单胎或双胎等。在具体操作时，探头接触的部位应剪毛，并在探头上涂抹接触剂（凡士林或液状石蜡）。

（四）黄体酮水平测定法

根据妊娠后血中及奶中黄体酮含量明显增高的现象，用放射免疫和酶免疫法测定黄体酮的含量，判断母牛是否妊娠。由于收集奶样比采血方便，目前测定奶中黄体酮含量的较多。研究表明，在配种后 23～24d 取的牛奶样品，若黄体酮含量高于 5ng/mL 为妊娠，而低于此值者为未孕。本测定法判断没有怀孕的阴性诊断的可靠性为 100％，而阳性诊断的可靠性只有 85％，因此，建议再进行直肠检查予以证实。

三、记录统计

记录母牛繁殖情况要按母牛繁殖记录卡逐头登记，每头牛登记一张。各项记录必须按时、准确，并长期存档。受胎率是说明配种效果的主要指标，第一情期受胎率用来评定冻精配种受胎效果。通过统计母牛繁殖情况可以及早发现问题，改进配种技术。统计方法如下：

第一情期受胎率＝第一情期妊娠母牛头数/第一情期配种母牛头数×100％

受胎率＝妊娠母牛头数/配种母牛头数×100％

四、胎儿生长发育

（一）胎膜和胎盘的生理结构

胎膜是胎儿本体以外包被着胎儿的几层膜的总称，是胎儿在母体子宫内发育过程中的临时性器官，其主要作用是与母体间进行物质交换，并保护胎儿的正常生长发育。卵黄膜存在时间很短，羊膜在最内侧，环绕着胎儿，形成羊膜腔内的羊水，最外层为绒毛膜，三层膜相互紧密接触形成了尿膜羊膜、尿膜绒毛膜和羊膜绒毛膜。尿膜羊膜和尿膜绒毛膜共同形成尿膜腔，内有尿水。羊膜腔内的羊水和尿膜腔内的尿水总称为胎水，保护胎儿的正常发育，防止胎儿与周围组织或胎儿本身的皮肤互相粘连。

胎盘通常是指尿膜绒毛与子宫黏膜发生联系所形成的特殊构造，其中尿膜绒毛膜部分为胎儿胎盘，子宫黏膜部分为母体胎盘。胎盘上有丰富的血管，是

极其复杂的多功能器官，具有物质转动、合成、分解、代谢、分泌激素等功能，以维持胎儿在子宫内的正常发育。牛的胎盘为子叶型胎盘，胎儿子叶上的绒毛与母体子叶上的腺窝紧密契合，胎儿子叶包着母体子叶。

（二）胚胎的发育与附植

受精卵形成合子后，卵裂球不断进行分裂增殖，先后经过桑葚胚、囊胚、扩张囊胚等阶段，最后从透明带中孵出，形成泡状透明的胚泡。初期的胚泡在子宫内活动受限，在子宫中的位置逐渐固定下来，并开始与子宫内膜发生组织上的联系，逐渐附植着床在子宫黏膜上。牛受精后一般 20～30d 开始着床，着床紧密的时间为受精后 60～75d。胚泡由两部分细胞组成，一部分在胚泡的顶端聚集成团，发育成为胚体；另一部分构成胚泡壁，覆盖胚体成为胚泡的外膜，最终形成胎膜和胎儿胎盘。

第四节　接产和母牛产后护理

一、犊牛接产

提前准备好接产及助产所必需的碘酒、高锰酸钾、干毛巾、消毒的剪刀、结扎脐带用的丝线等用具和消毒药品。母牛分娩时，先检查胎位是否正常，遇到难产及时助产。胎位正常时尽量让其自由产出，不强行拖拉。胎儿头、鼻露出后如羊膜未破，可用手扯破，同时应避免羊水或黏液被犊牛吸入鼻腔。犊牛产出后，要立即用毛巾或布片将犊牛鼻腔和口腔的黏液擦净，确保犊牛呼吸畅通。如果发生难产，应先将胎儿顺势推回子宫，矫正胎位，不可硬拉。倒生时，应及早拉出胎儿，以免造成胎儿窒息死亡。如果犊牛已吸入黏液而造成呼吸困难时，可用手轻轻拍打犊牛胸部，促其呼吸；严重者，可提起犊牛两后肢，用力拍打犊牛胸部，使其吐出黏液，迅速恢复正常呼吸。

犊牛出生后科学断脐可避免新生犊牛脐带炎的发生。犊牛出生后如果脐带未断或太长，应将脐内血液向脐部挤，在离脐带孔 10～15cm 处用5％～10％的碘酒消毒，在 10～12cm 处用消毒过的剪刀剪断，并将脐带里面的血污挤出，然后结扎和消毒脐带断端，每天消毒，直到脐带干燥时停止消毒。

断脐后用已消毒的软抹布擦拭牛体，加强血液循环。也可将犊牛放在母牛前面任其舔干犊牛身上的羊水、黏液。由于母牛唾液酶的作用容易将黏液清除干净，利于犊牛呼吸器官机能的提高和肠蠕动，而且犊牛黏液中含有某种激素，能加速母牛胎衣的排出。

二、母牛产后护理

（一）产后能量和水分的补充

产犊后的母牛体力消耗很大，疲劳而且口渴，要尽快使其站起来喝水，给予 40℃ 左右的盐水麸子汤，这有利于尽快恢复体力和胎衣的排出。同时肌内注射催产素 100IU。产犊后，特别是经助产的母牛有时有继续努责的表现，说明有子宫角内翻的可能，要马上处理，否则有子宫脱出的危险。对努责严重的可施行尾椎麻醉。

（二）胎衣和恶露的排出

产后 6h 胎衣仍未排出，应抓紧处理。如果大部分胎衣排出只有少部分在阴道内可能是被夹住了，应向外拉一拉，拉不出来，或者大部分在体内说明胎衣未下，应立即向子宫内投入 10% 氯化钠注射液 1 000mL（40℃），可再次加入催产素 100IU。浓盐水能刺激子宫收缩，有脱水作用，可促使胎衣脱水而脱落并排出，浓盐水还有消炎作用，可防止胎衣腐败。超过 12h 胎衣不下即开始腐败，子宫内膜将受到伤害。胎衣正常排出后，第二天没有恶露排出，可能是子宫颈过早封闭，应肌内注射雌二醇使其开张，也可能母牛尻角度呈负值，造成子宫下倾不利于恶露排出。恶露排净大约需两周时间，在恶露排出时要注意恶露的颜色、气味、数量。如发现恶露内有脓汁或异味，说明已经发生了子宫内膜炎，应大剂量静脉注射抗生素类药。产后 40d 左右要检查母牛子宫恢复情况，如子宫未恢复可能有积水、积脓情况，需要用雌二醇和催产素处理。如有子宫内膜炎要立即治疗。

（三）产后母牛的饲喂要求

母牛产后 2d 内应以优质干草为主，适当补充精料，这要根据母牛消化状态和乳腺水肿消退情况而定。产后 4～6d 若母牛食欲良好，粪便正常、乳房水肿消失，可随其产奶量的增加逐渐增添精饲料和青贮料的给量。精料的增加量

以 450g/d 为宜。进入高产期的母牛每增加精料产奶量就增加时，应继续加精料，至增加精料也不增加产奶量为止，这样可充分促进奶牛的泌乳。产后 1 周母牛不宜饮冷水，以免引起胃肠炎，要饮用 38℃ 左右的温水。在乳房水肿消失后要尽量多饮水，这样可促进食欲和产奶。

第五节　提高繁殖力的途径

一、一般技术措施

（一）饲料营养

营养包括水、能量、蛋白质、矿物质和维生素等，营养对奶牛繁殖力的影响是极其复杂的过程。营养不良或营养水平过高，都将对奶牛发情、受胎率、胚胎质量、生殖系统功能、内分泌平衡、分娩时的各种并发症（难产、胎衣不下、子宫炎、怀孕率降低等）产生不同程度的影响。饲养者应根据奶牛不同生理特点和生长生产阶段要求，按照常用饲料营养成分和饲养标准配制饲粮，精青粗饲料合理搭配，实行科学饲养，保持奶牛良好的种用体况，切忌掠夺式生产，造成奶牛泌乳期间严重负平衡。

（二）降低热应激

奶牛是耐寒怕热的动物，适宜温度为 0～21℃，而我国南方夏季气温往往超过 30℃ 甚至更高，对奶牛采食量、产奶、繁殖等性能产生严重影响。热应激导致奶牛内分泌失调，卵细胞分化发育、受精卵着床和第二性征障碍，受精率和受胎率降低，所以降低热应激对奶牛的影响是夏季饲养管理中的重要工作内容。奶牛场经济实用的防暑降温方法是在牛舍内安装喷淋装置实行喷雾降温，农户可安装电风扇进行降温。

（三）实行产后监控

母牛产后监控是在常规科学饲养管理条件下，从分娩开始至产后 60d 之内，通过观察、检测（查）、化验等方法，对产后母牛实施以生殖器官为重点，以产科疾病为主要内容的全面系统监控，及时处理和治疗母牛生殖系统疾病或繁殖障碍，对患有子宫内膜炎的个体尽早进行子宫净化治疗，促进产后母牛生殖机能尽快恢复。

（四）减少高产奶牛繁殖障碍

产奶母牛的繁殖障碍有暂时性和永久性不孕症之分，主要有慢性子宫炎、隐性子宫内膜炎、卵巢机能不全、持久黄体、卵巢囊肿、排卵延迟、繁殖免疫障碍、营养负平衡引起生殖系统机能复旧延迟等，高产奶牛更为普遍。造成奶牛繁殖障碍主要包括三个方面：一是饲养管理不当引起（占 30%～50%）；二是生殖器官疾病引起（占 20%～40%）；三是繁殖技术失误引起（占 10%～30%）。主要对策是科学合理的饲养管理、严格繁殖技术操作规范、实施母牛产后重点监控和提高奶牛不孕症防治效果。

二、提高发情检出率和配种率

（一）发情检测

发情检测是奶牛饲养管理中的重要内容，坚持每天多次观察发情（至少 3 次），可显著提高母牛发情检出率。实践证明，多次观察能提高发情母牛的检出率，尤其在夏季（因高温，发情征状不明显）。日观察 2 次（6：00～8：00 和 16：00～18：00）的检出率为 54%～69%，日观察 3 次（8：00、14：00 和 20：00～22：00）的检出率为 73%，日观察 4 次（6：00～8：00、12：00、16：00 和 20：00～22：00）的检出率为 75%～86%，日观察 5 次（6：00、10：00、14：00、18：00 和 22：00）的检出率高达 91%。

（二）及时查出和治疗不发情或乏发情母牛

母牛出现不发情或乏发情多数与营养有关，应及时调整母牛的营养水平和饲养管理措施。对因繁殖障碍引起的不发情或乏情母牛，在正确诊断的基础上，可采用孕马血清促性腺激素（PMSG）、氯前列烯醇（ICI）、三合激素等激素进行催情，能收到良好效果。据报道，在发情周期中第 5～18d 内，两次注射 ICI（第一次注射 0.6mg 后，隔 11d 再注射 0.6mg），同期发情率 92.58%，显著高于一次性注射组（同期发情率 57.14%）；两次注射的受胎率为 84.62%，较一次性注射组（受胎率 68.75%）高。

三、提高受胎率

（一）采用优质冻精

精液的好坏直接关系到母牛的受胎率。引进冻精时，除要求所选公牛具有很高的总性能指数（TPI）外，精液品质本身应该优良。引进冻精时和在保存期间都应检查精液品质。

（二）输精技术

熟悉实施直肠把握子宫颈输精方法，把握好适宜的配种时间和输精部位。

（三）治疗屡配不孕症

查明不孕症原因，对症治疗。

四、提高母牛产犊率

（一）加强保胎，做到全产

母牛配种受孕后，受精卵或胚胎在子宫内游离时间长，一般在受孕后2个月左右才逐渐完成着床过程，而在妊娠最初的18d又是胚胎死亡的高峰期，所以妊娠早期胚胎易受体内外环境的影响，造成胚胎死亡或流产。所以加强保胎，做到全产是提高产犊率的主要措施。实行科学饲养，保证母体及胎儿的各种营养物质需要。不喂腐烂变质、强烈刺激性、霜冻等料草和冰冷饮水。防止妊娠牛受惊吓、鞭打、滑跌、拥挤和过度运动，对有流产史的牛更要加强保护措施，必要时可服用安胎药或注射黄体酮保胎。

（二）缩短产犊间隔

缩短产犊间隔不仅可以提高繁殖率，而且可以提高产奶量。及时做好产后配种、有繁殖障碍病牛的治疗、早期妊娠诊断等工作，是缩短产犊间隔，提高产犊率的重要措施。

五、提高犊牛成活率

胎儿60%的体重是在怀孕后期（产前约100d）增加的，加强妊娠母牛怀孕后期的饲养管理，有助于提高犊牛的初生重。初生犊牛在产后 1h 内应吃上初乳，以增强犊牛对疾病的抵抗力。生后 7～10d 进行早期诱饲青粗料，尽快促进牛胃发育。制定合理的犊牛培育方案，保证犊牛生长发育良好。避免犊牛卧冷湿地面，防止采食不洁食物，防止腹泻等疾病的发生。

第五章
蜀宣花牛营养需要与饲草料调制

第一节　营养需要

　　蜀宣花牛对养分的需要量有两个方面：一是动物或组织本身为生命、健康及生产的生化反应而需要的养分，另一方面是满足瘤胃内微生物区系的生长而需要的养分。配制的日粮需要满足动物和微生物的养分需要量。经过大量反复实验和实践总结制定的一头牛每天应给予主要营养物质的数量及满足这些营养需要的饲料量，称为牛的饲养标准。它反映了牛维持和生产对饲料及营养物质的客观需要，是牛生产计划中组织全年饲料供给、设计饲料配方、生产平衡饲粮和对牛进行标准化饲养的科学依据。

　　牛的饲养标准包括两个主要部分：一是营养需要量或供给量或推荐量；二是常用饲料营养价值表。营养供给量或推荐量，一般是指最低营养需要量再加上安全系数计算而来。

一、生长母牛的营养需要

　　育成期营养水平对蜀宣花牛生长发育及成年后生产性能的关系颇大。生长母牛的营养需要是指不同体重阶段的生长母牛为达到不同的日增重目标，每头每天所需各种营养物质的量（表5-1）。在满足牛营养需要的基础上，还可以增喂一些胡萝卜、白菜、菠菜等蔬菜，既可以调剂口味，增加牛的食欲，又可以摄取更全面的各类维生素，增强营养，让蜀宣花牛更快成熟，从而促进产奶量的增加。在寒冷或炎热季节，应适当增加营养供应水平，通常可在标准基础上增加15％～20％。

表 5-1　生长母牛的营养需要

体重 (kg)	日增重 (g)	日粮干物质 (kg)	奶牛能量 单位（NND）	产奶净能 (MJ)	可消化粗 蛋白质 (g)	钙 (g)	磷 (g)	胡萝卜素 (mg)	维生素 A (IU)
40	0		2.20	6.90	41	2	2	4.0	1.6
	200		2.67	8.37	92	6	4	4.1	1.6
	300		2.93	9.21	117	8	5	4.2	1.7
	400		2.23	10.13	141	11	6	4.3	1.7
	500		3.52	11.05	164	12	7	4.4	1.8
	600		3.84	12.05	188	14	8	4.5	1.8
	700		4.19	13.14	210	16	10	4.6	1.8
	800		4.56	14.31	231	18	11	4.7	1.9
50	0		2.56	8.04	49	3	3	5.0	2.0
	300		3.32	10.42	124	9	5	5.3	2.1
	400		3.60	11.30	148	11	6	5.4	2.2
	500		3.92	12.31	172	13	8	5.5	2.2
	600		4.24	13.31	194	15	9	5.6	2.2
	700		4.60	14.44	216	17	10	5.7	2.3
	800		4.99	15.65	238	19	11	5.8	2.3
60	0		2.89	9.08	56	4	3	6.0	2.4
	300		3.67	11.51	131	10	5	6.3	2.5
	400		3.96	12.43	154	12	6	6.4	2.6
	500		4.28	13.44	178	14	7	6.5	2.6
	600		4.63	14.52	199	16	9	6.6	2.6
	700		4.99	15.65	221	18	10	6.7	2.7
	800		5.37	16.87	243	20	11	6.8	2.7
70	0	1.22	3.21	10.09	63	4	4	7.0	2.8
	300	1.67	4.01	12.60	142	10	6	7.9	3.2
	400	1.85	4.32	13.56	168	12	7	8.1	3.2
	500	2.03	4.64	14.56	193	14	8	8.3	3.3
	600	2.21	4.99	15.65	215	16	10	8.4	3.4
	700	2.39	5.36	16.82	239	18	11	8.5	3.4
	800	3.61	5.76	18.08	262	20	12	8.6	3.4
80	0	1.35	3.51	11.01	70	5	4	8.0	3.2
	300	1.80	1.80	13.56	149	11	6	9.0	3.6
	400	1.98	4.64	14.57	174	13	7	9.1	3.6
	500	2.16	4.96	15.57	198	15	8	9.2	3.7
	600	2.34	5.32	16.70	222	17	10	9.3	3.7
	700	2.57	5.71	17.91	245	19	11	9.4	3.8
	800	2.79	6.12	19.21	268	21	12	9.5	3.8

（续）

体重 （kg）	日增重 （g）	日粮干物质 （kg）	奶牛能量 单位（NND）	产奶净能 （MJ）	可消化粗 蛋白质（g）	钙 （g）	磷 （g）	胡萝卜素 （mg）	维生素 A （IU）
	0	1.45	3.80	11.93	76	6	5	9.0	3.6
	300	1.84	4.64	14.57	154	12	7	9.5	3.8
	400	2.12	4.96	15.57	179	14	8	9.7	3.9
90	500	2.30	5.29	16.62	203	16	9	9.9	4.0
	600	2.48	5.65	17.75	226	18	11	10.1	4.0
	700	2.70	6.06	19.00	249	20	12	10.3	4.1
	800	2.93	6.48	20.34	272	22	13	10.5	4.2
	0	1.62	4.08	12.81	82	6	5	10.0	4.0
	300	2.07	4.93	15.49	173	13	7	10.5	4.2
	400	2.25	5.27	16.53	202	14	8	10.7	4.3
100	500	2.43	5.61	17.62	231	16	9	11.0	4.4
	600	2.66	5.99	18.79	258	18	11	11.2	4.4
	700	2.84	6.39	20.05	285	20	12	11.4	4.5
	800	3.11	6.81	21.39	311	22	13	11.6	4.6
	0	1.89	4.73	14.86	97	8	6	12.5	5.0
	300	2.39	5.64	17.70	186	14	7	13.0	5.2
	400	2.57	5.96	18.71	215	16	8	13.2	5.3
	500	2.79	6.35	19.92	243	18	10	13.4	5.4
125	600	3.02	6.75	21.18	268	20	11	13.6	5.4
	700	3.24	7.17	22.51	295	22	12	13.8	5.5
	800	3.51	7.63	23.94	322	24	13	14.0	5.6
	900	3.74	8.12	25.48	347	26	14	14.2	5.7
	1 000	4.05	8.67	27.20	370	28	16	14.4	5.8
	0	2.21	5.35	16.78	111	9	8	15.0	6.0
	300	2.70	6.31	19.80	202	15	9	15.7	6.3
	400	2.88	6.67	20.92	226	17	10	16.0	6.4
	500	3.11	7.05	22.14	254	19	11	16.3	6.5
150	600	3.33	7.47	23.44	279	21	12	16.6	6.6
	700	3.60	7.92	24.86	305	23	13	17.0	6.8
	800	3.83	8.40	26.36	331	25	14	17.3	6.9
	900	4.10	8.92	28.00	356	27	16	17.6	7.0
	1 000	4.41	9.49	29.80	378	29	17	18.0	7.2

体重 （kg）	日增重 （g）	日粮干物质 （kg）	奶牛能量 单位（NND）	产奶净能 （MJ）	可消化粗 蛋白质（g）	钙 （g）	磷 （g）	胡萝卜素 （mg）	维生素 A （IU）
	0	2.48	5.93	18.62	125	11	9	17.5	7.0
	300	3.02	7.05	22.14	210	17	10	18.2	7.3
	400	3.20	7.48	23.48	238	19	11	18.5	7.4
	500	3.42	7.95	24.94	266	22	12	18.8	7.5
175	600	3.65	8.43	26.45	290	23	13	19.1	7.6
	700	3.92	8.96	28.12	316	25	14	19.4	7.8
	800	4.19	9.53	29.92	341	27	15	19.7	7.9
	900	4.50	10.15	31.85	365	29	16	20.0	8.0
	1 000	4.82	10.81	33.94	387	31	17	20.3	8.1
	0	2.70	6.48	20.34	160	12	10	20.0	8.0
	300	3.29	7.65	24.02	244	18	11	21.0	8.4
	400	3.51	8.11	25.44	271	20	12	21.5	8.6
	500	3.74	8.59	26.95	297	22	13	22.0	8.8
200	600	3.96	9.11	28.58	322	24	14	22.5	9.0
	700	4.23	9.67	30.34	347	26	15	23.0	9.2
	800	4.55	10.25	32.18	372	28	16	23.5	9.4
	900	4.86	10.91	34.23	396	30	17	24.0	9.6
	1 000	5.18	11.60	36.41	417	32	18	24.5	9.8
	0	3.20	7.53	23.64	189	15	13	25.0	10.0
	300	3.83	8.83	27.70	270	21	14	26.5	10.6
	400	4.05	9.31	29.21	296	23	15	27.0	10.8
	500	4.32	9.83	30.84	323	25	16	27.5	11.0
250	600	4.59	10.40	32.64	345	27	17	28.0	11.2
	700	4.86	11.01	34.56	370	29	18	28.5	11.4
	800	5.18	11.65	36.57	394	31	19	29.0	11.6
	900	5.54	12.37	38.83	417	33	20	29.5	11.8
	1 000	5.90	13.13	41.13	437	35	21	30.0	12.0
	0	3.69	8.51	26.70	216	18	15	30.0	12.0
	300	4.37	10.08	31.64	295	24	16	31.5	12.6
	400	4.59	10.68	33.52	321	26	17	32.0	12.8
	500	4.91	11.31	35.49	346	28	18	32.5	13.0
300	600	5.18	11.99	37.62	368	30	19	33.0	13.2
	700	5.49	12.72	39.92	392	32	20	33.5	13.4
	800	5.85	13.51	42.39	415	34	21	34.0	13.6
	900	6.21	14.36	45.07	438	36	22	34.5	13.8
	1 000	6.62	15.29	48.00	458	38	23	35.0	14.0

（续）

体重 （kg）	日增重 （g）	日粮干物质 （kg）	奶牛能量 单位（NND）	产奶净能 （MJ）	可消化粗 蛋白质（g）	钙 （g）	磷 （g）	胡萝卜素 （mg）	维生素 A （IU）
	0	4.14	9.43	29.59	243	21	18	35.0	14.0
	300	4.86	11.11	34.86	321	27	19	36.8	14.7
	400	5.13	11.76	36.91	345	29	20	37.4	15.0
	500	5.45	12.44	39.04	369	31	21	38.0	15.2
350	600	5.76	13.17	41.34	392	33	22	38.6	15.4
	700	6.08	13.96	43.81	415	35	23	39.2	15.7
	800	6.39	14.83	46.53	442	37	24	39.8	15.9
	900	6.84	15.75	49.42	460	39	25	40.4	16.1
	1 000	7.29	16.75	52.56	480	41	26	41.0	16.4
	0	4.55	10.32	32.39	268	24	20	40.0	16.0
	300	5.36	12.28	38.54	344	30	21	42.0	16.8
	400	5.63	13.03	40.88	368	32	22	43.0	17.2
	500	5.94	13.81	43.35	393	34	23	44.0	17.6
400	600	6.30	14.65	45.99	415	36	24	45.0	18.0
	700	6.66	15.57	48.87	438	38	25	46.0	18.4
	800	7.07	16.56	51.97	460	40	26	47.0	18.8
	900	7.47	17.64	55.40	482	42	27	48.0	19.2
	1 000	7.97	18.80	59.00	501	44	28	49.0	19.6
	0	5.00	11.16	35.03	293	27	23	45.0	18.0
	300	5.80	13.25	41.59	368	33	24	48.0	19.2
	400	6.10	14.04	44.06	393	35	25	49.0	19.6
	500	6.50	14.88	46.70	417	37	26	50.0	20.0
450	600	6.80	15.80	49.59	439	39	27	51.0	20.4
	700	7.20	16.79	52.64	461	41	28	52.0	20.8
	800	7.70	17.84	55.99	484	43	29	53.0	21.2
	900	8.10	18.99	59.59	505	45	30	54.0	21.6
	1 000	8.60	20.23	63.48	524	47	31	55.0	22.0
	0	5.40	11.97	37.58	317	30	25	50.0	20.0
	300	6.30	14.37	45.11	392	36	26	53.0	21.2
	400	6.60	15.27	47.91	417	38	27	54.0	21.6
	500	7.00	16.24	50.97	441	40	28	55.0	22.0
500	600	7.30	17.27	54.19	463	42	29	56.0	22.4
	700	7.80	18.39	57.70	485	44	30	57.0	22.8
	800	8.20	19.61	61.55	507	46	31	58.0	23.2
	900	8.70	20.91	65.61	529	48	32	59.0	23.6
	1 000	9.30	22.33	70.09	548	50	33	60.0	24.0

（续）

体重 （kg）	日增重 （g）	日粮干物质 （kg）	奶牛能量 单位（NND）	产奶净能 （MJ）	可消化粗 蛋白质（g）	钙 （g）	磷 （g）	胡萝卜素 （mg）	维生素 A （IU）
550	0	5.80	12.77	40.09	341	33	28	55.0	22.0
	300	6.80	15.31	48.04	417	39	29	58.0	23.0
	400	7.10	16.27	51.05	441	30	30	59.0	23.6
	500	7.50	17.29	54.27	465	31	31	60.0	24.0
	600	7.90	18.40	57.74	487	45	32	61.0	24.4
	700	8.30	19.57	61.43	510	47	33	62.0	24.8
	800	8.80	20.85	65.44	533	49	34	63.0	25.2
	900	9.30	22.25	69.84	554	51	35	64.0	25.6
	1 000	9.90	23.76	74.56	573	53	36	65.0	26.0
600	0	6.20	13.53	42.47	364	36	30	60.0	24.0
	300	7.20	16.39	51.43	441	42	31	66.0	26.4
	400	7.60	17.48	54.86	465	44	32	67.0	26.8
	500	8.00	18.64	58.50	489	46	33	68.0	27.2
	600	8.40	19.88	62.39	512	48	34	69.0	27.6
	700	8.90	21.23	66.61	535	50	35	70.0	28.0
	800	9.40	22.67	71.13	557	52	36	71.0	28.4
	900	9.90	24.24	76.07	580	54	37	72.0	28.8
	1 000	10.50	25.93	81.38	599	56	38	73.0	29.2

二、妊娠母牛的营养需要

在怀孕期前 190d，可以不考虑增加额外的能量用于妊娠。蜀宣花牛怀孕母牛从第 6 个月起，胎儿能量沉积明显增加，因此根据生理阶段，妊娠 6、7、8、9 个月时，怀孕母牛应在维持、产奶基础上，每头每天再增加 4.18、7.11、12.55 和 20.92MJ 产奶净能。对于营养状况不良的母牛，应采用引导饲养法增加精料喂量。产前 7～10d 由于子宫和胎儿压迫消化道，加上血液中雌激素和皮质醇浓度升高，母牛采食量大幅度下降，减少 20%～40%，此阶段要增加饲料营养浓度，以保证蜀宣花牛营养需要，但产前精料的最大喂量不超过体重的 1%。母牛妊娠最后 4 个月的营养需要如表 5-2 所示。

表 5-2　母牛妊娠最后 4 个月的营养需要

体重（kg）	怀孕月份	日粮干物质（kg）	奶牛能量单位（NND）	产奶净能（MJ）	可消化粗蛋白质（g）	小肠可消化粗蛋白质（g）	钙（g）	磷（g）	胡萝卜素（mg）	维生素 A（IU）
350	6	5.78	10.51	32.97	293	245	27	18	67	27
	7	6.28	11.44	35.90	327	275	31	20		
	8	7.23	13.17	41.34	375	317	37	22		
	9	8.70	15.84	49.54	437	370	45	25		
400	6	6.30	11.47	35.99	318	267	30	20	76	30
	7	6.81	12.40	38.92	352	297	34	22		
	8	7.76	14.13	44.36	400	339	40	24		
	9	9.22	16.80	52.72	462	392	48	27		
450	6	6.81	12.40	38.92	343	287	33	22	86	34
	7	7.32	13.33	41.84	377	317	37	24		
	8	8.27	15.07	47.28	425	359	43	26		
	9	9.73	17.73	55.65	487	412	51	29		
500	6	7.31	13.32	41.80	367	307	36	25	95	38
	7	7.82	14.25	44.73	401	337	40	27		
	8	8.78	15.99	50.17	449	379	46	29		
	9	10.24	18.65	58.54	511	432	54	32		
550	6	7.80	14.20	44.56	391	327	39	27	105	42
	7	8.31	15.13	47.49	425	357	43	29		
	8	9.26	16.87	52.93	473	399	49	31		
	9	10.72	19.53	61.30	535	452	57	34		
600	6	8.27	15.07	47.28	414	346	42	29	114	46
	7	8.78	16.00	50.21	448	376	46	31		
	8	9.73	17.73	55.65	496	418	52	33		
	9	11.20	20.40	64.02	558	471	60	36		
650	6	8.74	15.92	49.96	436	365	45	31	124	50
	7	9.25	16.85	52.89	470	395	49	33		
	8	10.21	18.59	58.33	518	437	55	35		
	9	11.67	21.25	66.70	580	490	63	38		
700	6	9.22	16.76	52.60	458	383	48	34	133	53
	7	9.71	17.69	55.53	492	413	52	36		
	8	10.67	19.43	60.97	540	455	58	38		
	9	12.13	22.09	69.33	602	508	66	41		
750	6	9.65	17.57	55.15	480	401	51	36	143	57
	7	10.16	18.51	58.08	514	431	55	38		
	8	11.11	20.24	63.52	562	473	61	40		
	9	12.58	22.91	71.89	624	526	69	43		

注：①怀孕牛干奶期间按上表计算营养需要。

②怀孕期间如未干奶，除按上表计算营养需要外，还应加上产奶的营养需要。

三、产奶母牛的营养需要

蜀宣花牛母牛每天的能量需要包含用于维持、泌乳、运动、妊娠和生长所需的能量。产奶的能量含量就是产奶净能的需要量。当蜀宣花牛摄入日粮能量不足时，母牛体重就会下降；反之，体内脂肪沉积，体重增加。尤其是泌乳奶牛受生理阶段、体重变化、饲料特性及产乳数量和质量等因素的制约，其营养需要量很难做到像单胃动物那样，通过采食量与养分的浓度（％）结合表达出来。产奶牛每天从奶中排出大量钙磷，由于日粮中钙磷不足或者钙磷利用率过低而造成母牛钙磷缺乏的现象较常见。日粮的钙磷配合比例通常以（1～2）：1为宜。产奶牛的营养需要在维持需要的基础上再加上每产 1kg 奶的营养需要计算，如表 5-3、表 5-4 所示。

表 5-3　产奶牛的营养需要

体重 (kg)	日粮干物质 (kg)	奶牛能量单位（NND）	产奶净能（MJ）	可消化粗蛋白质（g）	小肠可消化粗蛋白质（g）	钙 (g)	磷 (g)	胡萝卜素（mg）	维生素 A（IU）
350	5.02	9.17	28.79	243	202	21	16	37	15 000
400	5.55	10.13	31.80	268	224	24	18	42	17 000
450	6.06	11.07	34.73	293	244	27	20	48	19 000
500	6.56	11.97	37.57	317	264	30	22	53	21 000
550	7.04	12.88	40.38	341	284	33	25	58	23 000
600	7.52	13.73	43.10	364	303	36	27	64	26 000
650	7.98	14.59	45.77	386	322	39	30	69	28 000
700	8.44	15.43	48.41	408	340	42	32	74	30 000
750	8.89	16.24	50.96	430	358	45	34	79	32 000

注：①对第一个泌乳期的维持需要按上表基础增加 20％，第二个泌乳期增加 10％。
　　②如第一个泌乳期的年龄和体重过小，应按生长牛的需要计算实际增重的营养需要。
　　③泌乳期间，每增重 1kg 需增加 8NND 和 325g 可消化粗蛋白；每减重 1kg 需扣除 6.56NND 和 250g 可消化粗蛋白。

表 5-4　每产 1kg 奶的营养需要

乳脂率（％）	日粮干物质（kg）	奶牛能量单位（NND）	产奶净能（MJ）	可消化粗蛋白质（g）	小肠可消化粗蛋白质（g）	钙（g）	磷（g）
2.5	0.31～0.35	0.80	2.51	49	42	3.6	2.4
3.0	0.34～0.38	0.87	2.72	51	44	3.9	2.6
3.5	0.37～0.41	0.93	2.93	53	46	4.2	2.8
4.0	0.40～0.45	1.00	3.14	55	47	4.5	3.0

（续）

乳脂率（%）	日粮干物质（kg）	奶牛能量单位（NND）	产奶净能（MJ）	可消化粗蛋白质（g）	小肠可消化粗蛋白质（g）	钙（g）	磷（g）
4.5	0.43~0.49	1.06	3.35	57	49	4.8	3.2
5.0	0.46~0.52	1.13	3.52	59	51	5.1	3.4
5.5	0.49~0.55	1.19	3.72	61	53	5.4	3.6

四、育肥牛的营养需要

育肥牛的营养需要是指每头牛每天对能量、蛋白质、矿物质和维生素等营养物质的需要量。因牛的品种、生理机能、生产目的、体重、年龄和性别等不同，对营养物质的需要在数量和质量上都有很大的差别。增重的能量需要量由增重时所沉积的能量多少来确定。增重的能量沉积用呼吸测热法或对比屠宰试验法测定，得出能反映其沉积规律的计算公式，所以世界各国实际应用时的能量沉积参数均来自计算。牛体增重的体组织组成随性别、年龄、体重、肥育程度等因素而变化，这些变化直接影响牛体能量的沉积。增重的蛋白质需要量是根据增重中的蛋白质沉积，以系列氮平衡实验或对比屠宰实验确定。此外，日粮中要含有足够数量的钙、磷，且比例适当，一般以（1~2）：1为宜，同时保证日粮有充足的维生素 D。在饲喂谷物副产品混合精料的情况下，由于含磷较多，一般不需要补充磷。但在放牧或以粗饲料为主时，容易发生牛只缺磷。当日粮钙、磷不足或比例不适宜时，可用碳酸钙、磷酸氢钙等矿物质进行调节和平衡。生长育肥牛的营养需要参照表5-5所示。

表5-5 生长育肥牛的营养需要

体重（kg）	日增重（g）	干物质（kg）	肉牛能量单位（RND）	综合净能（MJ）	粗蛋白质（g）	钙（g）	磷（g）
150	0	2.66	1.46	11.76	236	5	5
	300	3.29	1.87	15.10	377	14	8
	400	3.49	1.97	15.90	421	17	9
	500	3.70	2.07	16.74	465	19	10
	600	3.91	2.19	17.66	507	22	11
	700	4.12	2.30	18.58	548	25	12
	800	4.33	2.45	19.75	589	28	13
	900	4.54	2.61	21.05	627	31	14
	1 000	4.75	2.80	22.64	665	34	15
	1 100	4.95	3.02	24.35	704	37	16
	1 200	5.16	3.25	26.28	739	40	16

（续）

体重（kg）	日增重（g）	干物质（kg）	肉牛能量单位（RND)	综合净能（MJ）	粗蛋白质（g）	钙（g）	磷（g）
	0	2.98	1.63	13.18	265	6	6
	300	3.63	2.09	16.90	403	14	9
	400	3.85	2.20	17.78	447	17	9
	500	4.07	2.32	18.70	489	20	10
	600	4.29	2.44	19.71	530	23	11
175	700	4.51	2.57	20.75	571	26	12
	800	4.72	2.79	22.05	609	28	13
	900	4.94	2.91	23.47	650	31	14
	1 000	5.16	3.12	25.23	686	34	15
	1 100	5.38	3.37	27.20	724	37	16
	1 200	5.59	3.63	29.29	759	40	17
	0	3.30	1.80	14.56	293	7	7
	300	3.98	2.32	18.70	428	15	9
	400	4.21	2.43	19.62	472	17	10
	500	4.44	2.56	20.67	514	20	11
	600	4.66	2.69	21.76	555	23	12
200	700	4.89	2.83	22.47	593	26	13
	800	5.12	3.01	24.31	631	29	14
	900	5.34	3.21	25.90	669	31	15
	1 000	5.57	3.45	27.82	708	34	16
	1 100	5.80	3.71	29.96	743	37	17
	1 200	6.03	4.00	32.30	778	40	17
	0	3.60	1.87	15.10	320	7	7
	300	4.31	2.56	20.71	452	15	10
	400	4.55	2.69	21.76	494	18	11
	500	4.78	2.83	22.89	535	20	12
	600	5.02	2.98	24.10	576	23	13
225	700	5.26	3.14	25.36	614	26	14
	800	5.49	3.33	26.90	652	29	14
	900	5.73	3.55	28.66	691	31	15
	1 000	5.96	3.81	30.79	726	34	16
	1 100	6.20	4.10	33.10	761	37	17
	1 200	6.44	4.42	35.69	796	39	18

（续）

体重（kg）	日增重（g）	干物质（kg）	肉牛能量单位（RND)	综合净能（MJ）	粗蛋白质（g）	钙（g）	磷（g）
	0	3.90	2.20	17.78	346	8	8
	300	4.64	2.81	22.72	475	16	11
	400	4.88	2.95	23.85	517	18	12
	500	5.13	3.11	25.10	558	21	12
	600	5.37	3.27	26.44	599	23	13
250	700	5.62	3.45	27.82	637	26	14
	800	5.87	3.65	29.50	672	29	15
	900	6.11	3.89	31.38	711	31	16
	1 000	6.36	4.18	33.72	746	34	17
	1 100	6.60	4.49	36.28	781	36	18
	1 200	6.85	4.84	39.08	814	39	18
	0	4.19	2.40	19.37	372	9	9
	300	4.96	3.07	24.77	501	16	12
	400	5.21	3.22	25.98	543	19	12
	500	5.47	3.39	27.36	581	21	13
	600	5.72	3.57	28.79	619	24	14
275	700	5.98	3.75	30.29	657	26	15
	800	6.23	3.98	32.13	696	29	16
	900	6.49	4.23	34.18	731	31	16
	1 000	6.74	4.55	36.74	766	34	17
	1 100	7.00	4.89	39.50	798	36	18
	1 200	7.25	5.60	42.51	834	39	19
	0	4.47	2.60	21.00	397	10	10
	300	5.26	3.32	26.78	523	17	12
	400	5.53	3.48	28.12	565	19	13
	500	5.79	3.66	29.58	603	21	14
	600	6.06	3.86	31.13	641	24	15
300	700	6.32	4.06	32.76	679	26	15
	800	6.58	4.31	34.77	715	29	16
	900	6.85	4.58	36.99	750	31	17
	1 000	7.11	4.92	39.71	785	34	18
	1 100	7.38	5.29	42.68	818	36	19
	1 200	7.64	5.69	45.98	850	38	19

体重（kg）	日增重（g）	干物质（kg）	肉牛能量单位（RND）	综合净能（MJ）	粗蛋白质（g）	钙（g）	磷（g）
	0	4.75	2.78	22.43	-421	11	11
	300	5.57	3.54	28.58	547	17	13
	400	5.84	3.72	30.04	586	19	14
	500	6.12	3.91	31.59	624	22	14
	600	6.39	4.12	33.26	662	24	15
325	700	6.66	4.36	35.02	700	26	16
	800	6.94	4.60	37.15	736	29	17
	900	7.21	4.90	39.54	771	31	18
	1 000	7.49	5.25	42.43	803	33	18
	1 100	7.76	5.65	45.61	839	36	19
	1 200	8.03	6.08	49.12	868	38	20
	0	5.02	2.95	23.85	445	12	12
	300	5.87	3.76	30.38	569	18	14
	400	6.15	3.95	31.92	607	20	14
	500	6.43	4.16	33.60	645	22	15
	600	6.72	4.38	35.40	683	24	16
350	700	7.00	4.61	37.24	719	27	17
	800	7.28	4.89	39.50	757	29	17
	900	7.57	5.21	42.05	789	31	18
	1 000	7.85	5.59	45.15	824	33	19
	1 100	8.13	6.01	18.53	857	36	20
	1 200	8.41	6.47	52.26	889	38	20
	0	5.28	3.13	25.27	469	12	12
	300	6.16	3.99	32.22	593	18	14
	400	6.45	4.19	33.85	631	20	15
	500	6.74	4.41	35.61	669	22	16
	600	7.03	4.65	37.53	704	25	17
375	700	7.32	4.89	39.50	743	27	17
	800	7.62	5.19	41.88	778	29	18
	900	7.91	5.52	44.60	810	31	19
	1 000	8.20	5.93	47.87	845	33	19
	1 100	8.49	6.26	50.54	878	35	20
	1 200	8.79	6.75	54.48	907	38	20

（续）

体重（kg）	日增重（g）	干物质（kg）	肉牛能量单位（RND)	综合净能（MJ)	粗蛋白质（g）	钙（g）	磷（g）
400	0	5.55	3.31	26.74	492	13	13
	300	6.45	4.22	34.06	613	19	15
	400	6.76	4.43	35.77	651	21	16
	500	7.06	4.66	37.66	689	23	17
	600	7.36	4.91	39.66	727	25	17
	700	7.66	5.17	41.76	763	27	18
	800	7.96	5.49	44.31	798	29	19
	900	8.26	5.64	47.15	830	31	19
	1 000	8.56	6.27	50.63	866	33	20
	1 100	8.87	6.74	54.43	895	35	21
	1 200	9.17	7.26	58.66	927	37	21
425	0	5.80	3.48	28.08	515	14	14
	300	6.73	4.43	35.77	636	19	16
	400	7.04	4.65	37.57	674	21	17
	500	7.35	4.90	39.54	712	23	17
	600	7.66	5.16	41.67	747	25	18
	700	7.97	5.44	43.89	783	27	18
	800	8.29	5.77	46.57	818	29	19
	900	8.60	6.14	49.58	850	31	20
	1 000	8.91	6.59	53.22	886	33	20
	1 100	9.22	7.09	57.24	918	35	21
	1 200	9.53	7.64	61.67	947	37	22
450	0	6.06	3.63	29.33	538	15	15
	300	7.02	4.63	37.41	659	20	17
	400	7.34	4.87	39.33	697	21	17
	500	7.66	5.12	41.38	732	23	18
	600	7.98	5.40	43.60	770	25	19
	700	8.30	5.69	45.94	806	27	19
	800	8.62	6.03	48.74	841	29	20
	900	8.94	6.43	51.92	873	31	20
	1 000	9.26	6.90	55.77	906	33	21
	1 100	9.58	7.42	59.96	938	35	21
	1 200	9.90	8.00	64.40	967	37	22

（续）

体重（kg）	日增重（g）	干物质（kg）	肉牛能量单位（RND）	综合净能（MJ）	粗蛋白质（g）	钙（g）	磷（g）
475	0	6.31	3.79	30.63	560	16	16
	300	7.30	4.84	39.08	681	20	17
	400	7.63	5.09	41.09	719	22	18
	500	7.96	5.35	43.26	754	24	19
	600	8.29	5.64	45.61	789	25	19
	700	8.61	5.94	48.03	825	27	20
	800	8.94	6.31	51.00	860	29	20
	900	9.27	6.72	54.31	892	31	21
	1 000	9.60	7.22	58.32	928	33	21
	1 100	9.93	7.77	62.76	957	35	22
	1 200	10.26	8.37	67.61	989	36	23
500	0	6.56	3.95	31.92	582	16	16
	300	7.58	5.04	40.71	700	21	18
	400	7.91	5.30	42.84	738	22	19
	500	8.25	5.58	45.10	776	24	19
	600	8.59	5.88	47.53	811	26	20
	700	8.93	6.20	50.08	847	27	20
	800	9.27	6.58	53.18	882	29	21
	900	9.61	7.01	56.65	912	31	21
	1 000	9.94	7.53	60.88	947	33	22
	1 100	10.28	8.10	65.48	970	34	23
	1 200	10.62	8.73	70.54	1 011	36	23

五、种公牛的营养需要

蜀宣花牛种公牛的正常生长发育和种用年限等都同饲养管理有直接关系，尤其是幼龄时期的饲养更为重要。对蜀宣花牛种公牛的饲养，要求饲料体积小，营养丰富，适口性强，容易消化。应多喂蛋白质饲料和青干草，少喂多汁、碳水化合物饲料，多汁饲料和青粗饲料，这类饲料在日粮中一般应占总营养物的60%以下。特别是对育成公牛，适当增加日粮的精料和减少粗料量，以免形成"草腹"，影响种用价值。为了提高蜀宣花牛种公牛精液品质和性机能，应喂适量的植物性蛋白饲料，如炒黄豆、豆粕等。冬季每天应喂1.5～2.5kg小麦芽胚或

大麦芽胚，以补充维生素的不足。表5-6列出了种公牛的营养需要。

表5-6　种公牛的营养需要

体重（kg）	日粮干物质（kg）	奶牛能量单位（NND）	产奶净能（MJ）	可消化粗蛋白质（g）	钙（g）	磷（g）	胡萝卜素（mg）	维生素A（IU）
500	7.99	13.40	42.05	423	32	24	53	21
600	9.17	15.36	48.20	485	36	27	64	26
700	10.29	17.24	54.10	544	41	31	74	30
800	11.37	19.05	59.79	602	45	34	85	34
900	12.42	20.81	65.32	657	49	37	95	38
1 000	13.44	22.52	70.64	711	53	40	106	42
1 100	14.44	24.26	75.94	764	57	43	117	47
1 200	15.42	25.83	81.05	816	61	46	127	51
1 300	16.37	27.49	86.07	866	65	49	138	55
1 400	17.31	28.99	90.97	916	69	52	148	59

六、矿物质需要量

矿物质需要方面，钠和氯一般用食盐补充，根据牛对钠的需要量占日粮干物质的 0.06%～0.10% 计算，日粮含食盐 0.15%～0.25% 即可满足钠和氯的需要。牛对食盐的耐受量很高，即使日粮中含有较多的食盐，只要保证有充足的饮水，一般不致产生有害后果。蜀宣花牛对日粮矿物元素需要量详见表5-7。

表5-7　蜀宣花牛矿物质需要量及最大耐受量（干物质基础）

矿物质	需要量		最大耐受量
	推荐量	范围	
钙（%）	—		2.0
钴（mg/kg）	0.1	0.07～0.11	5.0
铜（mg/kg）	8.0	4.0～10.0	100.0
碘（mg/kg）	0.5	0.2～2.0	50.0
铁（mg/kg）	50.0	50.0～100.0	1 000.0
镁（%）	0.10	0.05～0.25	0.4
锰（mg/kg）	40.0	20.0～50.0	1 000.0
磷（%）			1.0
硒（mg/kg）	0.10	0.05～0.30	2.0

（续）

矿物质	需要量		最大耐受量
	推荐量	范围	
钠（%）	0.08	0.06～0.10	10.0
氯（%）	—	—	—
硫（%）	0.10	0.08～0.15	0.4
锌（mg/kg）	30.0	20.0～40.0	500.0
钼（mg/kg）	—	—	3.0
钾（%）	0.65	0.50～0.70	3.0

第二节　常用饲料

一、常用饲料类型

牛常用的饲料种类分为：粗饲料、精饲料、多汁饲料、矿物质饲料和饲料添加剂几大类。

（一）粗饲料

干物质中粗纤维含量大于或等于18%的饲料统称粗饲料。粗饲料主要包括干草、秸秆、青绿饲料、青贮饲料四类。

1. 干草　为水分含量小于15%的野生或人工栽培的禾本科或豆科牧草。如野生干草、羊草、黑麦草、苜蓿等。

2. 秸秆　为农作物收获后的秸、藤、蔓、秧、荚、壳等。如玉米秸、稻草、谷草、花生藤、甘薯蔓、马铃薯秧、豆荚、豆秸等。有干燥和青绿两种。

3. 青绿饲料　水分含量大于或等于45%的野生或人工栽培的禾本科或豆科牧草和农作物植株。如野青草、青大麦、青燕麦、青苜蓿、三叶草、紫云英和全株玉米青饲等。

4. 青贮饲料　是以青绿饲料或青绿农作物秸秆为原料，通过铡碎、压实、密封，经乳酸发酵制成的饲料。含水量一般在65%～75%，pH 4.2左右。含水量为45%～55%的青贮饲料称低水分青贮或半干青贮，pH 4.5左右。

（二）精饲料

干物质中粗纤维含量小于18%的饲料统称精饲料。精饲料又分能量饲料

和蛋白质补充料。干物质中粗蛋白质含量小于 20％ 的精饲料称能量饲料，干物质粗蛋白质含量大于或等于 20％ 的精饲料称蛋白质饲料。精饲料主要有谷实类、糠麸类、饼粕类三种。

1. 谷实类　粮食作物的籽实，如玉米、高粱、大麦、小麦、燕麦、稻谷等为谷实类，一般属能量饲料。

2. 糠麸类　各种谷实类加工的副产品，如小麦麸、玉米皮、高粱糠、米糠等，为糠麸类，也属能量饲料。

3. 饼粕类　油料的加工副产品，如豆饼（粕）、花生饼（粕）、菜籽饼（粕）、棉籽饼（粕）、胡麻饼、葵花籽饼、玉米胚芽饼等为饼粕类饲料。以上除玉米胚芽饼属能量饲料外，均属蛋白质补充料。带壳的棉籽饼和葵花籽饼干物质中粗纤维含量大于 18％，可归入粗饲料。

（三）多汁饲料

干物质中粗纤维含量小于 18％，水分含量大于 75％ 的饲料称为多汁饲料，主要有块根、块茎、瓜果、蔬菜类和糟渣类两种。

1. 块根、块茎、瓜果、蔬菜类　如胡萝卜、萝卜、甘薯、马铃薯、甘蓝、南瓜、西瓜、苹果、大白菜等均属能量多汁饲料。

2. 糟渣类　谷物、豆类、块根等湿加工的副产品为糟渣类。如淀粉渣、糖渣、酒糟属能量多汁饲料；豆腐渣、酱油渣、啤酒渣则属蛋白质补充料。甜菜渣因干物质粗纤维含量大于 18％，应归入粗饲料。

（四）矿物质饲料

可供饲用的天然矿物质，称矿物质饲料，以补充钙、磷、镁、钾、钠、氯、硫等常量元素（占体重 0.01％ 以上的元素）为目的。如石粉、碳酸钙、磷酸钙、磷酸氢钙、食盐、硫酸镁等。

（五）饲料添加剂

为补充营养物质、提高生产性能、提高饲料利用率，改善饲料品质，促进生长繁殖，保障牛体健康而掺入饲料中的少量或微量营养性或非营养性物质，称饲料添加剂。常用的饲料添加剂主要有：维生素添加剂，牛常用的如维生素 A、维生素 D、维生素 E、烟酸等；微量元素（占体重 0.01％ 以下的元素）添加剂，如铁、锌、铜、锰、碘、钴、硒等；氨基酸添加剂，如保护性赖氨酸、蛋氨酸等；瘤胃缓冲调控剂，如碳酸氢钠、脲酶抑制剂等；酶制剂，如淀粉酶、蛋白酶、脂肪酶、纤维素分解酶等；活性菌（益生素）制剂，如乳酸菌、曲霉菌、酵母制剂等；另外还有饲料防霉剂或抗氧化剂。

二、常用饲料的特点

（一）粗饲料的特点

粗饲料是指天然水分含量在45％以下、干物质中粗纤维含量大于或等于18％的一类饲料。该类饲料包括干草类、农副产品类（农作物的荚、蔓、藤、壳、秸、秧等）、树叶类、糟渣类。

粗饲料体积大、重量轻，粗纤维含量高，其主要的化学成分是木质化和非木质化的纤维素、半纤维素，营养价值通常较其他类别的饲料低，其消化能含量一般不超过10.46MJ/kg（按干物质计），有机物质消化率通常在65％以下。粗纤维的含量越高，饲料中能量就越低，有机物的消化率也随之降低。一般干草类含粗纤维25％～30％，秸秆、秕壳含粗纤维25％～50％以上。不同种类的粗饲料蛋白质含量差异很大，豆科干草含蛋白质10％～20％，禾本科干草含蛋白质6％～10％，而禾本科秸秆和秕壳含蛋白质3％～4％。粗饲料中维生素D含量丰富，其他维生素较少，含磷较少，较难消化。从营养价值比较：干草比秸秆和秕壳类好，豆科比禾本科好，绿色比黄色好，叶多的比叶少的好。

粗饲料是反刍动物的主要基础饲料，通常在反刍动物日粮中占有较大的比重。而且，这类饲料来源广、资源丰富，营养品质因来源和种类的不同差异较大，是一类有待开发和科学合理利用的重要饲料资源，特别是在全国各地大力提倡发展草食家畜的今天更显出其重要性。

1. 干草　是指青草（或青绿饲料作物）在未结籽实前刈割，经自然晒干或人工干燥调制而成的饲料产品，主要包括豆科干草、禾本科干草和野杂干草等，目前在规模化养牛生产中大量使用的干草除野杂干草外，主要是北方生产的羊草和苜蓿干草，前者属于禾本科，后者属于豆科。

（1）栽培牧草干草　在我国农区和牧区人工栽培牧草已达400万～500万hm²，主要栽培牧草有近50个种或品种。各地因气候、土壤等自然环境条件不同，其重点栽培品种不同。北方地区主要是苜蓿、草木樨、沙打旺、红

豆草、羊草、老芒麦、披碱草等，长江流域主要是白三叶、黑麦草及高大类的饲用玉米、杂交狼尾草、苏丹草、甜高粱等，华南亚热带地区主要是柱花草、山玛璜、大翼豆等。用这些栽培牧草所调制的干草，质量好，产量高，适口性强，是牛羊常年必需的主要饲料成分。

栽培牧草调制而成的干草其营养价值主要取决于原料饲草的种类、刈割时间和调制方法等因素。一般而言，豆科干草的营养价值优于禾本科干草，特别是前者含有较丰富的蛋白质和钙，其蛋白质含量一般在 15%～24% 之间，但在能量价值上二者相似，消化能含量一般在 9.62MJ/kg 左右。人工干燥的优质青干草特别是豆科青干草的营养价值很高，与精饲料相接近，其中可消化粗蛋白质含量可达 13% 以上，消化能可达 12.55MJ/kg。阳光下晒制的干草中含有丰富的维生素 D_2，是动物维生素 D 的重要来源，但其他维生素却因日晒而遭受较大的破坏。此外，干燥方法不同，干草养分的损失量差异很大，如地面自然晒干的干草，营养物质损失较多，其中蛋白质损失高达 37%；而人工干燥的优质干草，其维生素和蛋白质的损失则较少，蛋白质的损失仅为 10% 左右，且含有较丰富的 β-胡萝卜素。

（2）野干草　在天然草地或路边、荒地采集并调制成的干草。由于原料草所处的生态环境、植被类型、牧草种类和收割与调制方法等不同，野干草质量差异很大。一般而言，野干草的质量比栽培牧草干草要差。东北及内蒙古东部生产的羊草，如在 8 月上中旬收割，干燥过程不被雨淋，其质量较好，粗蛋白含量达 6%～8%。而南方地区农户收集的野（杂）干草，常含有较多泥沙等，其营养价值与秸秆相似。野干草是广大牧区牧民们冬春必备的饲草，尤其是在北方牧区。

2. 秸秆类饲料　指农作物在籽实成熟并收获后的残余副产品，即茎秆和枯叶。我国各种秸秆年产量为 5 亿～6 亿 t，约有 50% 用作燃料和肥料，30% 左右用作饲料，另外 20% 用作其他，其中不少在收割季节被焚烧于田间。秸秆饲料包括禾本科、豆科和其他，禾本科秸秆包括稻草、大麦秸、小麦秸、玉米秸、燕麦秸和粟秸等，豆科秸秆主要有大豆秸、蚕豆秸、豌豆秸、花生秸等，其他秸秆有油菜秆、枯老苋菜秆等。稻草、麦秸、玉米秸是我国主要的三大秸秆饲料。

秸秆饲料一般营养成分含量较低，表现为蛋白质、脂肪和糖分含量较少，能量价值较低，消化能含量低于 8.37MJ/kg；除了维生素 D 外，其他维生素都很贫乏，钙、磷含量低且利用率低；而纤维含量很高，其粗纤维高达30%~45%，且木质化程度较高，木质素比例一般为6.5%~12%。质地坚硬粗糙，适口性较差，可消化性低。因此，秸秆饲料不宜单独饲喂，而应与优质干草配合饲用，或经过合理的加工调制，提高其适口性和营养价值。

（1）稻草　水稻是我国主要的粮食作物之一，不仅在长江以南各省份普遍种植，在北方许多地区近年来也大面积发展。在东北地区历史上靠外调大米调剂粮食品种，而今不仅自给有余，还销往南方省地。据统计，全国稻草产量为1.88亿t。稻草秸秆质地粗糙，粗蛋白质含量4.8%，粗脂肪1.4%，粗纤维35.3%，无氮浸出物39.8%，粗灰分17.8%，在粗灰分中硅含量较高，占干物质14%，而钙含量仅0.29%，磷0.07%。

（2）麦秸　包括大麦秸、小麦秸、燕麦秸等，主要是小麦秸。小麦主要分布于华北地区和华东的山东、安徽等省，我国年产1.1亿t，麦秸产量与籽实相仿。麦秸质地粗硬，茎秆光滑，切碎混拌适量精饲料，可用于肉牛育肥。麦秸粗蛋白含量3.0%，粗脂肪1.9%，粗纤维34.8%，无氮浸出物49.8%，粗灰分10.7%，其中硅含量为6%。

（3）玉米秸　玉米在我国长江以北各省都有种植，近年来南方不少地区大量种植玉米，全株青贮后用于饲喂奶牛、肉牛。西南、华北一带的夏玉米，东北、内蒙古等地的春玉米，不仅面积大，而且产量高。玉米秸产量全国为1.55亿t。风干的玉米秸粗蛋白质含量3.9%，粗脂肪0.9%，粗纤维37.7%，无氮浸出物48.0%，粗灰分9.5%。

3. 秕壳、藤蔓类

（1）秕壳　农作物种子脱粒或清理种子时的残余副产品，包括种子的外壳和颖片等，如砻糠（即稻谷壳）、麦壳，也包括二类糠麸如统糠、清糠、三七糠和糠饼等。与其同种作物的秸秆相比，秕壳的蛋白质和矿物质含量较高，而粗纤维含量较低。禾谷类荚壳中，谷壳含蛋白质和无氮浸出物较多，粗纤维较低，营养价值仅次于豆荚。但秕壳的质地坚硬、粗糙，且含有较多泥沙，甚至有的秕壳还含有芒刺。因此，秕壳的适口性很差，大量饲喂很容易引起动物消化道功能障碍，应该严格限制喂量。

（2）荚壳　豆科作物种子的外皮、荚皮，主要有大豆荚皮、蚕豆荚皮、豌豆荚皮和绿豆荚皮等。与秕壳类饲料相比，此类饲料的粗蛋白质含量和营养价值相对较高，对牛羊的适口性也较好。

（3）藤蔓　主要包括甘薯藤、冬瓜藤、南瓜藤、西瓜藤、黄瓜藤等藤蔓类植物的茎叶。其中甘薯藤是常用的藤蔓饲料，具有相对较高的营养价值。

4. 其他非常规粗饲料　主要包括：风干树叶类、糟渣和竹笋壳等。可作为饲料使用的树叶类主要有松针、桑叶、槐树叶、构树叶等，其中桑叶和松针的营养价值较高。糟渣类饲料主要包括啤酒糟、味精渣、甜菜渣、豆腐渣及白酒糟、曲酒糟等，此类饲料的营养价值相对较高，其中的纤维物质易于被瘤胃微生物消化，属于易降解纤维，是反刍动物的良好饲料，前几种常用于饲喂高产奶牛，后几种常用于饲喂肉牛。竹笋壳具有较高的粗蛋白质含量和可消化性，也是一类有待开发利用的良好粗饲料资源，但因含有不适的味道和特殊物质，影响其适口性和动物的正常胃肠功能。因此，不宜大量饲喂。

（二）谷物饲料的特点

谷物饲料是主要的饲料种类，占牛精料的 $50\%\sim80\%$，谷物类饲料有如下特点：

（1）无氮浸出物（NFE）占干物质 $70\%\sim80\%$，主要是淀粉，它是谷物籽实饲料的最主要养分。淀粉分为直链淀粉和支链淀粉。谷物籽实种类不同，两种淀粉含量的比例也不同。一般直链淀粉占 $20\%\sim25\%$，支链淀粉占 $75\%\sim80\%$。另一方面，谷物籽实饲料粗纤维含量低，一般在 3% 以下，所以消化率高。

（2）蛋白质含量低，一般 $8\%\sim12\%$，蛋白质中品质较高的清蛋白和球蛋白含量低，而品质较差的谷蛋白和醇溶蛋白含量高，所以蛋白质品质差，赖氨酸、色氨酸和苏氨酸含量较低。

（3）脂肪含量一般在 $2\%\sim4\%$，燕麦脂肪含量较高，达到 5%，麦类较低，一般小于 2%。

（4）矿物质组成不平衡，钙少（0.1%）、磷多（$0.3\%\sim0.5\%$），但主要是植酸磷，单胃动物利用率低，但牛能有效利用植酸磷。

（5）维生素含量低，且组成不平衡，维生素 B_1 和维生素 E 含量较丰富，除黄玉米含有较高的胡萝卜素外，普遍缺乏胡萝卜素和维生素 D。

总的来说，谷物籽实类饲料淀粉含量高，能值高，适口性好，但蛋白质含量低，氨基酸组成平衡性差。

（三）蛋白质饲料的特点

通常将干物质中粗蛋白质含量在 20％ 以上，粗纤维含量小于 18％ 的饲料划为蛋白质饲料。蛋白质饲料来源广泛、种类复杂，主要有植物来源、动物来源和微生物来源 3 个方面，我国已经明令禁止在牛饲料中添加动物源蛋白质。因此，能够合法利用的就只有植物来源蛋白质饲料和微生物来源蛋白质饲料。适当对牛的蛋白质饲料进行处理，有利于提高饲料蛋白质利用效率，对于幼牛而言，适当处理可以降低蛋白质饲料中的抗营养因子的含量，有利于幼牛健康。

（四）青贮饲料的特点

饲料青贮是最大程度保存青绿饲料中的营养物质，保持粗饲料全年均衡供应的最佳手段。青贮饲料具有如下特点：

1. 青贮饲料可以有效保持青绿多汁饲料的营养特性　一般青绿植物在成熟晒干后，营养价值降低 30％～50％，但青贮后只降低 3％～10％，可基本保持原青饲料的特点，干物质中的各类有机物不仅含量相近而且消化率也很接近。

青贮尤其能有效地保存青绿植物中蛋白质和维生素（胡萝卜素）。例如，新鲜的甘薯藤，每千克干物质中含有 158.2mg 的胡萝卜素，青贮 8 个月，仍然可以保留 90mg，但晒成干草则只剩 2.5mg，损失达 98％ 以上。

2. 青贮饲料能保持原青绿时的鲜嫩汁液，消化性强，适口性好　干草含水量只有 14％～17％，而青贮料含水量达 70％，适口性好，消化率高。青绿多汁饲料经过微生物发酵作用，产生大量芳香族化合物，具有酸香味，柔软多汁，适应后动物喜食。

3. 青贮饲料可以经济而安全地长期保存　青贮饲料比贮藏干草需用的空间小，一般每立方米的干草仅 70kg 左右，约含干物质 60kg，而每立方米青贮料重量为 450～700kg，其中含干物质为 150kg。青贮饲料只要合理贮藏，就可以长期保存，最长者可达 20～30 年，因此，可以保证动物一年四季都能吃到优良的多汁补充料。在贮藏过程中，青贮料不受风吹、雨淋、日晒等影响。

4. 青贮可以消灭害虫　很多危害农作物的害虫，多寄生在收割后的秸秆上越冬，如果把这些秸秆铡碎或搓揉青贮，由于青贮料里缺乏氧气，并且酸度较高，就可将许多害虫的幼虫杀死。

（五）常用饲料添加剂的特点

饲料添加剂没有一个确切的概念，但是我们可以把它理解为是一类物质（或者产品），在饲料中添加量极小（添加量＜1％），而又能发挥重要作用或者给饲料产品增加功能，或者保证饲料功能更能完美发挥。

饲料添加剂的种类很多，大致可以分为营养性添加剂和非营养性添加剂。营养性添加剂主要有微量元素、维生素、氨基酸及非蛋白氮几大类。而非营养性添加剂就比较多了，这些添加剂又有不同的特性，赋予饲料不同的功能。下面分述几种常见类型的添加剂的特点。

1. 微量元素添加剂　常用作饲料添加剂的微量元素包括铁、铜、锰、锌、硒、碘、钴等。它们在机体内发挥着其他物质不可替代的作用。其中铁、铜、钴都是造血不可缺少的元素，起协同作用；锰是许多参与糖、蛋白质、脂肪代谢的酶的组成成分，并能促进机体钙、磷代谢以及骨骼的形成；碘参与甲状腺素的合成；锌是体内多种酶的组成成分，通过这些酶及激素参与体内的各种代谢活动；硒是谷胱甘肽过氧化物酶的组成成分，谷胱甘肽可以保护细胞和亚细胞膜免受过氧化物的危害。给牛适当补充微量元素可以防止缺乏症的发生，提高牛的生产水平。

2. 维生素添加剂　维生素是维持生命的必需营养要素，在养牛生产中起着重要的作用，一旦缺乏维生素，就会使机体生理机能失调，出现各种维生素缺乏症，由于牛瘤胃微生物能够合成维生素 K 和 B 族维生素，肝脏和肾脏可合成维生素 C，所以，一般情况下除犊牛外，不需额外添加。但是近年研究表明，瘤胃微生物并不能合成足够的 B 族维生素来满足奶牛最大生产能力，特别是在应激状态下，瘤胃对部分维生素的合成能力减弱，给处于热应激的高产奶牛补充烟酸能够明显提高产奶量。因此，养殖者可以根据实际情况，考虑补充维生素。

3. 氨基酸和非蛋白氮类添加剂　非蛋白氮最终要通过瘤胃微生物合成氨基酸才能够被动物所利用。牛在不同的生理阶段需要不同的氨基酸，日粮氨基酸的构成和比例直接影响牛只的生产性能。我国地域辽阔，饲料饲草结构复杂，针对不同的饲料饲草类型适当补充氨基酸对于提高牛只生产水平，最大限度利用饲料资源，有很重要的意义。需要指出的是，牛因为存在瘤胃发酵，直接向牛日粮中添加合成氨基酸会在瘤胃里面遭到瘤胃微生物破坏，而氨基酸真正起作用主要在小肠，因此，添加到牛日粮中的氨基酸必须经过前处理，使其躲避瘤胃微生物的攻击，顺利到达小肠才能够产生作用。目前能够过瘤胃的氨基酸主要经过包被处理或者螯合处理，还有就是氨基酸的前体类似物，常见的产品主要有蛋氨酸锌、蛋氨酸羟基类似物（MHA）。

4. 瘤胃缓冲剂　主要针对高产奶牛和长期饲喂青贮饲料或酒糟的肉牛。高产奶牛精料比例较高，精料中的淀粉迅速发酵会产生大量乳酸，长期饲喂青贮饲料或酒糟的肉牛，由于青贮饲料或酒糟在长期保存过程中的酸度增高，如果乳酸清除速度低于产生速度，就会导致瘤胃酸度增加，轻则影响饲料利用效率、降低奶牛产量或肉牛日增重、影响牛只健康，重则引起瘤胃酸中毒，导致死亡。为了预防酸中毒的发生，需要补充缓冲剂类添加剂。缓冲剂的种类较多，一般以碳酸氢钠（小苏打）、食用碱、氧化镁为主等。高产奶牛小苏打和氧化镁联合使用效果更好。

5. 酶制剂　是一类蛋白质，能够在动物体内产生各种各样的功能，运用在动物饲养上的酶制剂主要是消化酶。对于瘤胃没有充分发育的犊牛，酶制剂的使用和猪禽差异不大。对于成年牛使用的酶制剂发展十分曲折，目前生产上的种类也没有猪禽那么多。原因主要在于，牛因为存在瘤胃发酵，瘤胃中很多酶活性就很高，比如说植酸酶，根本就不需要外源补充；其次在于研究者长期以来认为外源酶制剂进入瘤胃后会被瘤胃微生物破坏而无法达到酶制剂应有的效果。目前成年牛使用的酶制剂主要是纤维素酶，幼年牛还会使用蛋白酶等。

三、常用饲料成分与营养价值

蜀宣花牛喜食青绿多汁饲料和青饲料，其次为青干草和低水分青贮饲料，对低质秸秆等饲料的采食性差。在蜀宣花牛饲养中，以全株青贮玉米和苜蓿青干草作为粗饲料，即实现蜀宣花牛养殖的粗饲料优质化，能提高蜀宣花牛的生产性能、产奶量和牛奶品质。蜀宣花牛喜欢新鲜饲料，对受到唾液污染的饲料经常拒绝采食。在饲料原料的刈割、加工过程中，应尽量避免将铁丝、玻璃、石块、塑料等异物混入。蜀宣花牛常用饲料成分与营养价值见附录二、附录三。

第三节　饲料配制

日粮配合技术是动物营养学、动物饲养学及动物饲料学中最基础的技术，

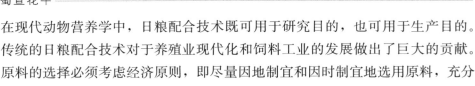

在现代动物营养学中，日粮配合技术既可用于研究目的，也可用于生产目的。传统的日粮配合技术对于养殖业现代化和饲料工业的发展做出了巨大的贡献。原料的选择必须考虑经济原则，即尽量因地制宜和因时制宜地选用原料，充分利用当地饲料资源，并注意同样的饲料原料比价值，同样的价格条件下比原料的质量，以便最大限度地控制饲用原料的成本，提高经济效益。

一、产奶牛的日粮配制

（一）产奶牛日粮配合原则

日粮配合的合理与否，关系到蜀宣花牛的健康和生产性能的发挥，并且饲料资源的利用直接影响到蜀宣花牛产奶牛的经济效益。日粮配合必须遵守以下原则。

1. 参考可靠的饲养标准和原料营养价值　准确计算奶牛的营养需要和各种饲料营养价值是必须遵守的原则，因此，产奶牛的饲养标准和常用饲料营养价值表是最主要的依据。在有条件的情况下，最好能够实测各种饲料原料的主要养分含量（本书实测的常用饲料原料营养价值详见附录二、附录三）。在生产实践中，奶牛所处环境千变万化，多种多样的因素并非饲养标准所能涵盖，因此在使用饲养标准时，不能将其中数据视为一成不变的固定值，应针对各种具体条件（如环境温度、饲养方式、饲料品质、加工条件等）加以调整，并在饲养实践中进行验证。

2. 日粮组成多样化　日粮组成尽量多样化，以便发挥不同饲料在营养成分、适口性及成本之间的补充性。在粗饲料方面，尽量做到豆科与禾本科互补；在草料方面，尽量做到高水分与低水分互补；在蛋白质饲料方面，尽量做到降解蛋白与非降解蛋白互补。尽可能选用具有正组合效应的饲料搭配，减少或避免负组合效应，以提高饲料的可利用性。日粮的体积要符合奶牛消化道的容量。体积过大，奶牛因不能按定量食尽全部日粮，而影响营养的摄入；体积过小，奶牛虽按定量食尽全部日粮，但因不能饱腹而经常处于不安状态，从而影响生长发育和生产性能的发挥。正常情况下，泌乳牛每头每日对干物质平均摄取量为其体重的 $3.0\%\sim3.5\%$，干奶牛则为 $2.0\%\sim2.5\%$。

3. 追求粗料比例最大化　在确保满足奶牛营养需要的前提下，要追求粗料比例最大化，这样可以降低饲料成本，促进牛的健康。因此，在可供选择的范围内，要尽量选择适口性好、养分浓度高的粗饲料。在粗饲料质量有限或牛生产水平高的情况下，要尽可能不让精料比例超过60％。日粮所选用的原料要有较好的适口性，奶牛爱吃，采食量大，才能多产奶。有些饲料对牛奶的味道、品质有不良影响，如葱、蒜类等应禁止配合到日粮中去。

4. 选择原料因地制宜　配合日粮时必须因地制宜，充分利用本地的饲料资源，以降低饲养成本，提高生产经营效益。

5. 遵循配料程序　先配粗饲料，后配精饲料，最后补充矿物质。

（二）产奶牛日粮配合方法

1. 计算机法　目前，最先进、最准确的方法是用专门的配方软件，通过计算机配合日粮。市场上有多种配方软件，其工作原理基本都是一样的，差别主要在于数据库的完备性和操作的便捷性等。

2. 手工计算法　手工计算法应首先了解牛的生产水平或生长阶段，掌握牛的干物质采食量，计算或查出每天的养分需要量，随后选择饲料，配合日粮。计算法如下：

（1）查饲养标准　根据奶牛的体重、胎次和产奶性能从饲养标准中查出营养需要量，其包括干物质、奶牛能量单位（或产奶净能）、蛋白质（有条件应包括可消化粗蛋白、代谢蛋白质、瘤胃降解蛋白、过瘤胃蛋白）、粗纤维（有条件以中性洗涤纤维为宜）、非纤维性碳水化合物、矿物质及维生素需要量。

（2）确定日粮精粗料比例　一般要求粗饲料干物质至少应占奶牛日粮总干物质的40％～50％。粗料量确定后，计算各种粗饲料所提供的能量、蛋白质等营养量。所用饲料的营养成分最好每次均能进行测定，因饲料成分及营养价值表所提供的饲料成分及营养价值是许多样本的均值，不同批次原料之间有差异，尤其是粗饲料。测定的项目至少包括干物质、粗蛋白质、钙和磷。

（3）确定精料配方　从营养需要量中扣除粗饲料提供的部分，得出需由精料补充的差值，并通过计算机或手工计算，在可选范围内，找出一个最低成本的精料配方。

（4）确定添加剂配方及添加量　除矿物质和维生素外，一些特殊用途的添加剂也由此确定和添加。

二、育肥牛的日粮配制

(一) 育肥牛日粮配合原则

1. 营养原则　日粮所含营养物质必须达到牛的营养需要标准，同时还要根据不同个体进行适当的调整。肉牛最喜爱青绿饲料和多汁料，其次是优质青干草，再次是低水分的青贮料，最不喜食的是秸秆类粗饲料。日粮组成应多样化，使蛋白质、矿物质、维生素等营养成分全面，以提高利用效率。性质各异的饲料合理搭配，如轻泻饲料（玉米青贮饲料、青草、多汁饲料、大豆、麦麸、亚麻仁饼等）和易致便秘的饲料（禾本科干草、各种农作物秸秆、枯草、高粱籽实、秕糠、棉籽饼等）互相搭配。日粮的营养浓度要适中，除满足营养需要外，还应使育肥牛能吃饱而不剩食。肉牛爱吃新鲜饲料，在饲喂时应少添、勤添。下槽时要及早清扫饲槽，把剩草晾干后再喂。牛有较强的竞食性，群养时相互抢食，可利用此特性来增加肉牛采食量。牛对切短的干草比长草采食量要大，因此粗料应该切短后饲喂，不仅增加采食量，还减少浪费。

2. 健康原则　牛是反刍动物，日粮中需要有一定含量的粗纤维，否则会影响消化和饲料利用效率。同时，牛的营养代谢病较多，与饲料种类、用量和用法有很大关系。采食量与体重有密切关系，膘情好的牛，按单位体重计算的采食量低于膘情差的牛，健康牛采食量则比瘦弱牛大。精料只用于补充粗饲料所欠缺的能量和蛋白质部分。饲喂的饲料在喂饲前进行加工，如果饲料粉碎不细，则牛食后不易消化利用，出现过料现象；而精料过细牛又不喜食。因此要根据日粮中精料量区别饲喂。精料量少时，可把精料同粗饲料混匀饲喂；精料多时，可把粉料压为颗粒料，或蒸成熟团饲喂。

育肥牛的采食很粗糙，不经细嚼就咽下，休息时进行反刍。食入的整粒料，大部分沉入胃底，而不能反刍重新咀嚼，造成过料排出；大块的块根、块茎饲料，喂前一定要切成小块，绝不可整个喂，特别是土豆、地瓜、胡萝卜、茄子等较大的块根、块茎类饲料，以免发生食道阻塞，危及生命。糟渣类饲料的适口性好，牛很爱吃，但要避免过食而造成牛食滞、前胃活动弛缓、臌胀等。牛舌卷入的异物吐不出来，特别是误食饲草中的铁丝、铁钉等尖锐的金属物体，往往造成创伤性网胃炎、心包炎，所以饲料要进行加工调制并消除异物才能饲喂。

3. 经济原则　因地制宜选择本地盛产的饲料，特别是青绿饲料和粗饲料，利用本地饲料资源，可保证饲料来源充足，减少运输费用，降低生产成本。及时制作青贮饲料、青干草、氨化秸秆，贮存好糟渣、秸秆等，使廉价饲料能全年平衡供应。

4. 卫生原则　所选用饲料中不应含有毒有害物质，一些抗胰蛋白酶、皂苷等抗营养因子应通过适当的加工来消除，贮存过程中要防霉防腐，不喂变质的饲料。使用尿素等添加物时，应注意用量和使用方法，防止中毒。除此之外，还应注意选择那些没有受农药和其他有毒、有害物质污染的饲料。

（二）育肥牛日粮配合步骤

为了满足育肥牛所需要的养分，必须制定合理的日粮配方，合理确定每头牛每天各种饲料供给量。多数饲养者在育肥牛的饲料使用时习惯把精粗饲料分开使用，常把青绿饲料、青贮饲料、秸秆和糟渣类饲料习惯上统称为粗饲料，能量饲料、蛋白质饲料、矿物质饲料、维生素饲料和添加剂等混合在一起统称为混合精料，也叫精料补充料。目前，配制育肥牛日粮最常用的是试差法，步骤如下：

1. 确定饲养标准　首先查出育肥牛的饲养标准，各阶段营养需要和常用饲料原料营养成分。

2. 选择将要使用的饲料原料　查出其营养成分，并把风干或新鲜基础养分含量折算成绝干基础养分含量（为比较成本，最好也列出饲料原料价格）。

3. 计算青、粗饲料所能提供的养分　根据本地饲料资源，选择优质廉价的青绿饲料、粗饲料和青贮饲料，同时根据蜀宣花牛育肥牛不同的饲养阶段和各阶段的日增重要求确定精、粗饲料比例，计算该比例下粗饲料所能提供的养分总量。育肥牛饲料中饲料原料所占的大致比例为：一般青、粗饲料占日粮的40%～70%，谷实类饲料占15%～30%，饼粕、糠、麸类饲料占5%～20%，矿物质及添加剂占1%～3%。

4. 比较饲养标准，计算精饲料需要提供的养分　用饲养标准减去粗饲料所提供的养分总量得出精料补充料所需要提供的剩余养分总量。

5. 草拟精料混合料配方　根据实践经验，先确定能量和蛋白质饲料的大致比例。

6. 调整配方（试差法）　配方草拟好之后进行计算，计算结果与饲养标

准比较，如果差距较大，应进行反复调整，直到计算结果符合饲养标准。

7. 补充矿物质饲料　首先考虑补磷。根据需要补充磷后，再用单纯补钙的饲料补钙。食盐的添加量一般按饲养标准计算，不考虑饲料中的含量。

8. 补充微量元素、维生素和其他添加剂　微量元素、维生素和其他添加剂的添加一般使用预混料并按照商品说明进行补充，也可自行额外配制。

9. 列出饲料配方和精料混合料配方　按重量或百分比列出育肥牛的饲料配方和精料混合料配方。

第六章
牧草栽培及加工

第一节　牧草主推品种

种草养牛，是我国广大农区种植业结构调整和农民致富增收的亮点，也是大力发展草牧业的重要举措。牛是草食家畜，优质的饲草料是发展养牛业的物质基础。随着我国养牛业规模化、产业化发展，对优质饲草的需求量也越来越大。生产实践表明，人工种植的牧草营养成分全面、产量高、适口性好，可为养牛业的持续发展提供充足、质优的饲草，具有较好的经济效益、生态效益、社会效益。因此人工种草的意义重大，现已成为广大养殖户关注的热点。

一、牧草品种的选择

我国优质牧草品种资源丰富，养殖户可根据饲养家畜种类及当地实际情况，因地制宜选择牧草品种进行种植。

(一) 根据饲养的畜禽种类，选择牧草品种

不同种类的畜禽，其消化能力及采食习性不同，对牧草的利用能力和效率也不同，牧草品种的选择必须与所饲养畜禽种类相适应。牛为反刍动物，对粗纤维的消化能力强，采食量大，应选择种植植株高大、粗纤维含量相对较多、产量高的牧草，如杂交狼尾草、苏丹草、墨西哥玉米、多花黑麦草等。

(二) 根据气候条件，选择牧草品种

牧草只有在适宜的气候条件和区域范围内才能很好地生长，从而获得较高

的产量；违反自然规律种植牧草，其生长力就会下降甚至不能生长。在温暖湿润地区可种植黑麦草、鸭茅、紫花苜蓿、白三叶、苦荬菜等；干旱地区种植耐旱的紫花苜蓿、苏丹草、籽粒苋等；气温较高地区可种植杂交狼尾草、苏丹草、高丹草、三叶草、聚合草、秋眠级高的紫花苜蓿等品种；寒冷地区可选种耐寒的品种和冷季禾本科牧草，如紫花苜蓿、冬牧 70 黑麦、草木樨、无芒雀麦等。

（三）根据土壤状况，选择牧草品种

土壤是牧草赖以生存的基础，选种时需要充分考虑当地的土壤状况。土壤状况主要包括酸碱性、湿度、肥力状况等，不同品种牧草生物学特性不同，所适合生长的土壤状况不同。水肥条件充足的地块，可选择喜肥水的黑麦草、象草、牛鞭草等，贫瘠土壤可选择鸭茅、紫花苜蓿等；盐碱地选择种植耐盐碱的紫花苜蓿、沙打旺、苏丹草、黑麦草；酸性土壤可以选择白三叶、绛三叶、鸭茅、菊苣、光叶紫花苕等耐酸的牧草进行种植；土壤湿度大的可选择白三叶、黑麦草、饲用甜高粱、高丹草、苏丹草等。

（四）根据利用目的，选择牧草品种

牧草利用方式有青饲、青贮、晒制干草和放牧等。若将青绿饲料用来青饲、青贮或晒制干草，首先应考虑牧草的生物产量，其次还应考虑牧草的抗病性、抗倒伏性、耐刈割性等。若要放牧，则要选择多年生牧草，生产性能好，还要考虑再生能力强、耐践踏的品种，如牛鞭草、多年生黑麦草、鸭茅、苇状羊茅、白三叶等。

二、主推牧草的种植

（一）紫花苜蓿

紫花苜蓿（图 6-1），原名紫苜蓿，又名苜蓿，是豆科苜蓿属多年生草本植物。由于其蛋白质含量高、产量高、品质好等优点，被称为"牧草之王"。株高 60～120cm，根粗壮，深入土层，根茎发达。茎直立、丛生、四棱形，羽状三出复叶，小叶长圆形或卵圆形，花紫色。适应性强，喜温暖半干燥气候，喜光，耐干旱，抗寒，生长的适宜温度为 20～25℃，种子在 5～6℃即能发芽。

对土壤要求不严，从粗沙土到轻黏土皆能生长，以排水良好、土层深厚、富含钙质土壤为好，耐盐力较强，略耐碱，不耐酸，最适宜的土壤 pH 为 7.0～9.0。

图 6-1　紫花苜蓿

1. 整地与施肥　选择地势平坦、排水良好、土层深厚中性或微碱性壤土，深翻 30cm，每亩施有机肥 2 000kg、钙镁磷肥 50kg 作基肥。

2. 播种　适宜春播和秋播。春播在 3 月中、下旬，适合一年一熟地区。秋季是最理想的播种期，在 9 月上旬播种。播种前要接种根瘤菌（每千克种子 5g 菌剂）或使用包衣种子。采取条播、撒播。条播行距为 30～40cm，播深 1～2cm，亩播种量 0.8～1.5kg。可与黑麦草、鸭茅等禾本科牧草混播，不仅可以提高产量，还能预防牛瘤胃膨胀病。混播时，紫花苜蓿亩播种量为 0.5kg，禾本科牧草亩播种量为 0.75～1.0kg。

3. 利用　苜蓿生长期为 6～8 年，鲜草利用时间为 6—9 月，一般年可刈割 3～4 次。春后第 1 茬在返青 60d 左右即初花期刈割，以后各茬的刈割视饲喂需要或以植株高于 40cm 以上时刈割，留茬高度一般以 5～8cm 为宜，亩产鲜草 3 000～5 000kg，以第 2～4 年产量最高。紫花苜蓿是一种非常优良的植物性蛋白饲料原料，营养丰富，干物质中粗蛋白占 18%～26%，矿物质中钙、磷和各种维生素丰富，可直接青饲或制作干草、青贮料，鲜草和干草是家畜的优良豆科饲草。

（二）白三叶

白三叶（图 6-2），又名白车轴草，为豆科三叶草属多年生草本植物，是世界上分布最广、栽培最多的牧草之一。植株高 30～80cm，掌状三出复叶，小叶卵形或倒心形，叶面中央有灰绿色 V 形斑纹。喜温暖湿润气候，生长最适温度为 19～24℃，较耐寒和耐热，最适于年降水量为 800～1 200mm 的地区生长。耐荫蔽，适于果园套种或林地和护坡绿化种植。具有匍匐茎，侧根发达，再生性与侵占性强，耐刈割。对土壤要求不严，适应能力较强，耐瘠、耐酸，不耐盐碱，最适宜 pH 5.6～7.0，在排水良好、富含钙质及腐殖质的黏质土壤中生长较好。

图 6-2　白三叶

1. 整地与施肥　白三叶种子细小，播种前清除杂草、精细整地。土壤黏重、降水量多的地区应开沟做畦以利排水。每亩地施有机肥 1 500～2 000kg 和磷肥 20～30kg 作基肥。

2. 播种　春、秋季均可播种，南方以秋播为宜。春播在 3—4 月，秋播宜于 9—10 月。条播或撒播，条播行距 30cm，播深 1cm 左右，覆土要浅，每亩用种量 0.3～0.5kg。新种植区，要用白三叶的菌土或特制菌剂拌种来接种根瘤菌。生产上为提高草地产草量、品质及稳定性，常将白三叶与鸭茅、多年生黑麦草、草地早熟禾等禾本科牧草按 1:（2～3）比例混播。

3. 利用　白三叶可生长 7～8 年，在南方供草季节为 4—11 月。初花期刈割，留茬高度 5～10cm，春播当年亩产鲜草 1 000kg，以后每年可刈割 2～4 次，亩产青草 2 500～5 000kg。营养价值高，适口性好，干物质消化率高达 75%～80%，开花期干物质中粗蛋白含量高，是牛、羊、猪、禽、兔、鱼的优质饲草。白三叶匍匐生长，耐践踏，最适合于放牧，还可刈割后青饲、与禾本科牧草混合调制优质青贮料和干草。青饲时要控制喂量,最好与禾本科牧草搭配饲喂,防止发生膨胀病。

(三)黑麦草

黑麦草是禾本科黑麦草属植物,是重要的栽培牧草和绿肥作物。其中多年生黑麦草和多花黑麦草(一年生)是具有经济价值的栽培牧草。

1. 多花黑麦草 又名意大利黑麦草、一年生黑麦草(图 6-3),是禾本科黑麦草属一年生或越年生植物,须根多,秆直立,高 50～100cm,叶片长而宽。性喜温暖湿润气候,夜昼温度在 12～27℃时生长最快,不耐严寒,不耐热,在冬季不太冷、夏季不太热,年降水量 800～1 000mm 的地方生长良好。最宜壤土或黏壤土,最适宜 pH 为 6.0～7.0,肥水要求高,尤其重视氮肥的供应。

图 6-3 多花黑麦草

(1)整地与施肥 在肥沃地、退化地均可种植,每亩施腐熟农家肥 1 500～2 000kg 作基肥,耕深 20cm,耙平压碎。

(2)播种 春、秋季均可播种,长江以南地区以 9 月中旬至 10 月上旬播种最佳。可条播或撒播,条播行距 15～30cm,播深 1.5～2cm,亩用种量 1～1.5kg。可与水稻、玉米、高粱等轮作,与白三叶、红三叶、紫云英等豆科牧草混播,不仅提高产量和质量,还可增加地力。

(3)田间管理 苗期及时除杂草 1～2 次,注意防治害虫。每次刈割后施尿素 6～8kg,或碳酸氢铵 12kg 左右。

(4)利用 供青期从每年 12 月至翌年 5 月。刈割的草层高度为 35～45cm,留茬高度 3～5cm,每隔 20d 左右刈割 1 次,年可刈割 3～5 次,年亩产鲜草 3 000～5 000kg。多花黑麦草的产量高，草质好，营养价值高，适口性好，是禾本科牧草中的优良牧草，可用作青饲、晒制干草或青贮，更适于放牧。

2. 多年生黑麦草　多年生黑麦草是多年生草本植物（图 6-4）。株高 80～100cm，须根发达，单株分蘖达 60～100 个，叶片柔软，深绿色。喜温暖湿润气候，适宜在夏季凉爽，冬无严寒，年降水量 800～1 500mm 地区生长。生长最适温度 20～25℃，耐热性差，10℃时也能较好生长。在肥沃、湿润、排水良好的壤土和黏土地上生长良好，也可在微酸性土壤上生长，适宜土壤 pH 为 6.0～7.0。生育期 100～110d，全年生长天数 250d 左右。

图 6-4　多年生黑麦草

（1）整地与施肥　选择平坦、水分充足、富含有机质土壤最适宜种植，每亩施有机肥 1 000～1 500kg，过磷酸钙 15～20kg 作基肥，然后翻耕，耕深 18cm，耙平压碎，备用。

（2）播种　可春播或秋播，最适宜秋播。春播以 3 月上旬至 4 月下旬为宜，秋播 9 月上旬至 10 月下旬为宜。可采用条播或撒播，条播行距 15～20cm，播深 1～2cm，每亩用种 1～1.5kg。为提高产量和品质，可与苜蓿、三叶草等豆科牧草混播。

（3）田间管理　苗期及时除杂草，分蘖、拔节和抽穗期，适时灌溉可提高产量。每次刈割后每亩追施尿素 10～15kg。

（4）利用　利用年限 4～5 年，供青期每年 12 月至次年 5 月。株高 40～50cm 时开始收割，留茬 3～5cm，一年可刈割 3～5 次，年亩产鲜草 3 000～4 000kg。适于青饲、晒制干草、青贮及放牧利用。

（四）杂交狼尾草

杂交狼尾草（图 6-5）为禾本科狼尾草属多年生草本植物，以象草为父本和美洲狼尾草为母本的杂交种。具有产量高、品质优、适口性好、抗性广以及耐刈割等特点，已成为我国草食性畜禽和鱼类的良好饲料来源，是一种种植潜力和经济效益均较高的草种。根深密集，须根发达，株高 3.5m 左右，每株分蘖可达 20 个以上，叶片长剑状，长 60～80cm，宽 2.5cm 左右。一般不结实，生产上通常用杂交一代种子繁殖或无性繁殖。喜温暖湿润气候，抗倒伏、抗旱、耐湿、耐酸性强，无病虫害。在 pH 5.5 及中度盐土地上均能生长，但耐低温能力差，气温低于 5℃时即会被冻死，在我国北纬 28°以南的地区可自然越冬。

图 6-5　杂交狼尾草

1. 整地与施肥　杂交狼尾草根系发达，因此选地以土层深厚、排水良好的壤土为宜，深翻耕 30cm。结合整地每亩使用优质有机肥 1 500kg，缺磷的土壤，亩施过磷酸钙 15～20kg 作基肥。

2. 播种或移栽　当气温达 12℃以上时即可种植，长江中下游地区于 3 月底前后种植。种子繁殖采用条播，行距 50cm，亩播量 0.7～1.0kg。无性繁殖，取上一年经冬季沙埋的茎秆作为种茎，一般每 2～3 个节切成一段，平埋或直埋于土中，也可分根繁殖。株行距 60cm×60cm 或 50cm×70cm。

3. 田间管理　前期要中耕除草 2 次，防止其他杂草侵入影响幼苗的生长。未封行前要及时中耕松土和追肥，追肥以氮素为主，只有在高氮情况下，才能充分发挥其生产潜力。每次刈割后要及时补肥，每亩施 5～7kg 尿素（或其他氮肥、人畜粪尿）。

4. 利用　供草期较长，从 6 月上旬至 10 月底前后。喂牛、羊等大牲畜，则在 1.3m 左右刈割利用，饲喂兔、鱼、鹅等小型畜禽时，生长到 1m 左右时刈割，全年可刈割 5～8 次，留茬高度 10～15cm，长江中下游地区年亩产鲜草 10 000kg 以上，华南地区可达 15 000kg。干草中粗蛋白含量 9.95%，各种氨基酸含量比玉米高。鲜草产量高、草质好，主要用作刈割，调制青贮料，也可用来放牧。

（五）饲用甜高粱

甜高粱（图 6-6）为禾本科高粱属一年生草本植物。株高 2～4m，根系发达，茎粗壮、直立，多汁液，味甜。叶 7～12 片或更多。喜温暖，具有抗旱、耐涝、耐盐碱等特性，对土壤的适应能力强，耐盐碱，pH 5.0～8.5 的土壤上都能生长。

图 6-6 饲用甜高粱

1. 整地与施肥 甜高粱种子较小，顶土能力较弱，整地质量要求深、平、细、碎，以保障出苗。亩施农家肥 4 000kg，条施（沟底）复合肥 30kg 或尿素 10kg。

2. 播种 采用种子繁殖，春季气温在 12℃ 以上即可播种，北方适宜在 4 月下旬播种。条播，株行距 30cm×50cm，深度 2～4cm，也可撒播，亩播种量 500～750g。

3. 田间管理 出苗后展开 3～4 片叶时间苗，5 叶期时定苗，结合定苗进行中耕除草。一般在拔节和每次收割后进行追肥，可保证整个生育期养分的供给，利于高产。甜高粱易出现虫害，如蚜虫、玉米螟，要及时防治。

4. 利用 甜高粱生长快，分蘖力强，再生性好，株高 1.2m 时即可刈割利用，刈割时留茬 10～12cm，一年可刈割 3～5 次，亩产鲜茎叶 4 000～7 000kg。该品种营养丰富，粗蛋白质含量 3％～5％，粗脂肪 1％左右，无氮浸出物40％～50％，粗纤维 30％左右。茎叶柔嫩，适口性好，既可做牧草放牧，又可刈割做青饲、青贮和干草，是具有推广价值的高产、优质、高效青饲料作物。

（六）苏丹草

苏丹草（图 6-7）又名野高粱，是禾本科高粱属一年生草本植物。根系发达，株高 2～3m，茎粗 0.8～2.0cm，分蘖力强（一般 20～30 个），叶 7～8 片，深绿。喜温而不耐寒，最适温度为20～30℃。耐干旱能力强，喜光，充足光照会促进分蘖，提高产量和品质。对土壤要求不严，在排水良好的沙壤土、重黏土、弱酸性和轻度盐渍土上均可种植，但以肥沃土壤为宜。生育期为 100～120d。

1. 整地与施肥　苏丹草耗地力，忌连作，前茬以青刈大豆、紫花苜蓿为好。前茬收获后，耕深 20cm，结合翻耕每亩施腐熟农家肥 1 500～2 000kg 作基肥。

2. 播种　地温达 10～12℃时播种，春播在 3 月上旬。条播、撒播均可，条播行距 45～50cm，播深 3～4cm，每亩播种量 1～2kg。可与豇豆等缠茎豆科植物混播。

3. 田间管理　苗期注意除草 1～

图 6-7　苏丹草

2 次，分蘖至孕穗期需肥较多，及时追肥和灌溉。每次刈割后每亩都应追施尿素 8～10kg。出现黏虫、蝗虫等危情危害时，及时喷施农药进行防治。

4. 利用　苏丹草供青期 6—9 月。在株高 50～70cm 以上刈割，一年可刈割 2～3 次，留茬高度为 7～8cm，鲜草亩产量 3 000～5 000kg。苏丹草产量高、草质好、营养丰富，再生性好，蛋白质含量居一年生禾本科牧草之首，适合青饲，也可用来晒制干草和制作青贮料。

（七）高丹草

高丹草（图 6-8）为一年生禾本科暖季型牧草，由饲用高粱和苏丹草杂交育成，综合了高粱茎粗、叶宽和苏丹草分蘖力、再生力强的优点，杂种优势非常明显。植株高大，一般在 3m 以上，根系发达，分蘖数一般 20～30 株，叶量丰富。耐高温，怕霜冻，较耐寒，较适生长温度为 24～33℃，抗旱，适应性强，对土壤要求不严，一般沙壤土、黏壤土或弱酸性土壤均可种植。喜肥，对氮、磷肥料需要量高，在瘠薄土壤上种植应注意合理施肥。

图 6-8　高丹草

1. 整地与施肥　高丹草根系发达，要精细整地，耕深达 20cm，每亩施农家肥 3 000kg，磷酸氢二铵 5～10kg 或复合肥 10kg。

2. 播种　种子繁殖，地温 12℃ 以上即可播种，早播总产量高。3 月中旬至 6 月中旬播种都能正常生长，亩播种量 0.5～1.0kg。条播，株行距 15cm×（30～40）cm，播深 3～5cm。高丹草可以与多花黑麦草轮作。

3. 田间管理　主要是除杂草、追施氮肥和灌水。幼苗长至 15～20cm 时应及时锄杂草，保证全苗。结合除杂，每亩施尿素 3～5kg 促进幼苗生长，以后每刈割 1 次亩施氮肥尿素 5～8kg，及时浇水促进再生。

4. 利用　供青期为 5—10 月。播种后 40～45d 或植株长至 1.2～1.5m 时刈割。留茬 10～15cm，北方一年可割 2～3 次，南方可割 3～4 次，年亩产鲜草总量 8 000～10 000kg。草质柔软，营养价值高，叶量丰富，含糖量高，适口性好，采食量及消化率高，是牛羊等的优质青饲料，特别是肉牛、奶牛的首选饲草。可直接青饲、青贮、调制干草或加工成各种草产品。青饲时，应铡短饲喂，用揉搓机揉搓后饲喂最为理想。

（八）鸭茅

鸭茅（图 6-9）又称果园草、鸡脚草，是禾本科鸭茅属草本植物。多年生，疏丛型，高 70～120cm，叶片长 20～30cm，宽 7～10mm。喜欢温暖湿润的气候，最适生长温度为 10～28℃，30℃ 以上发芽率低，生长缓慢。耐热性、抗寒性优于多年生黑麦草，耐阴性强，阳光不足或遮阳条件下生长良好，是果园或林园的良好覆盖植物。对土壤的适应性较广，在潮湿、排水良好的肥沃土壤或有灌溉的条件下生长最好，对氮肥反应敏感，较耐酸，不耐盐渍化，最适土壤 pH 为 6.0～7.0。

图 6-9 鸭 茅

1. 整地与施肥　选择排水良好、水分充足壤土，施足基肥，每亩施有机肥 1 500～2 000kg，精细整地。

2. 播种　春、秋两季均可播种，以秋播最佳。春播以 3 月下旬为宜，秋播不迟于 9 月下旬，长江以南以秋播为好。条播行距 30cm，播深 2～3cm，亩播种量为 0.75～1.0kg，也可以撒播。与豆科牧草白三叶、苜蓿混种，可提高产量。

3. 田间管理　鸭茅苗期生长缓慢，播后 30d 中耕除杂草 1～2 次。每次割后每亩追施尿素 4～6kg。

4. 利用　利用年限 5～6 年。鸭茅再生力强，耐刈割，年可刈割 2～3 次，孕穗至抽穗时刈割，留茬高度 10～12cm，年亩产鲜草 3 000～4 000kg，以第 2～3 年产量最高。鸭茅营养价值高，叶量丰富，幼嫩期叶占 60%，是饲喂牛、羊、猪、兔、鸭等的优质饲料，适于建立人工草地，放牧或刈割青饲、调制干

草或制作青贮料。

（九）扁穗牛鞭草

扁穗牛鞭草（图6-10）为禾本科牛鞭草属多年生草本植物。有横走的根茎，茎秆长达1～1.5m，种子成熟易脱落，生产上常采用无性繁殖。喜温暖湿润气候，抗逆性较强，耐热、耐霜冻，春季平均气温7℃时萌发，气温升高，生长加快，遇霜冻则上部枯萎，冬季休眠。对土壤要求不严，海拔2 000m以下的田边、路旁、湖边、沟边湿润处均可生长，以肥沃、酸性或微酸（pH 5）黄壤土生长最好，适宜pH 4.0～6.8。喜氮肥，可通过施肥提高产量和延长利用年限。

图6-10　扁穗牛鞭草

1. 整地与施肥　每亩地施有机肥2 000kg，磷钾肥25kg作底肥，深翻30cm，整平耙碎。

2. 扦插　用种茎扦插，一年四季均可，以5—9月为好。种茎取孕穗前的地上茎，用刀切成30～40cm小段，每小段有3～4个节，开沟条播，按行距25～30cm、株距15～20cm斜放于栽植沟上，埋土，外露1～2节。

3. 田间管理　苗期生长缓慢，扦插后30d中耕除杂草1～2次。拔节期、每次割后每亩追施尿素5～6kg。

4. 利用　鲜草利用时间3—9月。当株高60～100cm时即可刈割利用，留茬高3～5cm。春栽当年可刈割2～4次，第二年可刈割4～6次，年亩产青草5 000～10 000kg。扁穗牛鞭草青草茎叶较柔嫩，适口性好，牛、鱼的采食量几乎为100%，青贮、调制干草的质量均较好，牛羊喜食。

（十）菊苣

菊苣（图 6-11）为菊科菊苣属多年生草本植物。株高 180～200cm，茎直立，根肉质，叶片宽大，深绿。喜温暖湿润气候，耐热耐寒，喜阳光，怕涝，对土壤要求不严，喜排水良好、土层深厚、富含有机质的沙壤土和壤土。在荒地、大草原、大田、坡地均能生长，全国各地都适合种植。

图 6-11　菊　苣

1. 整地与施肥　菊苣根系入土较深、种子细小，要深耕、细耙，施足基肥，每亩施腐熟厩肥 2 500～3 000kg。

2. 播种　栽培不受季节限制，气温在 5℃以上都可播种，以 4—10 月为好。播种方法有条播、撒播和育苗移栽。条播株行距为 25cm×40cm，播深 1～2cm，亩用种量 0.1kg 左右；育苗移栽可用 0.3kg 种子或肉质根育苗，小苗 4～6 片叶时移栽。

3. 田间管理　苗期注意除草，少雨季节要浇水。株高 10cm 时间苗定苗，亩保苗 6 000～8 000 株。刈割后及时灌溉、施肥，每亩追施速效氮肥 5～7.5kg，第一次刈割后的第二天喷施 1%～2%多菌灵，防止伤口感染引起根腐病。

4. 利用　菊苣利用期限 10 年以上，鲜草利用时间为 3 月中下旬至 11 月中下旬。株高 40～50cm 对可刈割，留茬 3～5cm，生长第一年可刈割 3～5 次，以后每年刈割 7～9 次，每亩鲜草产量 8 000～12 000kg。高温季节在傍晚刈割，防止太阳灼烧伤口。菊苣叶片质地细嫩，营养丰富，干物质中含粗蛋白质 15%～32%，粗脂肪 5%，粗纤维 13%，富含各种氨基酸及微量元素，而且适口性好，无异味，牛、羊、猪、鸡、兔均喜食。一般可用于青饲，也可青

贮或制成干粉。牛羊青饲时，要适当晾晒使水分降到 60％ 以下再饲喂，否则牛食后易腹泻。

第二节　青粗饲料的加工调制

青粗饲料是反刍动物饲料的主要部分，一般在肉牛饲粮中占 70％～80％。在我国农区主要通过利用农作物秸秆、种植饲料作物和牧草等途径解决反刍动物青粗饲料供应问题。青粗饲料质量的高低直接影响着养牛业生产水平的发挥，生产中常通过各种加工处理方法，改变原料理化性质来改善其营养价值和提高利用率。加工调制主要有调制青干草、青贮和秸秆的加工调制三类。

一、青干草调制与贮藏

青干草是将牧草或其他无毒、无害植物在适宜时期收割后，经自然日晒或人工烘烤干燥，使其大部分水分蒸发至能长期安全贮存程度而形成的草料。由于这种干草是青绿植物制成，仍保持一定的青绿颜色，故称为青干草。青干草可以看成是青饲料的加工产品，是为了保存青饲料的营养价值而制成的贮藏产品，具有营养好、易消化、成本低、简便易行、便于大量贮存等特点，是秸秆、农副产品等粗饲料很难替代的草食家畜粗饲料。

干草的营养价值主要受刈割时期、干燥方法和贮藏条件的影响，因此应科学调制，尽量保持鲜草中的各种养分。

（一）原料刈割

原料适时刈割，可提高单位面积饲草产量和干草品质，而且有利于多年生牧草次年的返青和生长发育。豆科牧草（苜蓿、草木樨、毛苕子等）在初花期至盛花期刈割，禾本科牧草（燕麦、黑麦草、羊草等）在抽穗期刈割，天然草地牧草在秋季刈割。收割时牧草的留茬高度，对于牧草的产量、再生及越冬都有重大影响。一般人工草地留茬高度为 5～6cm，高大牧草、杂类草则为 10～15cm。

（二）干燥的方法

为了调制优质干草，在牧草干燥过程中，要因地制宜地选择合适的干燥方法。牧草干燥方法较多，既可以利用光照、风力等条件进行自然干燥，也可以利用专用设备、添加化学物质进行干燥。无论是何种方法都要快速干燥，缩短干燥时间，尽量减少牧草营养物质损失。

1. 自然干燥法　自然干燥成本低，操作简单，一般农户均可操作，但是制作的干草质量较差，仅能保存鲜草 50%～70% 的养分，易受到气候和环境等因素的影响。自然干燥法又分为地面干燥法、草架干燥法和发酵干燥法，其中地面干燥法是当前普遍采用的方法。

（1）地面干燥法　选择晴天收割牧草后平铺地面，曝晒 4～8h，使水分降到 40% 左右即半干程度（取 1 束草在手中用力拧紧，有水但不下滴）。再将半干的草拢集成松散的小堆，堆高 1m，直径 1.5m，继续晾晒 4～5d，使水分含量降低至 14%～17% 即可干燥贮存。

（2）草架干燥法　适合潮湿、多雨或气候变化无常的季节或地区。此法可提高牧草的干燥速度，干草品质较好，养分损失比地面干燥法减少 5%～10%。将地面干燥至半干的牧草（水分降到 40% 左右）或收割的新鲜牧草自下而上逐渐堆放在草架上，最底层的牧草离地面应有 20～30cm，厚度不超过 80cm，要堆得蓬松些，堆中应留通道，以利空气流通；外层平整并保持一定倾斜度，以利于采光和排水。草架可用树干或木棍搭成，也可采用铁丝搭成三角形或长方形。

（3）发酵干燥法　将刈割的牧草平铺，经过短时间的风干使水分降到 50% 左右，再堆成 3～6m 高的草堆逐层压实，表层用土或地膜覆盖，使牧草迅速发热，经 2～3d 草垛内的温度上升到 60～70℃，随后在晴天时开垛晾晒，可以快速干燥；当遇到连绵阴雨天时，可以在保持温度不过分升高的前提下发酵 1～2 个月。为防止发酵过度，每层牧草可撒占青草重 0.5%～1.0% 的食盐。此法牧草的养分损失较多，多在连续阴雨天不得已时采用。

2. 人工干燥法　效率高，劳动强度小，制作的干草质量好，可保存鲜草 90～93% 的养分，但成本高。人工干燥法可分为常温鼓风干燥法和高温干燥法。

（1）常温鼓风干燥法　把刈割后的牧草在田间就地晒干至水分到 40%～50%，再放置于设有通风道的干草棚内，用鼓风机、电风扇等吹风装置，进行常温吹风干燥。

（2）高温快速干燥法　将新鲜青绿饲料置于烘干机内，在 800～1 100℃ 的条件下，经过 3～5s 干燥使水分迅速降到 10％～12％，可达到长期贮存的要求。工厂化生产草粉、草块时先将新鲜青绿饲料切碎成 2～3cm，用此法干燥后，再由粉碎机粉碎成粉状或直接制成干草块。

3. 物理化学干燥法　运用物理和化学方法来加快干燥，以降低牧草干燥过程中营养物质的损失。目前应用较多的物理方法是用压裂草茎干燥法，化学方法是用化学添加剂干燥法。

（1）压裂草茎干燥法　使用牧草压扁机压裂牧草的茎秆，破坏茎的角质层以及维管束，加快茎中水分蒸发，使茎叶干燥一致，减少叶片在干燥中的损失。这样既缩短了干燥时间，又使牧草各部分干燥均匀。

（2）化学添加剂干燥法　将一些化学物质（如碳酸锂、碳酸钠、氯化钾等）添加或者喷洒到牧草上，经过一定的化学反应，破坏牧草表皮，特别是茎表面的蜡质层，促进牧草体内水分的散失，提高干燥的速度，减少豆科牧草叶片脱落，从而降低蛋白质、胡萝卜素和其他维生素的损失。

（三）干草打捆

牧草干燥到一定程度后（含水量为 15％～20％），用打捆机制作出方形草捆和圆形草捆，减小牧草所占的体积和养分的损失，便于贮存和运输。

1. 方形草捆　根据打捆机型号的不同，有小捆和大捆之分。小捆重量轻，为 14～68kg 不等，易于搬运；大捆重 820～910kg，需要装卸机械协助装卸。

2. 圆形草捆　圆形草捆由圆柱形打捆机制成，草捆长 1～1.7m，直径 1.0～1.8m，重 600～800kg。圆形草捆在田间存放时利于雨水流失，可抵御不良气候侵害，在干燥的田间成行排列，能存放较长时间。

（四）干草的贮存

青干草的贮存是调制干草过程中的一个重要环节。贮存时，应注意干草的含水量，必须要干燥，还要注意通风、防雨、防自燃，定期检查维护，发现漏缝、温度升高，应及时采取措施加以维护。

1. 散干草贮存

（1）露天堆垛贮藏　散干草体积大，多采用露天堆垛贮藏，减少日晒雨淋，防止干草发霉变质。选择地势高而平坦、干燥、排水良好、距畜舍近、背风处堆垛，垛底用石块、木头、秸秆等垫高 30～50cm，清除附近杂草，挖好排水沟，垛形有长方形和圆形。当干草数量大时用长方形垛，堆垛时从四边开始一层层往里堆积，使里边的一排压住外面的梢部，形成外部稍低，中间隆起的弧形。每层厚30～60cm，尽量压紧。垛顶用薄膜覆盖，并用绳索系紧。当干草细小且数量少时采用圆形垛，堆垛时从四周向中心堆，分层踩实，垛顶收小成小斜坡，顶部用薄膜或干草覆盖。

（2）草棚贮存　气候湿润、用草量不大的农户或条件较好的牧场，可建造简易的干草棚或利用空房屋来堆垛贮存干草，避免日晒、雨淋。贮存时下面采取防潮措施，上面与棚顶间保持0.5m距离，保持通风，将青干草整齐地堆垛在棚内。

2. 草捆贮存　草捆贮存是目前最为先进也是最好的贮存技术，体积小，重量大，便于贮存，方便运输。调制好的草捆可在露天堆垛或在仓库及干草棚内一层层叠放贮藏。草捆垛的大小，可根据贮存场地加以确定，堆垛时底部架空，堆垛之间留有间距，室外堆放时顶部需用塑料布覆盖压好，防止雨水浸入。

生产中为了便于贮运，还可以利用机械将青干草或干草捆加工成草产品，如干草块、草粉、草颗粒，常见的有苜蓿草粉、苜蓿草颗粒。饲喂牛时，所需草粉的草屑以 3mm 为宜，颗粒的直径一般为 0.64～1.27cm，长度为0.64～2.54cm。

（五）干草的品质鉴定

干草品质应根据营养物质含量和消化率综合评定，但在生产实践中常采用眼观、手摸、鼻嗅等方法直接判定干草品质。一般将干草的牧草种类组成、颜色、气味、干草叶量及水分含量等外观特征作为评定干草品质好坏的依据。

1. 牧草种类组成　干草中植物种类对其品质有重要影响，植物种类不同，其营养价值差异很大。牧草种类组成常分为豆科、禾本科、其他可食牧草、不可食牧草及有毒植物5类。优质豆科或禾本科牧草所占的比例越大，干草品质越好；杂草数量多时则干草品质较差。人工栽培牧草非本品种杂草比例不超过50%，天然草地禾本科超过60%，则植物组成优良。

2. 颜色、气味　优质干草呈绿色，绿色越深，其营养物质损失就越少，所含可溶性营养物质、胡萝卜素及其他维生素越多。劣质干草颜色呈黄白或黑

褐色。干草种类不同，颜色亦有所差异，如禾本科青干草呈绿色，豆科青干草绿色新鲜，莎草科青干草呈绿色有光泽。优质干草具有能刺激家畜食欲，增加适口性的芳香味。质量较差的干草缺少芳香味，劣质干草特别是霉变的干草有霉味或焦灼味。

3. 叶片含量　干草叶片的营养价值较高，所含的矿物质、蛋白质比茎秆中多 1～1.5 倍，胡萝卜素多 10～15 倍，纤维素少 50%～70%，消化率高 40%。因此，叶量多少是干草营养价值高低最明显的指标。鉴定时，取一束干草，看叶量多少。优质干草叶片基本不脱落或很少脱落，劣质干草叶片存量少。由于禾本科牧草的叶片不易脱落，豆科牧草的叶片极易脱落，所以优质豆科干草中叶量应占干草总量的 50% 以上，优质禾本科干草的叶片应不脱落。

4. 牧草刈割时期　适时刈割是决定干草品质的重要因素。始花期或始花以前刈割，干草中的花蕾、花序、叶片、嫩枝条较多，茎秆柔软，适口性好，品质佳。若刈割过迟，干草中叶量少、枯老枝条多、茎秆坚硬，适口性和消化率均下降，品质变劣。

5. 含水量　干草的含水量应为 14%～17%，含水量超过 20% 不利贮藏。感观测定：将干草束用手握紧或搓揉时无干裂声，干草拧成草辫松开时干草束散开缓慢，且不完全散开，弯曲茎上部不易折断为适宜含水量；当紧握干草束时发出破裂声，松手后迅速散开，茎易折断，说明干草较干燥，易造成机械损伤；当紧握干草束后松开，干草不散开，说明草质柔软，含水量高，易造成草垛发热或发霉，草质较差。

（六）干草的饲喂

良好的干草所含营养物质能满足牛的维持营养需要并略有增重。可采取自由采食或限量饲喂，单独饲喂干草时，其进食量为牛体重的 2%～3%。干草质量越好，进食量越高。生产上，干草常与一定的精饲料相搭配饲喂。在饲喂过程中注意剔除霉烂的干草，最好切短、粉碎再饲喂，可减少浪费。

二、青贮饲料制作

青贮是养牛业利用牧草、作物营养最有效的途径，能长期保存青绿饲料的营养成分，减少养分损失。青贮饲料适口性好，饲喂量大，还可集约化生产，长期保存，是常年均衡供应青绿多汁饲料的有效措施，在畜牧业生产上有着重要意义。

（一）青贮条件

1. 适宜的糖分含量　青贮原料含糖量高低是影响青贮的主要条件。要调制优良的青贮料，青贮原料必须要有一定含糖量，一般至少为其鲜重的1.0%～1.5%，才能保证乳酸菌大量繁殖，形成足量乳酸将 pH 调到 4.2 以下。含糖分高的原料易于青贮，如玉米秸、禾本科牧草、甘薯秧等可单独进行青贮。含糖低的原料不易青贮，如紫花苜蓿、草木樨、三叶草、饲用大豆等豆科植物，应与含糖量高的原料混合青贮，或添加制糖副产物如鲜甜菜渣、糖蜜等。

2. 适中的水分含量　青贮原料水分含量影响青贮发酵的过程和青贮料的品质。一般来说，原料含水量为 65%～75% 才能保证微生物正常活动。如果原料含水过多，会降低含糖量，造成养分大量流失，不利于乳酸菌生长，影响青贮料品质。如果青贮原料过干，难以踏实压紧，造成好气性菌的大量繁殖，使饲料发霉变质。判断适宜含水量方法：将青贮原料捣碎，用手握紧，指缝有水珠而不滴下时为宜。对于水分过高的青贮原料，可稍加晾干或掺入适量的干料；对于水分过低的青贮原料，可加适量的水或与含水量高的青绿饲料等混贮。

3. 厌氧环境　乳酸菌是厌氧菌，在厌氧环境下能快速繁殖。反之，有氧条件下乳酸菌的生长就会受到抑制，而腐败菌等有害菌是好氧菌，能大量生长。因此，要创造利于乳酸菌生长、抑制腐败菌生长的环境。原料在装窖时必须压实，排出空气，装填后必须将顶部密封好，防止漏气。

4. 适宜的温度　原料温度在 25～35℃时，乳酸菌能够大量繁殖，并抑制其他杂菌（丁酸菌等）繁殖。温度愈高，营养物质损失就愈多，当窖内温度上升到 40～50℃ 时，其营养物质的损失则高达 20%～40%。因此，迅速装窖、踏实、压紧是保证适温的先决条件。

（二）青贮设备

选在地势高燥、土质坚实、地下水位低、靠近畜舍、远离水源和粪尿处理场的地方作为青贮场所。青贮设备要求坚固牢实、不漏气、不透水，密封性

好、能防冻，内部表面光滑平坦。青贮方式种类较多，有窖式青贮、塔式青贮、壕式青贮、袋式青贮、打包青贮及平地青贮等。每一方式均有其优缺点，生产中应根据实际需要选择青贮设备。

1. 青贮窖　青贮窖的形状为圆形或长方形，通常以长方形为好［（宽深之比为1：（1.5～3.0）］。窖上宽下窄，永久性窖四周及底部用砖砌成，窖壁应有一定倾斜度，窖四角为圆弧形，窖底应有一定的坡度。青贮窖分地上式及半地下式，地下水位低、土质较好时选用半地下式；地下水位高、土质较差时则选择地上式。青贮窖是常用的较为理想的青贮容器，成本低，操作方便，能适应不同的生产规模，但贮存养分损失较大。

2. 青贮壕　长条形的壕式建筑（图6-12）。其尺寸根据场地的大小而定，一般长30～60m、宽4.0～6.0m、高4.0～7.0m。青贮壕的两侧有斜坡，两侧墙与底部接合处修一条排水沟，底面应倾斜以利排水。青贮壕最好用砖石砌成永久性建筑，以保证密封和提高青贮效果。青贮壕适于大型养殖场，贮料、取料方便，利于机械操作，造价低，但是密封面积大，养分损失率较高。

3. 青贮袋　青贮袋一般用聚乙烯无毒薄膜制作，双幅袋形塑料制作，厚度0.8～1.2mm，大小随青贮饲料数量而定。装袋时，可将切碎的青贮原料直接装入袋中，或将青绿牧草打成草捆后再装袋密封（即草捆青贮）。此法设备简单，方法简便，浪费少，适用于小规模青贮（图6-13）。

图6-12　青贮壕

图6-13　青贮袋

（三）青贮步骤

1. 清理青贮设施　青贮设备再次利用前应进行彻底的清理、晾晒或消毒，破损处应及时修补。

2. 适时收割原料 调制青贮料的原料种类较多，有专门种植的牧草及饲用作物、农副产品及食品加工业废弃物、野生植物，如苏丹草、黑麦草、青贮玉米、甜高粱、玉米秸、红薯藤、甜菜渣等，其中以食用玉米、青贮玉米、玉米秸最为常用。

对这些原料要适时收割，才能获得较高的收获量和最好的营养价值，从而保证青绿饲料营养价值。过早收割会影响产量，过晚收割则会使青饲料品质降低。带穗玉米蜡熟期收割，豆科牧草现蕾至初花期刈割，禾本科牧草在孕穗至抽穗时刈割，甘薯藤和马铃薯茎叶等在收薯前1~2d或霜前收割，农作物秸秆应在具有一半以上的绿色叶片时收割，玉米秸在收获玉米的同时收割，应尽量争取提前收割。

3. 切短或搓揉 为了使青贮料堆制均匀，紧密压实，排出空气，促进乳酸菌的迅速发酵，一定要将收割后的原料进行切短。原料切短的长度因原料种类而异，茎秆粗硬的可切短些或搓揉成丝条状便于压紧，茎秆柔软的可稍长。秸秆切至3~5cm，青草和藤蔓切至10~20cm（图6-14）。

图6-14 原料切短

4. 装窖 青贮原料装窖应快速，一般一个青贮设施要在1~3d内装满压实，装填时间越短，青贮品质越好（图6-15）。对含水量较高的青贮原料在装填前底部铺一层厚10~15cm的秸秆，以便吸收青贮液汁。装填时装一层压一层，每层厚15~20cm，必须用人力或机械层层压实，特别要注意边角及四周的压实，原料高出窖口60cm封口。一般青贮窖的装填量为450~600kg/m³，随青贮原料不同而略有浮动，如全株玉米青贮时为600kg/m³左右，玉米秸为450~500kg/m³。

图 6-15　装窖、压实

5. 密封　原料装填后立即密封，防止漏水、漏气，这是调制优质青贮的关键之一（图 6-16）。密封时用塑料薄膜覆盖，四周用泥土或其他重物把塑料布压实封严，使青贮设施内呈厌氧状态，以抑制好气性微生物发酵。

图 6-16　密封

6. 管理　密封后应经常检查，若发现下陷或裂缝，应及时用土或胶带封严，杜绝漏气、漏雨。窖的四周要建排水沟，以利排水。袋贮时要放在适当的地方，防止被老鼠咬破，温度 0℃ 以下时要用树叶、杂草等盖好进行保温防冻。

（四）特殊青贮

1. 半干青贮　将原料晾晒使其水分含量降到 45%～55% 时进行的青贮，称为半干青贮，又称低水分青贮。低水分状态下，腐败菌甚至乳酸菌等的生命活动都受到抑制，蛋白质不会被分解。半干青贮不受原料含糖量高低、乳酸菌多少、pH 高低的影响，主要适用于牧草，尤其适用于按通常的青贮方法不易成功的豆科牧草。豆科牧草含水量降到 50%、禾本科牧草降到 45% 时即可进行半干青贮。目前较为先进实用的技术是拉伸膜裹包半干青贮，即将牧草晒制半干后，经打包机高密度打捆，外面用拉伸膜（很薄、有黏性）严密包裹。这种方法青贮效果好，同时体积小，便于运输。

2. 添加剂青贮　为了提高青贮效果，扩大青贮原料范围，可在青贮原料中加入添加物。酸类、抑菌剂类等可抑制腐败菌生长，防止青贮料变质、腐败，尿素、氨化物可提高青贮料的养分含量。如在禾本科或薯类青贮料中添加尿素，在青割玉米中添加量为0.5％以内，在薯类中1.2％以内，可以提高粗蛋白质含量。青贮原料每吨添加2～5kg食盐（化成盐水喷洒均匀）可以促进细胞液渗出，利于乳酸菌繁殖，加快发酵进程，提高青贮饲料的品质，适用于含水量低、质地粗硬的原料。

（五）青贮料质量鉴定

青贮料品质鉴定最简便、迅速的方法，就是根据青贮料的颜色、气味、质地等指标，通过感官评定其品质好坏（图6-17）。

1. 看色泽　青贮饲料颜色越接近青贮原料的颜色品质越好。黄绿色或青绿色为优等饲料，黄褐或暗绿色的饲料为良等饲料，褐色、黑色或有霉斑者为劣等饲料，不能饲喂家畜。

图6-17　青贮成品料

2. 闻气味　正常青贮饲料具有酸香气味。带有酒香或水果味的饲料为优等饲料；香味极淡或没有，具有一定刺鼻酸味的饲料为良等饲料；若带有霉味、腐臭味的饲料则为劣等饲料，不能饲喂家畜。

3. 观质地　把青贮饲料攥在手中，有松散感，但质地柔软而湿润，松开不沾手，茎叶和花等都保持原来的状态，能够清楚看到茎叶上的叶脉和绒毛的饲料为优等饲料；若攥在手中感到发黏或黏合成一团，分不清原有结构，或虽然松散，但干燥粗硬，为劣等青贮饲料，不能饲喂家畜。

此外，还可以通过测定pH来评定青贮料的品质。将pH试纸放入青贮料中，10min后取出试纸，pH在4.2以下为品质优良的青贮饲料，pH在4.2～

4.5 之间为品质中等的青贮饲料，pH 大于 4.6 为品质低劣的青贮饲料。

（六）饲喂

青贮成熟开窖的时间受环境温度的影响，一般经 40～50d 发酵即可开窖使用（图 6-18）。开窖时，先从窖顶上部或壕的一端开始，连续逐层取用，每天现取现喂，发现腐烂变质青贮料应及时抛弃，以免造成家畜中毒或消化不良。取用后用塑料薄膜将口封好，防止二次发酵。青贮料喂量从少到多，让牛逐步适应。青贮饲料日喂量参考量：犊牛 4～10kg，育成牛 5～15kg，奶牛 10～20kg，育肥牛 10～15kg。

图 6-18　青贮料取料及饲喂

三、秸秆加工调制

我国的秸秆资源广泛、量大、种类多、成本低。但秸秆粗纤维含量较高，导致家畜的采食量和消化率较低，因而秸秆的使用受到了限制。但是经过适当的加工处理，秸秆的适口性和营养价值可大大提高，这对秸秆资源的开发利用具有十分重要的意义。秸秆加工调制的方法多种多样，下面简要介绍常用的几种方法：

（一）机械加工

秸秆最简便而常用的加工方法就是机械加工。利用机械将粗硬秸秆切短、粉碎或揉碎，从而便于家畜咀嚼，减少耗能，提高采食量，并减少饲料浪费。但是切短、粉碎时注意不要切得太短、粉得太细，以防饲料在瘤胃里停留的时间较短，引起反刍减少，导致瘤胃内 pH 下降。

切短：秸秆饲喂前应切短，饲喂肉牛的秸秆可略长些，一般为 3～4cm，干玉米秸粗硬且有结节，以 1～2cm 为宜。

粉碎：粉碎是为了提高消化率，但不应粉碎得过细，一般以 0.7～1.0cm 效果较好。

揉搓：是目前比较理想的秸秆加工方法，尤其适于玉米秸。采用揉搓机械将秸秆揉搓成柔软的散碎状或丝条状，可有效提高秸秆的适口性和利用率。

（二）热加工

热加工是利用热源、压力来改变秸秆纤维素的结构并使其软化，从而提高其适口性和采食量的加工方法，如蒸煮、膨化等。蒸煮是将切碎的秸秆放在一定压力容器内加水蒸煮，提高饲料的适口性和消化率，常用来饲喂育肥牛和低产乳牛。膨化是利用高压水蒸气处理后突然降压以破坏纤维结构，使结构性碳水化合物分解成可溶性成分。秸秆膨化后经消毒、灭菌，变得柔软、适口性好，易消化吸收，可消化蛋白提高近 1 倍，是养牛的好饲料。但膨化设备投资较大，目前在生产上尚难以广泛应用。

（三）盐化

盐化是用 1% 的食盐水与等重量切短或粉碎的秸秆充分搅拌后，放入容器内或在水泥地面上堆放，用塑料薄膜覆盖，放置 12～24h，使其自然软化，可明显提高秸秆的适口性和采食量。在东北地区广泛利用，效果良好。

（四）成型加工

成型加工是将农作物秸秆粉碎后，再加上少量黏合剂，用饲料制粒机或压块机压制成颗粒状或块状饲料，饲料密度提高，体积减小，便于长期储存和运输，适口性和品质也得到提高，是草食家畜的理想饲料，适合大规模养殖场。

（五）氨化处理

氨化处理时，秸秆中有机物与氨发生氨解反应，木质素与多糖链间的酯键被破坏，形成铵盐，为牛瘤胃内微生物生长提供了良好氮源，促进了菌体蛋白质的形成。同时，氨溶于水形成氢氧化铵，对粗饲料有碱化作用。因此，氨化秸秆通过氨化与碱化双重作用，粗蛋白质含量可提高 4%～6%，纤维素含量降低 10%，有机物消化率提高 20% 以上，极大地提高了秸秆的营养价值，是牛、羊等反刍家畜的良好粗饲料。氨化料调制方法较多，而且制作简单易行，非常适合广大农村采用。

氨化原料：清洁未霉变的秸秆，如麦秸、稻秸、玉米秸等，切成 2～3cm 长的小段。

氨源：尿素、碳酸氢铵、氨水、液氨等。我国广大农村多利用尿素作氨源，成本低、安全，无需任何设备。

氨化容器：氨化窖（池）、塑料袋、地面堆垛氨化等均可操作。

尿素氨化方法：利用地面堆垛的，选择平坦场地，铺好塑料布；利用氨化池（窖）氨化的，提前打扫干净，破损处修补好，或铺衬塑料布。将尿素溶于水后（每 100kg 秸秆用 5kg 尿素、40～60kg 水）均匀喷洒在切短的秸秆上（使秸秆含水量控制在 30%～40%），然后分层装入氨化窖（池）或堆垛，压实，密封。每立方米氨化窖（池）可装切碎风干秸秆 150kg 左右。制作时最好当天完成并密封，经常检查密封情况，若有破损应及时修补。氨化处理时间视气温条件而定，小于 5℃时需 8 周，5～15℃时需 4～8 周，15～30℃时需 1～4 周，30℃以上 1 周即可。

品质鉴定：氨化后秸秆质地柔软蓬松，用手紧握没有明显的扎手感；颜色也不同于原色，灰黄色的麦秸氨化后变为杏黄色，黄褐色的玉米秸氨化后为褐色。一般都有糊香味和刺鼻的氨味。玉米秸既具有青贮的酸香味，又有刺鼻的氨味。偏酸性（pH 5.7）的秸秆氨化后偏碱性，pH 为 8.0 左右。麦秸氨化前后见图 6-19、图 6-20。

图 6-19　氨化前麦秸

图 6-20　氨化后麦秸

饲喂：秸秆启封后待氨气散去即可饲喂。一般氨化秸秆，牛日采食量为体重的 2%～3%。

（六）碱化处理

碱化处理通常利用氢氧化钠、氢氧化钾、氢氧化钙溶液来浸泡或喷洒秸秆，破坏其细胞壁和纤维素结构，释放营养物质，提高秸秆的营养价值，消化率可提高 15%～20%。

碱化处理成本低，方法简便，效果明显，如用氢氧化钠与生石灰混合处理秸秆饲喂小公牛，粗纤维消化率由 40%提高到 70%，增重明显。

具体方法：将未铡碎秸秆铺放成 25cm 厚，喷洒 2%氢氧化钠溶液和 1.5%生石灰水混合压实后，铺一层后再喷洒。每 100kg 秸秆喷 150～250kg 混合液。1 周后（至少 3d）待碱度降低后切碎饲喂。

（七）自然发酵法

自然发酵法又称秸秆微贮，就是在农作物秸秆中添加微生物活性菌株，放入发酵容器（池、窖、缸、塑料袋等）或在地面进行厌氧发酵，促进纤维素和木质素分解生成乳酸、丙酸，使农作物秸秆变成带有酸、香、酒味等家畜喜食的粗饲料。秸秆微贮饲料具有消化率高（可提高 20%）、适口性好、制作季节长、安全可靠、制作简便等优点。

（八）酶解法

酶具有高效、专一、水解率高的特性，如纤维素分解酶、半纤维素分解酶能专一作用于秸秆中的纤维素、半纤维素，使其分解为单糖，从而提高秸秆消化率，但因酶的成本较高，目前生产上使用较少。

在秸秆加工调制的这些方法中，机械加工、热加工、盐化、成型加工都属于物理处理法，通过改变秸秆的物理性状，提高利用率。氨化处理、碱化处理、氨碱复合处理属于化学处理法；自然发酵、微生物发酵（青贮）、酶解法属于生物处理法，这二者分别通过化学物质、微生物（酶）来分解秸秆中难以消化的粗纤维，以提高其营养价值和适口性。为了便于运输、贮存及工厂化高效处理，生产上常常将不同处理方法结合起来，如物理成型加工＋化学处理：秸秆切碎或粉碎→碱化或氨化→添加营养补充剂→成型加工（颗粒或草块）。

　　青粗饲料加工调制方法要根据当地饲料来源、生产条件、青粗饲料的特点、饲养规模、经济效益等综合因素科学地加以应用。规模化、集约化的饲养场，饲料加工调制要向集约化和工厂化方向发展；广大农村散养户，要选择简单易行、适合小规模条件的加工调制方法。

第七章
蜀宣花牛的饲养管理

第一节　犊牛的饲养管理

一、犊牛的饲养

（一）及时哺喂初乳

初乳是指母牛分娩后1周内所分泌的乳汁。初乳对犊牛有特殊的生理意义，是初生犊牛不可缺少和替代的营养品，必须及时、足量哺喂初乳。初乳为犊牛提供丰富而易消化的营养物质，初乳黏性大，溶菌酶含量和酸度高，可以覆盖在胃肠壁上，防止细菌的入侵和抑制细菌的繁殖；初乳中含大量的免疫球蛋白，帮助犊牛建立免疫反应。犊牛出生1h内哺喂初乳，第一次哺喂量不得低于1.5kg，每日初乳哺喂量应占犊牛体重的10%左右，分3次供给，并保持初乳温度36～38℃。

（二）哺喂常乳

常乳哺喂有人工哺乳法和保姆牛哺乳法两种。

1. 人工哺乳法　初乳饲喂过后，犊牛转入常乳饲喂。每次哺喂最好在挤完乳后立即进行，做到定时、定量、定温饲喂，每日奶量分2～3次喂给。如犊牛2～3月龄断奶，全期用奶量为250～300kg；如3～4月龄断奶，全期用奶量为300～350kg。

2. 保姆牛哺乳法　是指犊牛直接随母牛哺乳，根据母牛的产奶量一头保姆牛一般可哺喂2～4头犊牛。该法的优点是方便，节省人力和物力，易管理，

犊牛能吃到未污染且温度适宜的牛乳，消化道疾病少。不足之处在于母牛产奶量不易统计，犊牛间哺乳量不均衡，易造成犊牛发育不整齐，母牛的疾病易传染给犊牛。采用该法时应注意选择健康无病的母牛作为保姆牛，及时测定犊牛的生长发育，注意给母牛催乳，保证母牛的泌乳量。

（三）早期补饲

早期补饲植物性饲料，刺激瘤胃发育。

1. 补饲干草　犊牛出生 1 周后开始训练采食青干草，任其自由采食。其方法是将优质干草放于饲槽或草架上。

2. 补饲精料　犊牛出生 1 周后即可训练采食精料，精料应适口性好，易消化并富含矿物质、微量元素和维生素等。其方法是在喂奶后，将饲料抹在奶盆上或在饲料中加入少量鲜奶，让其舔食。喂量由少到多，逐渐增加，以犊牛食后不腹泻为原则，当能吃完 100g/d 时，每日精料量分两次喂给。1 月龄时达 100g 左右，2 月龄时达 500g 左右，3 月龄时达 1 000g 左右。

3. 补饲青绿多汁饲料　犊牛出生 20d 后可补喂青绿多汁饲料，如胡萝卜、瓜类、幼嫩青草等，开始每天 20g，后逐渐增加，2 月龄时可达1.5～2kg。

4. 补饲青贮饲料　2 月龄后补充青贮饲料，开始时 100g/d，3 月龄时达1.5～2kg/d。

（四）断奶至 6 月龄饲养

犊牛 3 月龄左右断奶后继续供给补饲时的精料，每天 1kg 左右，自由采食粗饲料，尽可能饲喂优质青干草，日增重控制在 600g 左右。

二、犊牛早期断奶技术

犊牛早期断奶，就是在犊牛出生后 1 周内喂给初乳，1 周后改喂常乳，并开始训练犊牛采食代乳料，任其自由采食，并提供优质干草，当每天可吃到 1kg 左右的代乳料时，即行断奶。早期断奶是根据犊牛瘤胃发育特点，通过缩短哺乳期，减少喂奶量，促使犊牛提前采食饲料。这样既增强了犊牛消化机能，提高采食粗饲料的能力，又减少犊牛食奶量，节省鲜奶，降低饲养成本。同时，瘤胃的提前发育可减少消化道疾病的发病率，大大提高犊牛成活率。根据蜀宣花牛当前饲养的实际情况，犊牛总喂乳量 300kg 左右，2～3 月龄断奶，可视为早期断奶。

为达到早期断奶的目的，应严格控制犊牛喂奶量，同时及早补饲。犊牛早期断奶方案设计：出生后 1h 内，喂 1.5～2.0kg 第一次挤出的初乳；1 周龄内，日喂乳 5.0kg 左右，分 2～3 次喂给；2～3 周龄，日喂乳 5.5kg，分 2 次喂给；4～5 周龄，日喂乳 5.0kg，分 2 次喂；6～7 周龄，日喂乳 4.0kg，分 2 次喂给；8～9 周龄，日喂乳 3.0～3.5kg，分 2 次喂给；10 周龄至断奶，日喂乳 2.0kg，晚上 1 次喂给。犊牛从第 2 周龄开始饲喂开食料、干草和饮水，喂量逐渐增加（表 7-1）。当犊牛一天能吃完 1.0kg 精饲料时，即可断奶。2～3 月龄断奶时，喂乳总量可控制在 300kg 左右。

犊牛断奶后，应继续喂开食料至 6 月龄，日喂料控制在 1.0～1.5kg。6 月龄以后，逐渐换成育成牛日粮。

表 7-1 犊牛早期断奶补饲方案

日　龄	0～7	8～14	15～30	31～50	51～60	61～70	71～90
喂精料量（kg/d）	/	训练	0.2	0.3	0.4	0.6	0.8～1.0
喂青粗料量（kg/d）	/	训练			自由采食		

三、犊牛管理

（一）清洁卫生

包括哺乳卫生、牛栏卫生和牛体卫生。哺喂犊牛的牛奶和草料应清洁、新鲜，禁止饲喂变质的奶和草料。饲喂要做到三定（定质、定时、定量），饲喂的奶温度应保持在 32～38℃，喂后用干净的毛巾将犊牛口边的残奶、残料擦净，防止犊牛产生舐癖。饲喂用具在使用前后需清洗和清毒。犊牛栏勤打扫，保持犊牛栏和垫草的清洁、干燥，定期消毒牛栏、牛舍。每天定时刷拭牛体，保证牛体和牛舍清洁。

（二）保温和通风

冬季犊牛舍要尽可能保温，舍内阳光充足，通风良好，使空气新鲜，但要注意防止贼风、穿堂风；夏季犊牛舍要保持空气流通，防晒、防暑。

（三）饮水

保证供给犊牛清洁的饮水，喂奶期犊牛用32～38℃清洁饮水，以2份奶、1份水混匀饲喂，2周后改为饮用常温水。1月龄后，除混入奶中饲喂外，还应在犊牛栏内或活动场所设置饮水槽，供给充足的清洁饮水。

（四）生长发育测定和编号

犊牛出生后要进行编号和称测体重，3月龄、6月龄时要分别称测体重和测量体尺，建立健全档案资料，便于查询，及时掌握生长发育情况和改进调整饲喂方案。

（五）穿鼻

犊牛断奶后，在6～12月龄时应根据饲养的需要适时进行穿鼻，并带上鼻环，尤其是留作种用的更应如此。

（六）去副乳头、去角

犊牛出生5d后采用电烙铁去角并剪去副乳头。去角更有利于犊牛的肥育和群饲的管理。去角的适宜时间多在生后7～10d，常用的去角方法有电烙法和固体苛性钠法两种。电烙法是将电烙器加热到一定温度后，牢牢地压在角基部直到其下部组织烧灼成白色为止（不宜太久太深，以防烧伤下层组织），再涂以青霉素软膏或硼酸粉。固体苛性钠法应在晴天且哺乳后进行，先剪去角基部的毛，再用凡士林涂一圈，以防药液流出伤及头部或眼部，然后用棒状苛性钠涂擦角基部，至表皮有微量血渗出为止。在伤口未变干前不宜让犊牛吃奶，以免腐蚀母牛乳房的皮肤。

（七）母仔分栏

在小规模系养式的母牛舍内，一般都设有产房及犊牛栏，不设犊牛台。在规模大的牛场或散放式牛舍，才另设犊牛舍及犊牛栏。犊牛栏分单栏和群栏两类，犊牛出生后即在靠近产房的单栏中饲养，每犊一栏，隔离管理，一般1月龄后才过渡到群栏。同一群栏犊牛的月龄应一致或相近，因不同月龄的犊牛除在饲料条件的要求上不同以外，对于环境温度的要求也不相同，若混养在一起，对饲养管理和健康都不利。

（八）刷拭

在犊牛期，由于基本上采用舍饲方式，皮肤易被粪及尘土所黏附而形成皮垢，不仅降低皮毛的保温与散热能力，皮肤血液循环恶化，而且也易患病，因此，对犊牛每日必须刷拭一次。

（九）运动与放牧

犊牛从 8～10 日龄起，即可开始在犊牛舍外的运动场做短时间的运动，以后可逐渐延长运动时间。如果犊牛出生在温暖的季节，开始运动的日龄还可适当提前，但需根据气温的变化，掌握每日运动时间。

在有条件的地方，可以从犊牛 2 月龄时开始放牧，但在 40 日龄以前，犊牛对青草的采食量极少，在此时期与其说放牧不如说是运动。运动对促进犊牛的采食量和健康发育都很重要。在管理上应安排适当的运动场或放牧场，场内要常备清洁的饮水，在夏季必须有遮阳条件。

第二节　公牛的饲养管理

一、后备种公牛的选择与培育

（一）后备种公牛的选择原则

按照蜀宣花牛种公牛性状性能要求，选择 6 月龄以上、体重在 180kg 以上者，按照外貌、性能等进行定向选育。

1. 按照外貌特征进行选择　以头型、角型、被毛颜色、背腰平直度、蹄型等质量性状为重点，通过选择和淘汰，培育被毛颜色为黄白花或红白花，角型为照阳角，背腰平直、蹄型端正的个体。

2. 按照体型外貌线性评定进行选择　按照蜀宣花牛体型外貌线性评定标准（附录一），对选育的蜀宣花牛公牛进行线性评定。要求线性评定达到 85 分以上。

3. 按照体重、体尺标准要求进行选择　蜀宣花牛后备种公牛的体重体尺按培育目标（表 7-2）进行培育和鉴定。

表 7-2　后备种公牛体尺体重

月龄	体高（cm）	体斜长（cm）	胸围（cm）	管围（cm）	体重（kg）
9	113.4±3.36	132.1±5.12	151.7±3.77	16.2±0.93	230.4±22.41
12	118.7±1.43	141.5±3.24	163.2±2.39	18.4±0.49	318.0±25.35
18	133.1±3.17	159.8±1.79	176.6±4.71	19.7±0.83	465.9±16.48

（二）后备种公牛的培育

经选择出的公犊牛断奶后即进入种公牛培育期，其中6～18月龄是培育后备种公牛的关键时期。培育的主要任务是保证后备种公牛的正常发育和种用选择。虽然后备种公牛还未开始配种，也不像犊牛易患病，但如果忽视其饲养和管理，也可能不能达到培育的预期要求，影响种公牛终生生产性能的发挥。因此，哺乳期的终止并不意味着培育的结束，而从体型、性发育及适应性的培育来讲，后备期较犊牛期更为重要。

后备期种公牛的生长发育很快，生长旺盛，6～10月龄是牛一生中生长最旺盛的时期，但不同组织器官有着不同的生长发育规律。据研究，7～8月龄骨骼的发育较快，12月龄以后性器官及第二性征发育很快，体躯向高度方向急剧发展。除供给优质的牧草、干草和多汁饲料外，还必须供给充足的精料。同时，制定出生长计划来控制后备种公牛的体型发育，向所希望的培育方向发展。此时饲养要求促进骨骼肌肉生长，锻炼消化器官，促进睾丸组织发育，接受配种指令及行为训练。注意矿物质，尤其是钙、磷、钠、氯的供给，保证微量元素、维生素A和维生素E的供给，促进性器官发育。

（三）各类饲料的具体搭配

根据种公牛的营养需要，在饲料的安排上，应该是全价营养，多样化配合，适口性强，容易消化，精、粗、青饲料要搭配得当。精料的蛋白质饲料选择应以生物学价值高的蛋白质饲料为重点，如豆粕等，尽量少使用棉粕、菜粕等。精料的比例，以占总营养价值的40%左右为宜。

1. 饲料搭配　多汁饲料和粗饲料不可过量，长期喂量过多，会使种公牛消化器官容积增大，形成"草腹"而影响种用效能。碳水化合物含量高的饲料（如玉米），按饲养标准配制，不宜过高，否则易造成种公牛的膘度过肥，导致配种能力降低的不良后果。豆饼等富含蛋白质的精料是饲喂种公牛的良好饲料，但它属于生理酸性饲料，喂多了在体内产生大量的有机酸，对精子的形成很不利。青贮饲料属于生理碱性饲料，但青贮本身就含有多量的有机酸，喂量过多，同样有害。钙、食盐等对种公牛的健康和精液品质有直接的关系，尤其是钙（碳酸钙或碳酸氢钙）必须保证，否则不利于骨骼的发育。食盐对刺激消化机能、增进食欲和正常代谢也很重要，但喂量不宜超过精料的 0.5%，否则对种公牛的性机能有一定程度的抑制作用。

当精料或多汁饲料给予过量，导致精液品质下降时，应在减少精料或多汁饲料喂量的基础上，增喂适量的优质青干草，经调整后，精液品质可得到明显的改善。当精料太单一，影响到精液质量时，则须增加精料原料种类。种公牛长期喂给大量的干草和其他粗饲料，致使造成"草腹"的，靠调整饲料就很难矫正，但早期发现，还有调整和矫正的可能，这方面的问题，常发生在小公牛的培育阶段。

2. 各类饲料的日给予量　精料的原材料必须是优质的，按每 100kg 体重给予精饲料 0.4～0.6kg。一头种公牛精料日给量一般在 5～6kg 为宜，最好不要超过 8kg。青粗饲料的喂量，按每 100kg 体重给予青干草 1～1.5kg、青贮料 0.6～0.8kg、胡萝卜 0.8～1.0kg。青粗饲料的日给量总量控制在 10～12kg。夏季多喂割草（中等品质，以禾本科草为主），按每 100kg 体重喂给 2～3kg。此外，在有必要的情况下（如采精较频繁），每头种公牛每天可补喂鸡蛋 0.2～0.4kg（或牛乳 2～3kg，或鱼粉 100～150g）、钙制剂 100～150g、食盐 70～80g。

二、公牛的管理

（一）育成公牛的管理

公、母犊牛在饲养管理上几乎相同，但进入育成期后，二者在饲养管理上有所不同，必须按不同年龄和发育特点予以区别对待。

1. 饲养　育成公牛的生长比育成母牛快，因而需要的营养物质较多，特别需要以补饲精料的形式提供营养，促进其生长发育和性欲发展。对育成公牛，应在满足一定量精料供应的基础上，自由采食优质的精、粗饲料。6～12 月龄，粗饲料以青草为主时，精、粗饲料（干物质基础）的比例为

55∶45；以干草为主时，相应比例为 60∶40。在饲喂豆科或禾本科优质牧草的情况下，对于周岁以上育成公牛，混合精料中粗蛋白质的含量以 12％左右为宜。

2. 管理　育成公牛应与母牛分群饲养。选留种公牛 6 月龄开始戴笼头，拴系饲养。为便于管理，8～10 月龄时穿鼻戴环，用皮带拴系好，沿公牛额部固定在角基部，鼻环以不锈钢的为最好。牵引时，应坚持左右侧双绳牵导。对烈性公牛，需用牵引棒牵引，由一个人牵住缰绳的同时，另一人两手握住牵引棒，勾搭在鼻环上以控制其行动。用于育肥的肉用商品公牛运动量不宜过大，以免因体力消耗太大影响育肥效果。种用公牛必须坚持运动，上、下午各进行一次，每次 1～2h，行走距离 4km 左右，运动方式有旋转架、套爬犁或拉车等。实践证明，运动不足或长期拴系，会使公牛性情变坏，精液质量下降，易患肢蹄病和消化道疾病等。但运动或使役过度，对牛的健康和精液质量同样有不良影响。

每天刷拭牛体 2 次，每次刷拭 10～15min。经常刷拭不但有利于牛体卫生，还有利于人牛亲和，且能达到调教驯服的目的。此外，洗浴和修蹄也是管理育成公牛的重要操作项目。

（二）后备种公牛的管理

经常梳刮和调教，保持牛体清洁，实现人畜亲和，培养公牛温顺的性格，便于管理。每天刷拭 1～2 次，每次 5～10min，培育后备公牛的性情。保持自由活动，增强体质。制订合理的生长计划，确定不同日龄的日增重幅度，以保持适宜的生长率，12～18 月龄日增重控制在 700g 左右，促进体前躯和体高的生长发育，防止饲喂过肥。18 月龄后体重达 450kg 可开始初配。

1. 体重　用磅秤或杆秤实际测公牛的初生、3 月龄、6 月龄、12 月龄和18 月龄体重。初生重于出生后擦干被毛第一次喂奶前称测，3 月龄、6 月龄、12 月龄和 18 月龄于早晨空腹称测。

2. 体尺　在 3 月龄、6 月龄、12 月龄和 18 月龄，于称重的同时，对犊牛的体高、体斜长、胸围、管围等主要体尺指标进行测定。

（三）生产种公牛的管理

要管理好生产种公牛，首先应了解它的习性。从生理的角度看，种公牛和别的种公畜不太一样，它具有"三强"的特性，即记忆力强、防御反射强和性反射强。

1. 记忆力强　种公牛对它周围的事物和人，只要过去曾经接触过，便能记得住，印象深刻者，多年也不会忘记。例如，过去给它进行过治疗的兽医人员或者曾严厉鞭打过它的人，接近时即有反感的表现。

2. 防御反射强　种公牛具有较强的自卫性。当陌生人接近时，立即表现出要对陌生人进行攻击的姿势。因此，不了解种公牛特性的外来人，切勿轻易接近它。

3. 性反射强　公牛在采精配种时，勃起反射、爬跨反射与射精反射都很快，射精时冲力很猛。如长期不采精，或采精技术不良，公牛的性格会变坏，容易出现攻击人的恶癖，或者形成自淫的坏习惯。

公牛个体之间，尽管在性格上各有不同，有的脾气暴躁，有的性格温顺，但三个特性都是共同存在的。因此，在种公牛的饲养管理过程中应采取"驯导为主，恩威并施"的原则。

种公牛应保证充足的饮水，但配种或采精前后、运动前后半小时内都不要饮水，以免影响公牛的健康，更不要饮脏污水、冰碴水。

第三节　育成母牛的饲养管理

一、育成母牛的特性

在过去农村分散饲养，犊牛随母吃奶条件下，犊牛一般是在 6 月龄断奶。随着科技的进步，养殖业朝着集约化、规模化、标准化方向发展，农村饲养犊牛的断奶时间也由过去的 6 月龄提前到了 3~4 月龄（100 日龄左右）。断奶至初产这一阶段的母牛，称为育成牛。育成阶段的牛生长发育迅速，发病较少，这一时期的培育，不仅要获得较高的增重，而且要保证心血管系统、消化呼吸系统、乳房及四肢的正常发育，提高身体素质，使其将来能充分发挥遗传潜力，高产长寿。

育成牛阶段，正值体型成熟，生殖器官快速发育，消化器官急剧增大，骨骼、肌肉迅速生长，乳腺快速发育阶段，第一次产犊前的乳腺发育与终生泌乳量有关。随着日龄的增加，胃肠容积增大，对粗饲料的消化能力逐步提高，犊牛阶段的发育不足，可在此阶段补偿。对日粮营养水平的要求逐渐降低，但钙、磷需要量大增，所以饲养管理可以稍粗放些，但也不要太粗放，否则体重

不达标，影响初配。

二、育成母牛的饲养

在饲养上，既要保证牛体充分生长发育，又不宜营养水平太高。要使其在16～18月龄配种时的体重达到350～380kg，但最高不超过450kg。育成牛的日粮应以青粗饲料为主，补喂适量精饲料，对于个体的生长发育、生产性能及适时配种都是有利的。在有条件的地方，育成母牛应以放牧为主。冬、春季舍饲时应喂给大量优质干草及青贮饲料。

（一）断奶至12月龄阶段

此段时期为母牛性成熟期，母牛的性器官和第二性征发育很快，体躯向高度和长度两个方向急剧生长，达到生理上的最高生长速度。同时，前胃已相当发达，容积增大1倍左右。因此，在饲养上要求既能提供足够的营养，又具有一定的容积以刺激前胃的继续发育。对这一时期的育成牛，除给予优质的干草和青饲料外，还必须补充一定的混合精料。组织日粮时，粗料可占日粮总营养的50%～60%，混合精料占40%～50%，到周岁时粗料逐渐增加到70%～80%，精料降至20%～30%。不同的粗料要求搭配的精料质量也不同，用豆科干草做粗料时，精料需含8%～10%的粗蛋白质；若用禾本科干草做粗料，精料应含10%～12%的粗蛋白质；用青贮做粗料，则精料应含12%～14%的粗蛋白质。按每100kg体重计，每天喂给青干草1.5～2kg、青贮料5～6kg、秸秆1～2kg、精料1～1.5kg、碳酸钙和食盐各25g。

（二）12月龄至初配阶段

为了刺激消化器官的进一步发育，日粮应以粗饲料和多汁饲料为主，少量补给精饲料，要保证在配种前体重能达到成年牛的70%左右。为进一步促进育成牛消化器官的生长，日粮应以青、粗饲料为主，其比例应保持在日粮干物质总量的75%，其余25%为混合精料，日粮粗蛋白质水平为12%，以补充能量和蛋白质的不足。饲养时可在运动场放置青干草、秸秆等满足其需要。

（三）初配至产第一胎犊牛阶段

此期的育成牛已配种受胎，个体生长速度渐慢，体躯显著向宽、深发展。

日粮应以品质优良的干草、青草、青贮料和块根、块茎类为主，精料根据粗饲料的品质而定，可适量添加或不添加。但到妊娠后期，由于胎儿生长迅速，必须另外补加精料，每天喂给 1～2kg。按干物质计算，粗饲料占 70%～75%，精饲料占 25%～30%。如有放牧条件，育成牛应以放牧为主，在优良草地放牧，可减少精料 30%～50% 的用量。但如草地质量不佳，精料仍不能减少。放牧回舍，如牛未吃饱，仍应补喂一些干草和多汁饲料。

总之，育成母牛的培育，应以大量的粗饲料和多汁饲料为主，补充少量精料，有利于成年后高产性能的发挥。但对育成公牛，则要适当增加日粮中精料的给量，减少粗料量，以免形成草腹，影响将来的采精或配种及使用寿命。

此段时期内牛进入配种繁殖期，若饲养过丰，在体内容易蓄积过多脂肪，导致牛体过肥，造成不孕；但若营养严重不足，又会导致牛体生长发育受阻，成为体躯狭浅、四肢细高、生产性能低下的母牛。因此，在此期间应以优质干草、青草或青贮饲料为基本饲料，精料可少喂甚至不喂。但到妊娠后期，由于体内胎儿生长迅速，每天须补充混合精料 1～2kg。

三、育成母牛的管理

（一）分群

育成母牛应与育成公牛分开饲养，以年龄阶段组群，将年龄和体格大小相近的牛分在一群，同群牛月龄差异不超过 2 个月，体重不超过 30kg。

（二）定期称重

定期称取体重，测量体尺，检查生长发育状况。根据体重和发育情况随时调整日粮，做到适时配种。

（三）定槽定位

拴系式圈养管理的牛群，采用定槽定位是必不可少的，使每头牛有自己的牛床和食槽。牛床和食槽要定期消毒。育成母牛以散栏式饲养为好。

（四）加强运动

充足的运动是培育育成牛的关键之一。在舍饲条件下，每天至少要有 2h

以上的运动时间，以增强体质、锻炼四肢，促进乳房、心血管系统及消化、呼吸器官的发育。有放牧条件的母牛可不必考虑。

（五）转群

育成母牛在不同生长发育阶段，生长速度不同，应根据年龄、发育情况按时转群。一般在 12 月龄、18 月龄、受胎后或分娩前 2 个月共 3 次转群。同时称测体重并结合体尺测量对发育不良的个体进行及时调整。

（六）乳房按摩

对用于乳用的蜀宣花牛母牛，为了刺激其乳腺的发育和促进产后泌乳，提高泌乳性能，12 月龄后应开始按摩乳房，每天 1 次，每次 5～10min。18 月龄后的妊娠母牛每天按摩 2 次，每次按摩时用热毛巾敷擦乳房，临产前 1～2 个月停止按摩。在此期间，切忌擦拭乳头，以免擦去乳头周围的保护物，引起乳头龟裂或因病原菌从乳头孔侵入发生乳房炎。

（七）刷拭、调教

为了保持牛体清洁，促进皮肤代谢和驯成温顺的脾气，每天刷拭牛体 1～2 次，每次 5～8min。要训练拴系、定槽认位，以便今后的挤乳和管理。

（八）初配

育成母牛的初配时间，应根据月龄和发育状况而定，蜀宣花牛一般在16～20 月龄，体重达到 350～380kg 即可配种。目前有配种提前的趋势，最常见的是 15～18 月龄初配。就群体而言，育成母牛满 18 月龄、体重达到成年时的 70％即可配种。育成牛发情表现不如成年牛明显和有规律性，所以在育成母牛达到配种年龄或体重时应随时注意观察其发情表现，以防漏配。

（九）保胎护产

对妊娠的青年母牛要单独组群，防滑倒，防相互顶撞，防拥挤，不急赶，不走陡坡，不饮冰碴水，禁喂发霉变质的饲料，精心管理。春秋两季驱虫，定期检疫和防疫注射。做好防暑防寒等工作。

第四节　产奶母牛的饲养管理

一、泌乳初期母牛的饲养管理

产奶母牛在泌乳初期为防止消化不良及减轻乳房水肿，产后 3d 内，可让其自由采食优质干草及少量麸皮（0.5kg），4～5d 后，日粮以少量青草、青贮饲料及块根饲料为主，以后根据乳房状况和消化情况逐渐增加喂量。3d 后，日粮中加入混合精料 1～1.5kg，以后每隔 2～3d 增加 0.5～1.0kg。增量不可过急，特别是饼类饲料，不宜突然大量增加，否则易造成母牛消化机能紊乱，导致消化不良和腹泻。在增料过程中，还应注意经常检查乳房的硬度、温度是否正常，如发现乳房红肿、热痛时应及时治疗。有的奶牛产后乳房没有水肿，身体健康，食欲旺盛，可喂给适量精料和多汁饲料，6～7d 后便可按标准喂量饲喂，挤奶次数和方法也可照常。对个别体弱的产奶牛，在精料内可加些健胃药剂等。一般奶牛产后 15～20d 体质便可恢复，乳房水肿也基本消失，乳房变软，这时日粮可增加到产乳量所需要的标准喂量。

在管理上，产后头几天，可根据乳房情况，适当增加挤乳次数，每天最好挤乳 4 次以上。高产母牛产犊后，因其乳腺分泌活动的增强很迅速，乳房水肿严重，在最初几天挤乳时不要将乳汁全部挤净，留有部分乳汁，以增加乳房内压，减少乳的形成。产后第一天，每次只挤乳 2kg 左右，够犊牛饮用即可，第二天挤出全天产乳量的 1/3，第三天挤出 1/2，第四天挤出 3/4 或者完全挤干，每次挤乳时要充分按摩与热敷乳房 10～20min，使乳房水肿迅速消失。对低产和乳房没有水肿的母牛，可一开始就将乳挤干净。对体弱或 3 胎以上的高产奶牛，产后 3h 内静脉注射 20％葡萄糖酸钙 500～1 500mL，可有效预防产后瘫痪。

产后 1 周内，每天必须有专人值班，如发现母牛有疾病应及时治疗。如胎衣不下，夏季 24h、冬季 48h 后应手术剥离。牛舍内要严防穿堂风，牛床上必须铺清洁干燥的褥草，以防止牛蹄及乳头损伤。

二、泌乳盛期母牛的饲养管理

母牛产犊后 21～100d 时期称为泌乳盛期。此阶段母牛体况恢复，乳房水肿消退，泌乳机能增强，处于泌乳高峰期，而采食量尚未达到高峰，奶牛摄入

的养分不能满足泌乳的需要，不得不动用体内储备来支撑泌乳。因此，从泌乳盛期开始，牛体重会有所下降。如果体脂肪动用过多，在葡萄糖不足和糖代谢障碍时，会造成脂肪氧化不全，导致牛暴发酮病，尤其是高产奶牛易发生。

（一）提高日粮能量水平

泌乳盛期的主要任务是提高产乳量与减少体重消耗。此阶段奶牛大量泌乳，采食量尚未达到高峰，牛体迅速消瘦。饲养上，应增加精料喂量，提高日粮能量水平和蛋白质含量，可适当添加植物性油脂或脂肪酸钙、棕榈酸酯等以补充能量的不足。

（二）提高过瘤胃蛋白质的比例

泌乳盛期常会出现蛋白质供应不足的问题，饲料中的蛋白质由于瘤胃微生物的降解，到达真胃的菌体蛋白质和一部分过瘤胃蛋白质很难满足奶牛对蛋白质的需要量，因此要补充降解率低的饲料蛋白质，还可添加蛋白质保护剂降低其在瘤胃的降解率。也可在日粮中添加经保护的必需氨基酸（如蛋氨酸），从而满足高产期奶牛对蛋白质的需求。

（三）采用引导饲养法

引导饲养法是为了大幅度提高产乳量，从临产前15d开始，直到泌乳达到最高峰时，喂给奶牛高能量、高蛋白质日粮的一种饲养方法。

具体做法是：从母牛预期产犊前15d开始，在日喂精饲料1.8kg的基础上，逐日增加0.45kg精饲料，到分娩时精料给量可达到体重的0.5%～1.0%。待母牛分娩后，若体质正常，可在分娩前加料的基础上，继续逐日增加0.45kg的精料，直到日采食精料量达到母牛体重的1.0%～1.5%为止，或精饲料达到自由采食。待泌乳盛期过后，再调整精料喂量。整个引导期要保证提供优质饲草任其自由采食，以减少母牛消化系统疾病的发生。

引导饲养法的优点：

（1）可使母牛瘤胃微生物得到及时调整，以逐渐适应产后高精料日粮。

（2）可促进干乳母牛对精料的食欲和适应性，防止酮血病发生。

（3）可使多数母牛出现新的产乳高峰，增产趋势可持续整个泌乳期。

引导法对高产奶牛效果显著，而对中低产奶牛会导致过肥，对产乳不利。

对引导无效的奶牛，应调整出高产牛群。

（四）补充矿物质和维生素

在奶牛的整个泌乳盛期，必须满足其对矿物质和维生素的需求。应提高日粮中钙、磷的含量，同时添加含有锌、锰、镁、硒、铜、碘、钴及维生素 A、维生素 D、维生素 E 等组成的复合添加剂，以满足产奶母牛对各种营养素的需要。

（五）添加缓冲物质，调节瘤胃 pH

为了防止精饲料饲喂过多造成瘤胃 pH 下降的不利影响，在日粮中每日添加氧化镁 30g 或碳酸氢钠 100～150g，以调节瘤胃正常的 pH。

（六）加强挤奶管理

在管理上，要注意乳房的保护和环境卫生。随着产乳量上升，乳房体积膨大，内压增高，乳头内充满乳汁，很容易感染病菌而引起乳房炎。所以，要加强乳房热敷和按摩，每次挤乳后对乳头进行药浴。牛床上应铺有柔软、清洁的垫草，奶牛活动区要经常消毒，保持清洁卫生。挤乳用具要定期消毒，对酒精阳性乳、隐性乳房炎及临床乳房炎患牛必须及时治疗。还要做好子宫恢复机能的管理工作，使牛发情后适时配种，以缩短产犊间隔。

三、泌乳中后期母牛的饲养管理

泌乳中期是指产后 101～200d 的时期。这一阶段的特点是母牛产乳量缓慢下降，每月下降幅度在 5%～7%，体重、膘情逐渐恢复。多数母牛处于怀孕早期至中期。饲养管理的主要任务是减缓泌乳量的下降速度。

泌乳中期仍是稳定高产的良好时机。饲养上，日粮营养逐渐调整到与母牛体重和产乳量相适应的水平，即适当减少精料用量，逐步提高青粗饲料的比例，力求使产乳量下降幅度降到最低程度。管理上，要加强运动，正确挤乳及乳房按摩，供给充足饮水。对妊娠母牛注意保胎，对未孕母牛做好补配工作。

泌乳后期是指母牛产犊后 201d 至停乳前的时期。此阶段的特点是母牛已到妊娠中后期，产乳量急剧下降，胎儿生长发育很快，也是母牛体重恢复的阶段，母牛需要大量营养来满足胎儿快速生长发育的需要。此阶段既要考虑母牛恢复体况，又要防止母牛过肥。

在饲养上，日粮中应含有较多的优质粗饲料，根据奶牛产乳量、体况确定精料补给量，以满足母牛泌乳、体况恢复、胎儿生长的需要，为下一泌乳期持续高产打好基础。对体况消瘦的母牛，要增加营养，尽快恢复体重。在管理上，要注意保胎护产。

四、干乳期母牛的饲养管理

泌乳母牛的干奶期一般为60d左右，是母牛饲养管理过程中的一个重要环节。干乳期时间的长短、干奶方法是否恰当、干乳期饲养管理是否合理等对胎儿的生长发育、母牛的健康及下一个泌乳期泌乳性能的高低都有很大的影响。

（一）干乳方法

干乳是通过改变泌乳活动的环境条件来抑制乳汁分泌。根据产乳量和生理特性，干乳方法可分为逐渐干乳法和快速干乳法两种。

1. 逐渐干乳法　在预计干乳前1～2周，通过变更饲料，逐渐减少青草、青贮饲料、多汁饲料及精料的饲喂量和饲喂次数，限制饮水，延长运动时间，停止乳房的按摩，减少挤乳次数（3次减为2次，再减为1次），改变挤乳时间等办法抑制乳腺的分泌活动，当日产乳量降到4～5kg，挤净最后一次后即可停止挤乳。这种方法安全，但比较麻烦，需要时间长，适用于高产奶牛。

2. 快速干乳法　在预计干乳日直接停止挤乳，以乳房内乳汁充盈的高压力来抑制乳汁的分泌活动，从而达到停乳。

具体做法是：在预计干乳的当天，用50℃温水洗擦并充分按摩乳房，将乳彻底挤净后，即停乳。最后一次挤完乳后用5%的碘酊浸一浸乳头，并在每个乳头孔内注入长效抑菌药物，然后用火棉胶封闭乳头，乳房中存留的乳汁，经3～5d后逐渐被吸收。这种方法因饲养管理没有改变，快速果断，断乳时间短，省时、省力，不影响母牛健康和胎儿生长发育。但对曾患过乳房炎或正在患乳房炎的母牛不适合。

无论采用哪种断奶方法，为预防乳腺炎的发生，最后一次挤乳必须完全挤净，并向每个乳头内注入抗生素制剂的油膏封闭乳头。在停止挤乳后3～4d

内，要随时观察乳房的变化，如果乳房肿胀不消，局部增温，有硬块、疼痛等症状出现，母牛表现不安，应重新把乳房中乳汁挤净，再继续采取干乳措施。患乳房炎的牛应治愈后再进行干乳。特别需要提醒的是，干乳前必须检查妊娠情况，确定妊娠后再干乳，但操作应谨慎，以防流产。

（二）干乳期母牛的饲养管理

干乳期母牛的饲养管理可分干乳前期和干乳后期两个阶段。

1. 干乳前期的饲养　从干乳开始到产犊前 2～3 周为干乳前期。此期对营养状况不良的母牛，要给以较丰富的营养，使其在产前有中上等膘情，体重比泌乳末期增加 50～80kg。一般可按每天产乳 10～15kg 所需的饲养标准进行饲养，日给 8～10kg 优质干草、15～20kg 多汁饲料和 2～4kg 混合精料。但粗饲料与多汁饲料不宜喂得过多，以免压迫胎儿引起早产。对营养良好的母牛，一般只给优质的粗饲料即可，食盐和矿物质可任其自由舔食。

2. 干乳后期的饲养　产犊前 2 周至分娩为干乳后期。此阶段应提高母牛日粮中精料水平，以贮备产犊后泌乳的营养，尤其是高产母牛的精料水平应更高些。母牛产前 4～7d，如乳房过度膨胀或水肿严重，可适当减少或停喂精料及多汁饲料；如果乳房不硬，则可照常饲喂各种饲料。产前 2～3d，日粮中加入麸皮等具有轻泻性的饲料，以防便秘。严禁饲喂酒糟、马铃薯、棉籽饼等，以免引起流产、难产或胎衣不下等疾病。

3. 干乳期的管理要点

（1）做好保胎工作。保持饮水清洁卫生，冬季饮水温度应保持在 10～15℃，不喂发霉变质和霜冻结冰的饲料。当孕牛腹围不随妊娠月龄增大时，应及时进行检查，防止出现妊娠中断而引起产犊间隔延长现象。当母牛腹围过大，乳房水肿时，应减少其站立时间，提前将母牛放出舍外，让其自由活动。产前 14d 进入产房，进产房前应对产房彻底消毒，铺垫干净柔软的垫料，并设专人值班。有条件的饲养场可设干奶牛舍，将产前 3 个月的头胎牛和干奶牛进行集中饲养。

（2）坚持适当运动，但必须与其他牛群分开，以免互相挤撞造成流产。干乳母牛缺少运动，容易过肥，导致难产。

（3）坚持按摩乳房，促进乳腺发育。一般干乳 10d 后开始乳房按摩，每天一次。但产前出现乳房水肿（经产牛产前 15d，头胎牛产前 30～40d）应停止按摩。

（4）坚持牛体刷拭，保持皮肤清洁。

五、围产期母牛的饲养管理

奶牛分娩前、后各约 2 周称围产期。这段时间母牛将在产房中度过。在此期间，奶牛从干乳转为泌乳，生理上经受着极大的应激，表现为食欲减退，对疾病的抵抗力下降，容易出现消化、代谢紊乱，酮病、产褥热、皱胃移位等疾病都在此期发生，有证据表明，这段时间乳腺炎的发病率也远远高于其他时期。

（一）围产前期的饲养管理

分娩前 7～10d 母牛的食欲下降，此时应通过提高日粮营养浓度来保持其采食营养物质的数量。从分娩前 2 周开始，逐渐增加精料的喂量（每天增加 0.5kg）到奶牛体重的 1.0%，以便适应产后高精料日粮。增加精料的同时，应适当补充烟酸（6～12g），降低酮病和脂肪肝的发病率。降低日粮中钙的含量和采用阴离子日粮可以有效防止乳热症的发生。还有资料表明添加维生素 E 有助于减少胎衣滞留，增进乳房的健康。

围产期牛进入产房前，产房应按规定严格消毒，铺上清洁干燥的垫草。产房昼夜必须有人值班。一旦发现母牛表现精神不安、停止采食、起卧不定、后躯摆动、频频回头、频排粪尿、鸣叫等临产征候时，应立即用 0.1% 的高锰酸钾液（或其他消毒液）擦洗生殖道外部及后躯，并备好消毒药品、毛巾、产科绳以及剪刀等接产用具。

（二）围产后期的饲养管理

母牛分娩体力消耗很大，分娩后应使其安静休息，并喂饮温热麸皮盐钙汤（麸皮 500～1000g，食盐 50～100g，碳酸钙 50g，温水 10～20kg），以利于恢复体力和胎衣排出。产后 3h 内应静脉注射 20% 葡萄糖酸钙 500～1 000mL，以防产后瘫痪。

产后 1 周内，以优质干草为主，任其自由采食，精料逐日增加 0.45～0.5kg。增加精料的期间，要密切注意奶牛消化和乳房水肿情况。不宜饮用冷水，饮水温度应控制在 37～38℃。

六、初产母牛的饲养管理

初产母牛是指第一次妊娠产犊的母牛。初产母牛本身还在继续生长发育，同时还要担负胎儿的生长发育。因此，初产母牛在分娩前须获取足够的营养，才能保证自身和胎儿生长发育的需要，使第一个泌乳期及其终生具有较高的产乳量。

（一）初产母牛的饲养

15～17月龄正常繁育的母牛已配种妊娠，18～20月龄时，胎儿生长较慢，所需营养不多，不必进行特殊饲养。到产犊前2～3个月，由于胎儿生长发育加快，子宫的重量和体积增加较多，乳腺细胞也开始迅速发育，所以要适当提高饲养水平，以满足自身生长、胎儿发育和储备营养的需要。日粮应仍以青粗饲料为主，适当搭配精饲料，使母牛体况达到中、上等水平。如营养过剩，则牛体过肥，影响产乳量；如营养不足，则影响自身和犊牛的正常发育。临产前1～2周，当乳房已经明显膨胀时，应适当减少多汁饲料和精料的喂量，以防乳房的过度肿胀。可饲喂优质干草，任其自由采食。

（二）初产母牛的管理

1. 加强保胎，防止流产　分群管理，不要驱赶过快，防止牛之间互相挤撞；不可喂给冰冻或霉变的饲料，防止机械性流产或早产。

2. 乳房按摩，调教挤乳　一般在产犊前4～5个月开始进行乳房按摩，每天按摩2次，每次3～5min。开始时手法要轻一点，经10d左右训练后，即可像按经产牛一样按摩，到产前2～3周停止按摩。按摩时，应注意不要擦拭乳头，因为乳头表面有一层蜡状保护物，擦去后易引起乳头龟裂；擦拭乳头时，易擦掉乳头塞，使病原菌从乳头孔侵入乳房而发生乳房炎。

初产奶牛应由有经验的挤乳员进行管理。初产牛常表现胆怯，乳头较小，挤乳比较困难。所以，挤乳前应该施加安抚，消除其紧张，便于挤乳操作；如粗暴对待，则会增加挤乳难度，导致母牛产乳量下降，还会使母牛养成踢人的恶癖。

3. 做好产前、产后的准备和护理　初产母牛比经产母牛容易发生难产，产前工作要准备充分，产后要精心护理。

七、高产奶牛的饲养管理

我国《高产奶牛饲养管理规范》规定，荷斯坦牛305d产乳量6t以上（初产牛达5t，成年母牛达7t以上）、含脂率达3.4%的奶牛为高产奶牛。由于蜀宣花牛为乳肉兼用型，品种群体平均产奶量在4.4t左右，含脂率4.2%，平均泌乳期为297d左右，因此蜀宣花牛300d产乳量达5t以上（初产牛达4t，成年母牛达5.5t以上）、含脂率4.0%的母牛即为高产母牛。高产奶牛一般日产乳量在20kg以上，每天需要采食60～80kg饲料，折合干物质16～22kg。消化系统及整个有机体的代谢强度都很大。代谢机能强，采食饲料多，饲料转化率高，对饲料和外界环境敏感，是高产奶牛的特点。因此，对高产奶牛必须特殊照顾。

（一）高产奶牛的饲养

1. 加强干乳期的饲养　为了补偿前一个泌乳期的营养消耗，贮备一定营养供产后产乳量迅速增加的需要，同时使瘤胃微生物区系在产犊前得以调整以适应高精料日粮，干乳后期要增加精饲料喂量，实施引导饲养，防止泌乳高峰期内过多地分解体脂肪，发生代谢疾病而影响产乳和牛体健康。日粮以粗饲料为主，精料一般不超过4.0kg。在产犊前2～3周提高精料水平，精料增加要逐渐进行，每天增加0.45kg以内，直至精料的喂量达到体重的1%～1.2%。

2. 提高日粮干物质的营养浓度　高产奶牛饲养的关键时期是从泌乳初期到泌乳盛期。高产奶牛分娩后，产乳量迅速上升，对营养物质的需要量也相应增加。此期，受采食量、营养浓度及消化率等方面的限制，奶牛不得不动用体内的营养物质来满足产乳需要。一般高产牛在泌乳盛期过后，体重要降低35～45kg。体重降低过多或持续时间较长，容易出现酮血症或一系列机能障碍。因此，在供给优质干草、青贮饲料、多汁饲料的同时，必须增加精饲料比例，提高干物质的营养浓度（表7-3）。

表7-3　高产奶牛的精、粗料干物质之比和日粮粗纤维含量

阶　段	干乳期	围产后期	泌乳前期	泌乳中期	泌乳后期
精、粗料干物质之比	25∶75	40∶60	60∶40	40∶60	30∶70
日粮粗纤维含量	≥20%	≥23%	≥15%	≥17%	≥20%

3. 日粮中能量和蛋白质比例适宜　高产奶牛产乳量高，在保证蛋白质供应的同时，要注意能量与蛋白质的比例。奶牛产乳需要很多能量，若日粮中作为能源的碳水化合物不足，蛋白质就得转化供能，其含氮部分则由尿排出，蛋白质没有发挥其自身的营养功能，造成蛋白质资源浪费，也增加了机体代谢的负担。因此，在泌乳期要尽量避免单独使用高蛋白质饲料"催乳"。

4. 补充维生素　高产奶牛的子宫复原缓慢、不能及时发情或发情不明显、受胎率低等现象，与营养不足有直接关系，尤其是维生素 A、维生素 D、维生素 E 及常量和微量矿物质元素。日粮中添加这些维生素和矿物质，可以有效地改善母牛的繁殖机能。每日每头添加量：维生素 A 5 万 IU、维生素 D 6 000IU、维生素 E 1 000IU、β-胡萝卜素 300mg。另外，充分满足矿物质的需要。

5. 注意日粮的适口性　日粮要求营养丰富，易消化，适口性好。日粮组成上既要考虑营养需要，还要满足瘤胃微生物的需要，促进饲料更快地消化和发酵，产生尽可能多的挥发性脂肪酸，满足奶牛对能量的需要。牛乳中40%～60%的能量来自挥发性脂肪酸。

6. 增强奶牛食欲　高产牛采食量高峰期比泌乳高峰期晚 6～8 周。因此，要注意保持其旺盛的食欲，提高母牛消化能力。粗饲料自由采食，精饲料每日分 3 次喂给。产犊后，精料增加不宜过快，否则容易影响食欲，每天增量以 0.45kg 为宜，日喂总量一般不要超过 10kg。在精料中加入 1.0% 小苏打有利于增加食欲，提高产乳量，对预防酮病和瘤胃酸中毒等代谢病作用明显。

7. 增加饲料中过瘤胃蛋白质和瘤胃保护性氨基酸的供给量　由于高产奶牛泌乳量高，瘤胃供给的菌体蛋白质和到达皱胃、小肠的过瘤胃蛋白质已不能满足机体对蛋白质的需要，添加额外的过瘤胃蛋白质和瘤胃保护性氨基酸，是提高日粮蛋白质营养的有效措施。

8. 添加一定的异位酸和胆碱　异位酸能促进瘤胃内纤维素分解菌的生长繁殖，增加瘤胃内的菌体蛋白质，所以在日粮中添加异位酸能提高产乳量。胆碱能促进牛体的新陈代谢，有利于体脂的转化，减少酮血症的发生。

9. 使用阴离子盐　在产犊前 3 周内喂给母牛硫酸盐、氧化铵、氯化钙等阴离子盐，可减少产犊过程中酸中毒、产后瘫痪、皱胃变位的发病率。另外，在产犊前注射维生素 D，产前使用低钙日粮，产犊后恢复高钙日粮，能有效防止产后瘫痪和胎衣不下。

10. 应用 TMR 饲养技术　TMR 日粮可以叫全混合日粮、全拌和日粮和完全饲料，是根据对养分的需要并考虑各种饲粮因素，选择各种饲料原料，按一定比例混合而成。这意味着粗饲料、谷物饲料、蛋白质饲料、矿物盐和维生素的补充料以及其他添加剂等都一起作为混合物饲喂。对机械化程度较高的大、中型牛场，应大力推行 TMR 饲养技术。

TMR 饲养技术又叫全混合日粮饲养技术，是奶牛养殖一种新兴的饲养技术，就是将精饲料、粗饲料、副料充分搅拌混合均匀后送到牛舍，让牛自由采食的一种饲喂技术。技术路线为：设计日粮结构→青草、干草铡短→精料、粗料、副料混合→搅拌均匀→送料→奶牛自由采食。管理上注意检测原料和 TMR 料是否符合设计要求，TMR 饲料中干物质含量为 50%～60%；对高产奶牛和体弱奶牛单独补饲精料。

（二）高产奶牛的管理

对高产奶牛的管理，除坚持一般的管理措施外，还应注意以下几点。

1. 注意牛舍、牛体卫生　高产奶牛的牛床必须铺上柔软、干净的垫料，保持舍温在 0℃以上，坚持刷拭，保护肢蹄，保持牛体和环境的清洁卫生。

2. 坚持运动　必须保证每天 3～4h 的运动，以增强体质，维持组织器官正常的功能。对乳房体积大、行动不便的个体，可做牵遛运动。

3. 科学干乳　奶牛干乳期一般为 60d。对个别特别高产的奶牛，干乳期可缩短到 45d。干乳后要加强乳房的观察和护理。

4. 做好防暑降温和防寒保暖工作　炎热和潮湿对奶牛极为不利，尤其是高产牛反应更大。要采取有效工作，减少热应激对奶牛的影响。冬季牛舍要防寒保暖、防贼风。

5. 正确挤乳　挤乳操作和挤奶机性能必须符合标准要求，减少机械挤乳对奶牛的负面作用。

第五节　肉用牛的饲养管理

一、肉用繁殖母牛的饲养管理

人们饲养肉用母牛的目标是期望母牛产犊后返情早，配种后受胎率高，最好能达到一年一胎，母牛泌乳性能高，哺育犊牛的能力强；同时期望生产的犊牛质量好，初生重、断奶重大，断奶成活率高。

（一）肉用繁殖母牛的营养需要与供应要点

饲养成年母牛的效益只能通过繁殖成活率来体现，这个指标与母牛的营养关系十分密切。要使养母牛的效益提高，必须做到一年一胎，而母牛营养的供应影响着母牛受配率和受胎率乃至产后犊牛的成活率，对能否达到饲养者的目的起着决定性作用。一般情况下肉用繁殖母牛多以青、粗饲料为主，补饲少量精料。在满足能量供应的前提下，提供适量的蛋白质。在正常情况下容易发生缺磷，缺磷对繁殖率有严重的影响，可使母牛受胎率、泌乳力下降。维生素 A 是繁殖母牛饲料中最重要的维生素，缺乏可降低母牛的繁殖效率。通过给母牛补充适量的维生素 A 还可改善初生犊牛的维生素状况。维生素 A 的添加水平必须很高，因为维生素 A 在瘤胃和真胃内被破坏严重。配种前应进行"短期优饲"，同时也要防止营养过剩，过度肥胖会导致母牛卵巢脂肪变性而影响卵泡成熟和排卵，容易发生难产。产犊前后 70d 的各种营养供应，是繁殖母牛饲养的关键。

（二）提高肉用母牛繁殖力的饲养管理措施

1. 保证饲料营养的均衡供给　饲料营养包括水、能量、蛋白质、矿物质和维生素等，营养对母牛繁殖力的影响是极其复杂的过程。营养不良或营养水平过高，都将对母牛发情、受胎率、胚胎质量、生殖系统功能、内分泌平衡、分娩时的各种并发症（难产、胎衣不下、子宫炎、受胎率降低）等产生不同程度的影响。饲养者应根据母牛不同生理特点和生长生产阶段，按照常用饲料营养成分和饲养标准配制饲粮，精、青、粗饲料合理搭配，科学饲养，保证母牛良好的种用体况，切忌掠夺式生产，造成母牛泌乳期间严重负平衡。

2. 降低热应激　牛是耐寒怕热的动物，适宜温度为 0～21℃，而夏季气温往往高达 30℃甚至更高，对牛采食、产奶、繁殖等性能产生严重影响。热应激导致牛内分泌失调，卵细胞分化发育、受精卵着床和第二性征障碍，降低受精率和受胎率，所以降低热应激对蜀宣花牛的影响是夏季饲养管理中的重要工作内容。牛场经济实用的防暑降温方法是在牛舍内安装喷淋装置实行喷雾降温，并安装电风扇，促进空气流通，进行物理降温。

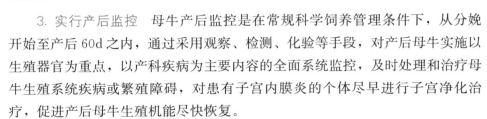

3. 实行产后监控　母牛产后监控是在常规科学饲养管理条件下，从分娩开始至产后60d之内，通过采用观察、检测、化验等手段，对产后母牛实施以生殖器官为重点，以产科疾病为主要内容的全面系统监控，及时处理和治疗母牛生殖系统疾病或繁殖障碍，对患有子宫内膜炎的个体尽早进行子宫净化治疗，促进产后母牛生殖机能尽快恢复。

4. 减少母牛繁殖障碍　母牛的繁殖障碍有暂时性不孕症和永久性不孕症，主要有阴道炎、隐性子宫内膜炎、慢性子宫炎、卵巢机能不全、持久黄体、卵巢囊肿、排卵延迟、繁殖免疫障碍、营养负平衡引起生殖系统机能复原延迟等。造成母牛繁殖障碍主要包括三个方面：一是饲养管理不当引起（占30%～50%），二是生殖器官疾病引起（占20%～40%），三是繁殖技术失误引起（占10%～30%）。主要对策是科学合理的饲养管理、严格繁殖技术操作规范、实施母牛产后重点监控和提高母牛不孕症防治效果。

（三）妊娠期肉用母牛的饲养管理

妊娠母牛的饲养管理，其主要任务是保证母牛的营养需要和做好保胎工作；妊娠母牛的营养需要与胎儿生长有直接关系。妊娠牛若营养不足，会导致犊牛初生重小、生长慢、成活率低。妊娠5个月内胎儿生长发育较慢，可以和空怀牛一样饲养，一般不增加营养，只保持中上等膘情即可。胎儿增重主要在妊娠的最后3个月，此期的增重占犊牛初生重的70%～80%，需要从母体吸收大量营养。同时母牛还需要在体内蓄积一定养分，以保证产后泌乳。若胎儿期生长不良，出生后将难以补偿，使犊牛增重速度缓慢，饲养成本增加。到分娩前母牛至少需增重45～70kg，才足以保证产后的正常泌乳与发情。

1. 舍饲饲养　饲养的总原则是根据不同妊娠阶段按饲养标准供给营养，以混合干草或青粗料为主，适当搭配精料。

妊娠5个月内，如处在青绿饲料丰茂季节，母牛可以完全喂青草而不喂精料；冬季日粮应以青贮、干草等粗饲料为主，缺乏豆科干草时少量补充蛋白质精料。在盛产糟渣的地区，一定要严格控制饲喂量。

妊娠6～9个月，若以玉米秸或麦秸为主，母牛很难维持其最低营养需要，必须搭配1/3～1/2豆科牧草，另外添加1kg左右混合精料。精料应选择当地资源丰富的农副产品，如麦麸、饼粕类，再搭配少量玉米等谷物饲料，并注意补充矿物质和维生素A。可参考配方：玉米52%、饼类20%、麦麸25%、矿物质 1%～2%、食盐 1%～2%，每千克混合精料另加维生素 A 3 000～3 600IU。

2. 放牧饲养　在放牧时，对哺乳母牛应分配就近的良好牧场，防止游走过多、体力消耗大而影响母牛泌乳和犊牛生长。牧场牧草产量不足时，要进行补饲，特别是体弱、初产和产犊较早的母牛。以补粗料为主，必要时补充一定量的精料。一般是日放牧 12h，日补精料 1kg 左右，饮水 2～3 次。

繁殖母牛的妊娠、产犊、泌乳和发情配种是相互紧密联系的过程。饲养时既要满足其营养需要，达到提高繁殖率和犊牛增重的目的，又要降低饲养成本，提高经济效益。这就需要对放牧和舍饲、粗料和精料的搭配等做出合理安排，有计划地安排好全年饲养工作。

二、肉用牛育肥技术

蜀宣花牛的父本为西门塔尔牛和荷斯坦牛，母本为巴山（宣汉）黄牛。其杂交个体普遍具有耐粗饲、适应性强、生长快的特点，初生重、日增重、肉质、屠宰率等都有显著的提高，表现出良好的杂交优势。

（一）断奶犊牛的饲养管理

断奶犊牛是指从断奶到育肥前的牛，年龄在 3～6 月龄，一般饲喂到体重 150～180kg，然后进入育肥场进行育肥。

1. 能量和蛋白质　根据生长育肥牛的营养需要特点，可以用中等质量的粗饲料和青贮饲料为主，合理配比精饲料来满足其能量需要。生长育肥牛的蛋白质需要量应该用精料补充料或优质豆科牧草来满足。例如，一头体重 150kg 的生长育肥牛，可以用 0.45kg 含 41% 粗蛋白质的补充料，或 1.5kg 苜蓿满足其一半的蛋白质需要量，另一半则由粗饲料提供。若按全价日粮计算，当生长育肥牛的日增重在 700g 以下时，日粮蛋白质含量为 10.5%；当日增重在 700g 以上时，日粮蛋白质含量不低于 11.0%。

2. 无机盐和维生素　无机盐和维生素对生长牛的发育很重要，对以喂粗饲料为主的生长牛，应注意钙磷平衡。体重 225kg 以下的生长育肥牛，饲料的钙含量为 0.3%～0.5%，磷含量为 0.2%～0.4%；体重在 225kg 以上的生长育肥牛，饲粮的钙含量为 0.25%，磷含量为 0.15%。秋季断奶犊牛的维生素 A 贮存量很少，断奶后应给每头牛瘤胃内或肌内注射 50～100IU 维生素 A。

3. 定时、定量饲喂 定时饲喂可以保证牛的采食量和正常反刍。断奶犊牛在更换大宗饲料时，要有两周的过渡期，以保证其瘤胃功能的正常适应和牛体健康。根据断奶犊牛的营养需要，充分满足其采食的数量和质量。无论是持续育肥还是架子牛育肥，都要保证其每天自由饮水不少于2次。

4. 管理定人 对参与断奶犊牛育肥的饲管人员，一经确定，不要任意更换。同时应按牛群划分定人定责。必须随时掌握牛只的变化情况，做好护理工作。

5. 预防下痢 断奶犊牛由于环境和饲料的变化，同时精料用量的增加，如果饲料调制和喂量控制不好，易诱发犊牛下痢。下痢会严重影响犊牛日增重和饲料报酬。

6. 合理分群 断奶犊牛应根据月龄、体重、采食速度、膘情、性别等实行分群饲养，适当淘汰病、弱牛。

7. 精心护理 为增进牛的食欲，每3～5d梳刮一次牛体。育肥前期每天做适量运动，以保持旺盛的食欲；后期则只宜少量的运动，为防蹄病，在整个育肥期中给每头牛修蹄一次。

8. 保持环境卫生 牛舍要保持清洁、干燥，勤换垫草。牛场或牛舍应通风良好，避风挡日，冬暖夏凉。夏季还应做好育肥牛的防暑降温工作，因高温、高湿会导致牛的食欲减退，日增重下降。

（二）育肥牛饲养管理

根据牛肉产品的分类，我国当前牛肉可分为适应大众化市场消费的大宗牛肉和部分消费者喜欢的肥牛肉（又称雪花牛肉）两种。生产大众化市场消费的大宗牛肉的肉牛一般饲养到18～24月龄出栏。由于雪花牛肉在生产过程中需要在肌肉间沉积大量的脂肪，所以育肥时间也大大延长，一般出栏时间是28～32月龄。根据育肥的起始时间和体重，我国当前肉牛的育肥方法主要分为持续育肥法、架子牛育肥法和淘汰牛强度育肥法三种。

1. 持续育肥法 犊牛断奶后即直接进入育肥阶段进行育肥的一种方法。育肥牛一开始就采用较高营养水平饲喂，使其增重也保持在较高的水平，周岁结束育肥时，活重可达400kg左右，或者18～24月龄出栏时体重达到500～600kg。日粮配合根据牛体重的变化而不断增加，每个月调整一次，使其达到计划的日增重。当气温低于0℃和高于25℃时，气温每降低和升高5℃应增加

10%的精料。育肥牛饲养方式可采用拴系式或散栏式。在规模化饲养条件下，可采用全混合日粮（TMR）饲养法。自由饮水，夏天饮凉水，冬天饮常温水，尽量限制其活动，保持环境安静。

用持续育肥法生产的牛肉，肉质鲜嫩，属高档牛肉。这是我国当前肉牛育肥中最普遍采用的育肥方式，也是一种很有推广价值的育肥方法。持续育肥技术要点：

（1）在设计增重速度时，增重速度要与育肥目标一致，胴体重量要达到1～2级标准指标，同时饲养成本要相对较低。

（2）整个持续育肥过程分为育肥准备期、育肥前期、育肥中期和育肥后期四个阶段，并要求断奶后的育肥起始体重达到150kg以上。

育肥准备期：在育肥准备期内，主要是让犊牛适应育肥的环境条件和饲喂方式，并在此期间内进行驱除体内外寄生虫、去势、去角、防疫注射等工作。时间大约60d，日增重要求达到700～800g。

育肥前期：日粮以优质青饲料、干粗料、糟渣类饲料或青贮饲料为主，这样可节省精饲料的用量，同时还可减少消化道疾病的发生。日粮中精粗料的比例为（35%～45%）：（55%～65%），日粮中蛋白质水平为12%～13%。日增重指标1 000g以上。时间150d。

育肥中期：日粮中精粗料的比例为（55%～60%）：（40%～45%），日粮中粗蛋白质水平为11%～12%，日增重指标1 100～1 300g。时间90d。

育肥后期：以生产品质优、产量高的肉牛为目标，提高胴体重量，增加瘦肉产量。日粮中精粗饲料的比例为（60%～65%）：（35%～40%），日粮中粗蛋白质水平为10%，日增重指标1 000g。时间60～80d。

育肥全程时间360～380d，平均日增重1 000g以上，育肥结束时体重500～600kg。

2. 架子牛育肥法　一般认为周岁以后的育成牛称为架子牛，能满足优质高档牛肉生产条件的应是12～24月龄的架子牛。

（1）架子牛的选择　如何选择架子牛，这是需要首先解决的问题。

年龄、体重：用于育肥的架子牛年龄在12～24月龄，周岁体重应不低于220kg，这样的牛通过8个月的育肥才能达到450kg以上的出栏体重。

性别：生产高档优质牛肉的首选应是阉牛，其次是公牛。因为阉牛在育肥后期最容易沉积脂肪，脂肪在肌肉间沉积形成大理石花纹，可提高牛肉的档

次，但是由于受雄性激素调节的影响，阉割后的公牛前期生长速度不如没阉割的公牛快。

体型、体况：用于育肥的架子牛应选择骨骼粗大，四肢及体躯较长，后躯丰满，皮肤松弛柔软，被毛光亮，体况中等，健康无病的牛。

买卖价差：架子牛买卖时甲地与乙地的价格差额往往较大，有较大选择空间。肉牛育肥的最大投入就是买牛的成本和饲养费用，其中前者可占到总成本的 70％～80％，后者占 20％～30％。

（2）架子牛育肥技术要点　从架子牛到育肥，根据起始月龄的大小，一般需要 90～200d。同样分为育肥前期、育肥中期和育肥后期 3 个阶段。

育肥前期：用时 14～21d。主要是让刚购进的架子牛适应育肥的环境条件，并在此阶段进行驱除体内外寄生虫、健胃。刚进场的牛自由采食粗饲料，每头牛每天补饲精料 0.5～1.0kg，与粗料拌匀后饲喂，精料应由少到多，逐渐增加到 2kg，尽快完成此阶段的过渡。

育肥中期：用时 45～120d。这时架子牛的干物质采食量应达到体重的 2.5％～3.0％，饲粮蛋白质水平为 11％～12％，精粗饲料的比例为 （45％～55％）：（45％～55％），若有优质的白酒糟或啤酒糟作粗料，可适当减少精料的喂量。日增重为 1 000～1 400g。精料配方为：玉米粉 70％、菜粕 10％、小麦 20％，每头牛每天另加磷酸氢钙 50～100g，食盐 20～40g，日喂 3～4kg。对粗料进行粗粉碎处理比细粉碎更能提高肉牛的采食量。

育肥后期：用时 30～60d。日粮中精粗饲料的比例 （55％～60％）：（40％～45％），饲粮蛋白质水平为 10％，日增重为 1 200g。此阶段可采取自由采食方式，能使饲料效率提高 5％。精料配方为：玉米粉 80％、菜粕 10％、小麦 10％，每头牛每天另加磷酸氢钙 50～80g，食盐 30～40g，日喂 3～5kg。体重达到 500kg 以上出栏。

3. 淘汰牛育肥法

（1）淘汰牛选择　用于育肥的淘汰牛往往是失去役用能力的役用牛、淘汰的产奶母牛、失去配种能力的公牛和肉用母牛群中被淘汰的成年牛。这类牛一般年龄较大，产肉量低，肉质差，经过育肥，增加肌肉纤维间的脂肪沉积，肉的味道和嫩度得以改善，提高了经济价值。但在育肥前应注意以下几点：一是育肥前体况检查、疾病检查。二是育肥前要驱虫、称重及编号。三是育肥时间以 2～3 个月为宜。四是体况差的牛要用低水平日粮复膘。五是选用合理的精料催肥，混合精料的日喂量以体重的 1% 为宜，粗饲料以青贮玉米或糟粕饲料为主，任其自由采食，不限量。

（2）淘汰牛育肥的管理

驱虫、消毒、预防：育肥之前要驱虫，同时必须搞好日常清洁卫生和防疫工作，每出栏一批牛都要对厩舍彻底清扫消毒一次。牛舍每天打扫干净，每月消毒一次。每年春秋两季对生产区进行大消毒。常用消毒药物有 10%～20% 生石灰乳，2%～5% 火碱溶液，0.5%～1% 的过氧乙酸溶液，3% 的福尔马林溶液，1% 的高锰酸钾溶液等。

限制活动：前期适当运动，促进消化器官和骨骼发育；中期减少运动；后期限制运动，使其长膘，此时的牛只能上下站立或睡觉，不能左右移动。有条件的情况下每天可让牛晒太阳 3～4h，日光浴对皮肤代谢和牛只生长发育有良好效果，日光浴充足的牛只被毛好、易上膘、增重快。

防寒降温：气温低于 0℃ 要注意防寒，如关好门窗，对开放式或半开放式牛舍用塑料薄膜封闭敞开部分。利用太阳能提高环境温度，可减少体热的损耗。气温高于 27℃ 时要做好降温防暑工作。西南地区的 7—8 月是一年中最炎热的时期，不宜育肥。

刷拭：每日必须定时刷拭 1～2 次，于喂饱后在运动场内进行。刷拭可保持牛体清洁，促进皮肤新陈代谢和血液循环，提高采食量，有利于牛只管理。

饲喂及饮水：每天饮水 2 次（夏天 3～4 次），冬天饮常温水。饲料一般以日喂 2 次较好，早晚各 1 次，间隔 12h，让牛有充分的反刍与休息时间。不喂霉烂变质的饲草料。

第八章
疫 病 防 控

第一节　牛场防疫体系建设

一、疫病防控体系

（一）牛场布局

牛场的布局，应科学合理，符合基本的防病要求。牛场选址，应向阳、背风，地势高燥。同时，水电充足，排污方便，通风良好。位置要离主要交通要道500m以上，距工厂、居民区1 000m之外，选址应远离屠宰场、污水处理厂和污染源。周围要建围墙。场地内合理布局，严格区分生产区、生活区和粪污处理区等。坚持封闭化管理，禁止闲杂人等进出生产区。严格消毒管理，场地、圈舍等均应设立消毒池、消毒室等消毒设施。生产区内，设置疾病隔离观察治疗区。总之，尽最大的可能确保牛群生长在安全的环境内，确保牛只健康生长。

（二）牛群管理

1. 自繁自养　坚持自繁自养，避免从外地购牛带入传染病源。

2. 分群分阶段饲养　按品种、性别、年龄、强弱等分群饲养，避免随意改动和突然变换。保证牛体正常发育和健康需要，防止营养缺乏性疾病和胃肠病的发生。

3. 创造良好的饲养环境　牛舍要阳光充足，通风良好，冬天能保暖，夏天能防暑，排水通畅，舍内以温度9～16℃、相对湿度50％～70％为宜。运动场干燥无积水。经常刷洗牛体。良好的饲养环境有利于牛的生长和繁殖，并能防止呼吸道、消化道和皮肤疾病的发生。

4. 保证适当的运动　每天上下午让牛在舍外自由活动1～2h，呼吸新鲜空气、晒太阳，增强心、肺功能，促进钙盐利用，防止缺钙。但夏季应避免阳光直射牛体。

5. 供给充足的饮水　牛每天都需要大量的饮水。必须有固定可靠的水源，保证水量充足、水质良好和取用方便。因此牛场都应设置自动给水装置，满足足量饮水，保证牛体正常代谢，维持牛群健康。

6. 坚持定期驱虫　驱虫对增强牛群体质，预防或减少寄生虫病和传染病的发生，具有重要意义。每年春秋两季各进行1次全牛群驱虫，结合转群、转饲实施。犊牛在1月龄和6月龄各驱虫1次。驱虫前应弄清牛群寄生虫种类，有的放矢地选择驱虫药物。常用驱虫药有阿维菌素、伊维菌素和丙硫咪唑等。

7. 预防各类中毒病的发生　毒素和毒物不仅使牛发生中毒病，而且损伤牛体的免疫功能，许多疫病乘虚而入。因此，不得饲喂有毒的植物、霉变的饲草、糟渣和带毒的饼粕，不在被工业"三废"和农药污染地放牧、饮水，防止牛偷食有毒药物和除草剂等。

（三）引进牛严格检疫

牛源必须从非疫区购买。引入前要经当地检疫，签发检疫证明。对购入的牛进行全身消毒和驱虫，方可引入场内，进场后应隔离观察45d，确认健康方可组群。引入育肥牛时按照《中华人民共和国动物防疫法》规定，对口蹄疫、结核病、布鲁氏菌病、副结核病和牛传染性胸膜肺炎要进行检疫，病牛不能引进。

（四）定期检疫、疫病监测

积极配合动物疫病预防控制中心和动物卫生监督机构做好每年两次（4月和10月）牛布鲁氏菌病、结核病等人畜共患病的检疫、检测。

（五）谢绝参观

谢绝无关人员进入牛场。必须进入者，须换鞋和穿戴工作服、帽，经消毒后才能入场。场外车辆、用具等不准进入牛场。不从疫区购买草料。本场工作

人员进入生产区，必须更换工作服和鞋、帽。场内不得饲喂鸡、鸭、鹅、猫、狗等动物。患有结核病和布鲁氏菌病的人不得参与牛场管理和饲养。不允许在生产区内对牛进行宰杀或解剖，不把生肉带入生产区。不得用残羹剩饭喂牛。消毒池的消毒药水要定期更换，保持有效浓度，一切人员进出门口时，必须从消毒池通过。建立系统的检疫、防疫、驱虫制度。

（六）消灭老鼠和蚊蝇

蚊蝇等吸血昆虫能传播动物的多种传染病和寄生虫病，每周应用卫害净（5％高效氯氰菊酯）等对牛舍进行喷洒。消灭蚊蝇、老鼠，切断传播途径，保证牛群正常生长。

（七）发生疫情后采取果断的综合扑灭措施

（1）发现疑似传染病时，应及时隔离、消毒，并迅速上报当地兽医站，尽快确诊。

（2）严格监测，尽早检出病牛。

（3）及时隔离，集中治疗，防止疫病扩散，净化牛场。

（4）确诊为传染病时，对病牛迅速隔离治疗或淘汰屠宰，对假定健康牛进行紧急免疫或进行药物预防。

（5）污染的场地、用具、工作服及其他污染物等必须彻底消毒，牛吃剩的草料及粪便、垫草进行焚烧处理。

（6）经上级确诊为烈性传染病的，必须在官方兽医的监督下做无害化处理或焚毁、深埋。不能擅自屠宰病牛。污染场地、用具及相关物品，必须进行严格消毒。

（7）对疫点进行严格封锁。

（八）严格执行预防接种制度

建立适合当地传染病发生规律的免疫程序。每年定期对口蹄疫进行接种预防。

（九）牛粪及其他污物及时清理并进行无害化处理

使用药物控制牛舍内蝇蛆的繁殖生长，杀灭粪中的蝇蛆。及时清除牛粪尿，保证环境卫生。

二、防疫消毒制度

建立健全防疫消毒制度，必须要树立预防为主、严格消毒、杀灭病原的观念。建围墙，大门小门、舍舍之间设消毒池，勤洗工作服并严格消毒，外人不得进场，春秋两次大消毒，器具、工具定期消毒。

（一）消毒分类

1. 根据疫病传播途径选择消毒方法　通过消化道传播的疫病，对饲料、饮水及饲养管理用具进行消毒；通过呼吸道传播的疫病，采取空气消毒；通过节肢动物或啮齿动物传播的疫病，杀虫、灭鼠。

2. 预防性消毒　每年春秋两季，结合转饲、转场，对牛舍、场地和用具各进行 1 次全面大清扫、大消毒。平时每周对牛舍内外、道路用 3％强力消毒灵消毒 1 次，牛体可用百毒杀进行消毒，牛床每天用清水冲洗，达到预防一般传染病的目的。

3. 随时消毒　在发生传染病时，对病牛和疑似病牛的分泌物、排泄物以及污染的土壤、场地、圈舍、用具和饲养人员的衣服、鞋帽都要进行彻底多次、反复消毒。

4. 终末消毒　在病牛解除隔离、痊愈或死亡后，或者传染病扑灭后及疫区解除封锁前，为了消灭疫病必须用 10％～20％石灰乳或 2％～5％火碱或 0.5％～1％过氧乙酸等终末大消毒。

牛粪内常含有大量的病原体和虫卵，应集中做无害化处理。处理方法可选用掺入消毒药或发酵处理。

（二）常用的消毒法

1. 机械性清除　清扫、洗刷、通风。

2. 物理消毒法　阳光、紫外线、干燥和高温，高温包括火焰、煮沸和蒸汽。

3. 化学消毒法　常用化学药品的溶液进行消毒。

（1）大门入口处设立消毒池和喷雾消毒设施，使用 2％苛性钠溶液（每周更换 1 次）或 1％复合酚等广谱、高效、低毒的消毒药品，主要是针对车辆

消毒。

（2）人员进出口通道设消毒池，池内用麻袋、草席等做成消毒垫，倒入3%～5%的煤酚皂溶液或10%～20%石灰水或2%烧碱溶液等消毒液，进行脚踩消毒垫方式消毒。同时采取紫外线和纳米喷雾消毒方式对人体消毒。

（3）在病牛舍、隔离舍的出入口处放置浸有2%苛性钠、1%菌毒敌或10%克辽林（臭药水）消毒液的麻袋或草垫，对进出人员进行消毒，防止疫病的传播。

（4）饲槽、饮水器、草料及粪便载运车辆以及各种用具须每天刷洗，定期用0.1%新洁尔灭或强力消毒灵、"84"消毒液、抗毒威等消毒。

（5）引进牛群前，空牛舍应按以下顺序彻底消毒：清除牛舍内的粪尿及草料，运出做无害化处理；用高压水彻底冲洗门窗、墙壁、地面及其他一切设施，直至洗涤液变清为止；牛舍经水洗、干燥后用1：（100～200）菌毒敌、1：500过氧乙酸或含有效氯50g/t以上的强力消毒灵、抗毒威等喷洒消毒。

（6）牛舍每月进行一次消毒，产房每次产犊都要消毒。圈舍消毒须先清扫并清除污物，然后再进行消毒。消毒剂品种要经常更换，交替使用。

消毒时做好人员防护，减少消毒药品对工作人员的刺激。

（三）常用消毒药的使用

消毒药的效果受到病原体、环境状况等因素影响，要根据消毒对象正确使用消毒药，确保消毒药的效果。常用消毒药的使用见表8-1。

表8-1　常用消毒药的浓度和消毒对象

消毒药物	使用浓度	消毒对象
石灰乳	10%～20%	牛舍、围栏、饲料槽、饮水槽
热草木灰水	20%	牛舍、围栏、饲料槽、饮水槽
来苏儿	5%	牛舍、围栏、用具、污染物
漂白粉溶液	2%	牛舍、围栏、车辆、粪尿
火碱溶液	1%～2%	牛舍、围栏、车辆、污染物
过氧乙酸溶液	0.5%	牛舍、围栏、饲料槽、饮水槽、车辆
过氧乙酸溶液	3%～5%	仓库（按仓库容积，2.5mL/m³）
臭药水	3%～5%	牛舍、围栏、污染物

三、预防接种及免疫

有计划地给健康牛群进行预防接种，使牛体产生特异性抵抗力，可以有效地抵抗相应的传染病侵害。历史上，我国成功的范例是利用疫苗消灭了牛瘟（1956）、牛肺疫（1996）。搞好免疫接种是预防疫病流行的重要措施。目前，国内外无统一的牛免疫程序，科学的免疫程序只能在实践中总结制订。为使预防接种取得预期的效果，必须掌握本地区传染病的种类及其发生季节和流行规律，掌握生产、饲养管理和流动等情况，根据各牛场可能发生的传染病不相同，选用不同的疫苗，制订出合乎本地、本牛场具体情况的免疫程序。

（一）常用疫苗种类

1. 巴氏杆菌苗（牛出血性败血症）　对体重 100kg 以下牛，每头皮下或肌内注射 4mL；体重 100kg 以上牛，每头注射 6mL。在本病流行前数周接种，可接种 2 次，间隔 1～2 周，免疫期可达半年以上。

2. 口蹄疫疫苗（O 型、A 型、Asia-1）　成年牛肌内注射 3mL，1 岁以下犊牛肌内注射 2mL，免疫期为 6 个月。口蹄疫 A 型活疫苗，肌内或皮下注射，6～12 月龄牛 1mL，12 月龄以上 2mL，注射后 14d 产生免疫力，免疫期 4～6 个月。

3. 牛流行热疫苗　在吸血昆虫孳生前 1 个月接种，第一次接种后，间隔 3 周再进行第二次接种，颈部皮下注射 4mL/头，犊牛 2mL/头。第二次接种后 3 周产生免疫力，免疫期为半年。

4. 牛轮状病毒疫苗　犊牛出生后吃初乳之前口服，2～3d 即可产生免疫力。福尔马林灭活疫苗，分别于妊娠母牛分娩前 60～90d 和分娩前 30d 两次注射免疫。

5. 牛传染性鼻气管炎疫苗　接种犊牛后 10～14d 产生抗体。第一次皮下或肌内注射后 4 周，重复注射 1 次，免疫期可达 6 个月。

6. 病毒性腹泻疫苗　对 6 月龄至 2 岁的青年牛进行预防接种，在断奶前后数周接种最好，免疫期 1 年以上，对受威胁较大牛群应每隔 3～5 年接种 1 次，育成母牛和种公牛于配种前再接种 1 次，多数牛可获终生免疫。

（二）疫苗的保管及使用

（1）除国家强制免疫疫苗外所需疫苗安排专人采购，所有疫苗专人保管，

以确保疫（菌）苗的质量。

（2）活疫（菌）苗必须冷冻保存，灭活苗在 4～8℃ 保存。使用前要逐瓶检查，观察疫（菌）苗瓶有无破损，封口是否严密，瓶签是否完整，是否在有效期内，剂量记载是否清楚，稀释液是否清晰等，并记下疫（菌）苗生产厂家、批号等，以备案便查。

（3）疫（菌）苗接种前，应检查牛群的健康情况，病牛应暂缓接种。接种疫（菌）苗用的器械（如注射器、针头、镊子等）事先严格消毒。根据牛场情况，每头牛换一个注射针头。

（4）接种疫（菌）苗时不能同时使用抗血清，消毒剂不能与疫苗直接接触。

（5）疫（菌）苗一旦启封使用，必须 4h 内用完，不能隔天再用，报损疫苗要无害化处理（深埋、焚烧），不能乱丢。

（6）在免疫接种过程中，疫（菌）苗应置于阴凉处，不能放置于日光下曝晒。

（7）注意防止母源抗体对免疫效果的影响。

（三）免疫失败的原因

（1）牛本身免疫功能失常，免疫接种后不能刺激牛体产生特异性抗体。

（2）母源抗体干扰。

（3）没有按规定免疫方法免疫，免疫后达不到所要求的免疫效果。

（4）正在使用抗生素、抗血清或免疫抑制药物进行治疗，造成抗原受损或免疫抑制。

（5）疫（菌）苗运输、保存过程中方法不当，使疫（菌）苗本身的效能受损。

（6）免疫过程中操作不严格，或疫（菌）苗接种量不足。

（7）疫（菌）苗质量存在问题，如过期失效、污染等。

总之，免疫失败原因很多，要进行全面的检查和分析。为防止免疫失败，最重要的对策是做到正确保存和使用疫（菌）苗，严格按免疫程序进行免疫。

四、牛群保健

保健是指在正常生产情况下，为保证牛群健康，防止隐性和临床型疾病的发生所采取的措施。

（一）营养供应

1. 犊牛　新生犊牛必须及早吃到初乳。如母牛分娩后无奶或病亡，则可用其他分娩时间相近的母牛初乳或发酵初乳替代，也可用人工调制初乳哺喂。尽早训饲精料和粗料，以促进瘤胃发育。

2. 育成牛　按营养需要供给中等营养日粮，防止牛过瘦。

3. 成年牛　按营养需要合理供应日粮，严防饲料二次发酵，牛吃后酸中毒（饲料中添加 1.5% 碳酸氢钠可预防）。

（二）防疫保健

1. 犊牛保健　加强饲养管理，预防新生犊牛窒息、犊牛腹泻、脐带炎、犊牛大肠杆菌病、佝偻病、犊牛水中毒、肺炎、白肌病等疾病的发生。哺乳犊牛单圈饲养。

2. 育成牛保健　加强育成牛的饲养管理，分群饲养，7～18 月龄的育成牛和 18 月龄以上的青年牛要分群饲养。16～18 月龄配种，体重达 350～380kg。产前 2～3 个月清洗按摩乳房。每天刷拭皮毛。预防瘤胃臌气、肠胃炎、肺炎、软骨病、持久黄体、卵巢囊肿、卵巢机能衰退、难产等疾病的发生。

3. 成年牛保健

（1）蹄保健　保持牛蹄清洁，经常清除趾间污物。坚持定期浴蹄（用 4% 硫酸铜或 5% 的高锰酸钾溶液），坚持修蹄，每年对全群牛的肢蹄普查并修整一次，对于有蹄变形的牛，每年修蹄两次（春秋）。

（2）疫病监控　坚持四查：查精神、查食欲、查粪便、查体温。抗体监测。加强临产牛的护理，对于高产、年老、体弱及食欲不佳，经临床检查无异常者，产前 1 周用糖钙疗法（10% 葡萄糖酸钙＋25% 葡萄糖各 500mL，1～2d 给 1 次，直到分娩）预防疫病。

（三）驱虫健胃

由于牛采食粗饲料、牧草等而经常接触地面，因此，消化道内易感染各种线虫，体外也易感染虱、螨、蜱、蝇蛆等寄生虫。牛的机体轻度到中度感染寄生虫后，其食欲降低，饲料化率受到影响，蛋白质及能量利用率降低，胴体的质量和增重效果也会有所下降。为此，肉牛在育肥前的预饲期内必须进行驱

虫。驱虫最好安排在下午或晚上进行，牛在第二天白天排出虫体，便于收集处理。驱虫应选在牛空腹时进行，投药前最好停食数小时，只给饮水，以利于药物吸收，提高药效。驱虫后，牛应隔离饲养2周，对其粪便消毒并进行无害化处理。

刚入舍的牛由于环境变化、运输、惊吓等原因，易产生应激反应，可在饮水中加入少量食盐和红糖，连饮7d，并多投喂青草或青干草，第二天开始添加少量麸皮，逐步过渡，要注意观察牛群的采食、排泄及精神状况，待牛只稳定后再进行驱虫和健胃。

1. 驱虫方法及注意事项　一般每季度进行一次。目前驱虫药种类繁多，常用的有阿弗米丁、阿苯达唑、左旋咪唑等。虫克星（阿维菌素）为驱虫首选药物，此药物对牛体内的几十种线虫及体外虱、螨、蜱、蝇蛆等体内外寄生虫均有效。根据不同剂型可口服、灌服和皮下注射。灌服或混在饲料中饲喂，使用剂量为每千克体重用有效成分3.33mg；颈部皮下注射按每千克体重0.02mL。

最好是阿苯达唑和伊维菌素同时使用。具体用法：内服阿苯达唑按每千克体重15mg，同时按每千克体重肌内注射0.1%伊维菌素0.2mL，这样联合用药对上述寄生虫都有较好的作用。

很多养牛户反映，常用阿维菌素、伊维菌素等药物对牛进行驱虫，由于所买驱虫药物含量达不到规定标准，驱虫效果不理想。如果是这样，育肥牛体内的驱虫可用阿苯达唑，一次口服剂量为每千克体重10mg或盐酸左旋咪唑每千克体重7.5～10mg，空腹服下。在有肝片吸虫的地方，可用硝氯酚等药物进行驱虫。此外，可以在每吨饲料中添加0.5kg芬苯达唑，按正常饲喂方法饲喂，对牛体内、体外的寄生虫均有良好的驱除效果。注意，在饲料中添加驱虫药物一定拌匀，以免个别牛吃不到，影响效果。

去除牛体表的外寄生虫，常采用浓度为2%～5%的敌百虫水溶液涂擦牛体（牛要戴嘴笼子），或者用浓度为0.3%的过氧乙酸对牛体逐头喷洒后，再用浓度为0.25%的螨净乳剂进行1次普遍擦拭，可于首次用药1周后再重复给药1次。在具体应用中要注意：不可随意加大用药量，发现不良反应立即停药，对症状严重的牛只请兽医对症治疗。

2. 健胃　饲喂方法不当或饲料不干净等原因，往往容易引起牛瘤胃、瓣胃沉积杂物，造成食欲不好、消化不良。此时宜空腹灌服浓度为1%的小苏打水健胃，待牛排出杂物后（以拉黑色稀粪为判断标准），再开始饲喂育肥饲料。

驱虫 3d 后，为增加食欲，改善消化机能，可应用健胃剂进行 1 次健胃，调整胃肠机能。如用健胃散、人工盐、胃蛋白酶、胰蛋白酶、龙胆酊等，一般健胃后的牛精神好，食欲旺盛。

牛健胃的方法有多种，可内服人工盐 60～100g/头或灌服健胃散 350～450g/头，1 次/d，连服 2d。对个别瘦弱牛灌服健胃散后再灌服酵母粉，250g/次，1 次/d；也可投喂酵母片 50～100 片。另外，可用香附 75g、陈皮 50g、莱菔子 75g、枳壳 75g、茯苓 5g、山楂 100g、神曲 100g、麦芽 100g、槟榔 50g、青皮 50g、乌药 50g、甘草 50g，水煎 1 次服用，1 剂/d，连用 2d，可增强牛的食欲。

健胃后的牛精神好，食欲旺盛。如果还有牛食欲不旺盛，可以每头牛喂干酵母 50 片。如果牛粪便干燥，每头牛可喂复合维生素制剂 20～30g 和少量植物油。

第二节　健康检查

一、蜀宣花牛生理指标

食欲是牛健康的最可靠指征，一般情况下，牛只要生病，首先就是食欲受到影响。早上给料时看饲槽是否有剩料，对于早期发现疾病是十分重要的。另外，反刍能很好地反映牛的健康状况。

成年牛的正常体温为 38～39℃，犊牛为 38.5～39.8℃。

成年牛每分钟呼吸 15～35 次，犊牛 20～50 次。

一般成年牛脉搏数为每分钟 60～80 次，青年牛为每分钟 70～90 次，犊牛为每分钟 90～110 次。

正常牛每日排粪 10～18 次，排尿 8～10 次。健康牛的粪便有适当硬度，牛粪为一节一节的，产奶母牛由于饮水量大，粪便一般偏软一些，排泄次数一般也稍多，尿一般透明，略带黄色。

二、健康检查方法

（一）生理指标测定

测定结果高于或低于正常生理指标表明牛只（群）处于亚健康或疾病

状态。

1. 体温的测定

（1）测定部位　对于牛来说，主要是测定直肠温度，至于体表或末梢的温度（包括角温、耳温、鼻梁温、肢端温、腋下温、躯干温等）则在触诊时进行测试。

（2）体温计准备　兽用体温计可放在35～45℃温水中与已知准确的体温计比较，差异过大的体温计不宜使用。体温计的后端要用一根细线拴住，一端连着的夹子，用来将温度计固定在尾根部，以防止牛排粪或骚动时滑落摔碎。检查前先看看体温计水银柱是否已降到35℃以下，若没有在35℃以下，则甩动体温计，使水银柱降到35℃以下，再涂上滑润剂。体温计用后要用消毒水消毒，不能使用开水消毒，以免超过45℃损坏体温计。

（3）测定方法　检查者立于牛的正后方，一手提起尾根部，另一手持体温计徐徐插入肛门，并用体温计上所附有的夹子夹住尾根背侧的短毛以固定，然后放下尾部。3～5min后取出体温计，擦去粪便污物，即可读取体温度数。取温度计时应注意先放开夹子，顺势捏住体温计前端将其取出，不要牵着夹子的线将体温计拉出，以免甩动而影响检查的准确性。对个别踢人的牛要加以注意，必要时可先作一后肢保定。对患传染病的牛应在每天上午和下午测温两次，对患普通病的可一天测一次体温。

（4）体温变化的影响因素　判断体温是否正常应考虑到牛的年龄、使役、外界气温等因素的影响。一般情况下犊牛略高于成年牛，下午略高于上午，使役时和使役后高于休息时。需注意这些因素对体温的影响一般不超过1℃。牛正常体温都有一定的范围。体温超出正常范围就是病态表现，应及早采取相应措施。

（5）体温病理变化

体温升高（发热）：机体在某种致病因素作用下，体温调节中枢机能发生紊乱，使产热增多，散热减少。见于多数传染病，呼吸道、消化道及其他器官、组织的炎症与感染性疾病，日射病与热射病等。

体温降低（体温低下）：机体产热不足或体热散失过多，致使体温低于常温。见于某些中枢神经系统的疾病与中毒，重度的衰竭、营养不良及贫血等（低血糖症等），频繁下痢的病牛，其直肠温度可能偏低。顽固的低体温，多预后不良。

（6）发热程度

微热：比正常体温升高 0.5～1℃。提示局部有炎症或较轻的疾病，常见于口炎、咽喉炎、蜂窝织炎、胃肠卡他、感冒等。

中热：比正常体温升高 1～2℃。提示一般的炎症，常见于胃肠炎、支气管炎、结核病、布鲁氏菌病等。

高热：比正常体温升高 2～3℃。提示急性传染病、广泛性炎症，常见于急性牛瘟、大叶性肺炎等。

极高热：比正常体温升高 3℃以上。提示某些严重的急性传染病，常见于炭疽、日射病、热射病等。

体温降低：常见于严重的贫血、脑炎、某些中毒病、濒死期、预后不良等。

（7）发热类型

稽留热：高热持续数天或更长时期，且每日昼夜的温差很小（1.0℃以内），而又不降至常温的热型。常见于大叶性肺炎、传染性胸膜肺炎、流感、血吸虫病、弓形虫病等。

弛张热：昼夜间有较大的温差变化（1.0～2.0℃），而又不降至常温的热型。常见于小叶性肺炎、化脓性炎症、非典型传染病等。

间歇热：在持续数天的发热后，出现无热期，如此以一定间隔时间而反复交替出现发热的现象。常见于钩端螺旋体病等。

回归热：两次间歇热之间，间隔以较长的无热期者。

不定型热：体温曲线无规律性地变动，常见于各种非典型性疾病，如结核病或使用药物造成。

2. 脉搏数测定

（1）脉搏的概念　随心室每次收缩，向主动脉搏送一定数量的血液，同时引起动脉的冲动，以触诊的方法，可感知浅在动脉的波动，称为脉搏。

（2）测定部位　牛尾动脉。

（3）测定方法　检查脉搏，必须在安静的状态下进行。牛尾动脉脉搏检查：检查者站于牛的正后方，左手将牛尾稍举起，右手掌放在尾根上面，拇指不动，手掌转至尾根腹面，食指、中指在尾根腹面轻轻压进尾动脉所在的尾沟中，触其搏动，拇指侧按于尾部背面作固定点。若一时触感不到，可以上下移动寻找。

（4）脉搏数的影响因素 脉搏数的判定应考虑到牛的年龄、使役和生理状态（兴奋、惊恐）等因素的影响，一般幼畜略高于成年家畜，使役时和使役后高于休息时。

（5）脉搏测定病理变化

脉搏增多（快脉）：心脏活动加快的结果。见于多数的热性病，心脏病（如心衰、心肌炎、心包炎），呼吸器官疾病，各型贫血及失血性病，伴有剧烈疼痛性的疾病（如腹痛症、四肢带痛性疾病），以及某些中毒病等。

脉搏减少（慢脉）：是心动徐缓的结果，通常预后不良。见于某些脑病（如脑肿瘤、脑脊髓炎等）及中毒（如洋地黄中毒），也可见于胆血症（胆道阻塞性疾病）以及垂危病畜等。

3. 呼吸频率的测定

（1）测定方法 一般可根据牛胸腹部的起伏动作或鼻翼的开张动作来测定。检查者立于动物的侧方，注意观察其腹胁部的起伏，一起一伏为一次呼吸。寒冷季节可根据呼出气流来测定（也可将手放于鼻孔前方感知），必要时需听诊肺部的呼吸次数。健康犊牛 20～50 次/min，成年牛 15～35 次/min。在炎热季节、外界温度过高、日光直射、圈舍通风不良时，牛的呼吸数增多。

（2）检查牛的呼吸方式 应注意牛的胸部和腹部起伏动作的协调和强度。健康牛通常呈胸腹式（混合式）呼吸，胸腹壁的动作很协调，强度大致相等。如出现胸式呼吸，即胸壁的起伏动作特别明显，多见于急性瘤胃臌气、急性创伤性心包炎、急性腹膜炎、腹腔大量积液等。如出现腹式呼吸，即腹壁的起伏动作特别明显，常提示病变在胸壁，多见于急性胸膜炎、胸膜肺炎、胸腔大量积液、心包炎及肋骨骨折、慢性肺气肿等。

（3）呼吸频率影响因素 受某些生理因素和外界条件的影响。例如犊牛略高于成年牛，运动、兴奋、使役的高于没运动、兴奋、使役的，妊娠后期的牛高于未妊娠的牛。

（4）呼吸数病理变化

呼吸频率增高：见于呼吸器官特别是支气管、肺、胸膜的疾病，多数的热性病，心衰，贫血等。

呼吸频率降低：见于脑室积水，某些中毒与代谢紊乱，上呼吸道高度狭窄等。

呼吸频率显著降低，并伴有呼吸节律及呼吸形式的改变，常预后不良。

（二）咳嗽观察

健康牛通常不咳嗽，或仅发一两声咳嗽。如连续多次咳嗽，常为病态。通常将咳嗽分为干咳、湿咳和痛咳。

干咳：声音清脆，短而干，疼痛比较明显。干咳常见于喉炎、气管异物、气管炎、慢性支气管炎、胸膜肺炎和肺结核病。

湿咳：声音湿而长、钝浊，随咳嗽从鼻孔流出大量鼻液。湿咳常见于咽喉炎、支气管炎、支气管肺炎。

痛咳：咳嗽时声音短而弱，病牛伸颈摇头。痛咳见于呼吸道异物、异物性肺炎、急性喉炎、胸膜炎、创伤性网胃炎、创伤性心包炎等。

此外，还可见经常性咳嗽，即咳嗽持续时间长，常见于肺结核病和慢性支气管炎等。

（三）反刍观察

反刍是一种复杂的生理性反射过程，由逆呕吐、重咀嚼、混合唾液和吞咽4个过程构成。健康牛一般在采食后 0.5～1h 开始反刍，通常在安静或休息状态下进行。每天反刍 4～10 次，每次持续 20～40min，有时可达 1h，反刍时返回口腔的每个食团进行 40～70 次咀嚼，然后再咽下。

（四）嗳气观察

健康牛一般每小时嗳气 20～40 次。嗳气时，可在牛的左侧颈静脉沟处看到由下而上的气体移动波，有时还可听到咕噜声。

嗳气减少：见于前胃弛缓、瘤胃积食、真胃疾病、瓣胃积食、创伤性网胃炎、继发前胃功能障碍的传染病和热性病。

嗳气停止：见于食道梗塞、严重的前胃功能障碍，常继发瘤胃臌气。当牛发生慢性瘤胃弛缓时，嗳出的气体常带有酸臭味。

（五）眼结膜检查

1. 健康颜色　一般牛眼结膜呈浅红色。

2. 异常颜色

单眼潮红：局部结膜炎。

弥漫性潮红：热性病、传染病。

树枝状充血：心机能不全。

苍白：贫血的表现，急速苍白。

发绀：包括肺源性（肺炎）、心源性（心衰）、中毒性（亚硝酸盐中毒）。

黄疸：溶血性黄疸、阻塞性黄疸、肝细胞性黄疸。

出血：包括肺源性（肺炎）、心源性（心衰）、中毒性（亚硝酸盐中毒）。

3. 检查方法　检查者站于动物一侧，一手握其鼻中隔，另一手的拇指与食指将上下眼睑拨开，用大拇指将下眼睑压开，即露出结膜。

（六）鼻液观察

健康牛鼻孔微湿润，但无鼻涕流出，或有少量的鼻液，并常用舌头舔掉。如见较多鼻液流出则可能为病态，通常可见黏液性鼻液、脓性鼻液、腐败性鼻液、鼻液中混有鲜血，以及鼻液呈粉红色、铁锈色。鼻液仅从一侧鼻孔流出，见于单侧的鼻炎、副鼻窦炎。鼻流白色清涕多为肺有寒湿；鼻涕浓稠色黄，肺有风热，常为肺水肿；鼻流清涕并咳嗽及鼻息不畅者，多为风寒感冒；鼻流黏涕，兼咳嗽及鼻息不畅者，多为风热感冒；鼻内流出黄色鼻液并有泡沫和血者，多为肺充血或出血。

（七）鼻镜观察

健康牛的鼻镜湿润，并附有少许水珠，触之有凉感。如牛鼻镜干燥、增温时多为热病或前胃弛缓的表现，严重者可出现龟裂，在治疗过程中，鼻镜由干变湿，常为病情好转的象征。

（八）口腔检查

健康牛口腔黏膜为粉红色，有光泽。口腔黏膜有水疱，常见于水疱性口炎和口蹄疫。口腔过分湿润或大量流涎，常见于口炎、咽炎、食道梗塞、某些中毒性疾病和口蹄疫。口腔干燥，见于热性病、长期腹泻等。当牛食欲下降或废绝，或患有口腔疾病时，口内常发出异常的臭味。当患有热性病及胃肠炎时，舌苔常呈灰白或灰黄色。

（九）排粪观察

正常牛在排粪时，背部微弓起，后肢稍微开张并略往前伸。每天排粪10～18次。在排粪时表现疼痛不安，弓腰努责，常见于腹膜炎、直肠损伤和创伤性网胃炎等。牛不断地做排粪动作，但排不出粪或仅排出很少量，见于直肠炎。病牛不采取排粪姿势，就不自主地排出粪便，见于持续性腹泻和腰荐部脊髓损伤。排粪次数增多，不断排出粥样或水样便，即为腹泻，见于肠炎、肠结核、副结核及犊牛副伤寒等。排粪次数减少、排粪量减少，粪便干硬、色暗，外表有黏液，见于便秘、前胃病和热性病等。

（十）排尿观察

观察牛在排尿过程中的行为与姿势是否异常。牛排尿异常有多尿、少尿、频尿、无尿、尿失禁、尿淋漓和排尿疼痛。健康牛的新鲜尿液清亮透明，呈浅黄色。尿液异常有强烈氨味、醋酮味，尿色深黄、红尿、白尿和尿中混有脓汁等。

第三节　疫病防控常用兽药及使用注意事项

一、常用兽药种类

1. 疫苗　疫苗是疫病预防中常用的药品，如牛出血性败血症疫苗、口蹄疫疫苗等。

2. 磺胺及抗生素　在养殖中加入比较廉价的药物进行常见病的预防，特别是疫病的流行期针对某些细菌性疾病进行预防，效果较好。

（1）磺胺类药物　如磺胺嘧啶、磺胺甲基嘧啶、磺胺二甲基嘧啶、磺胺脒等。

（2）抗生素类　如青霉素、链霉素等。

这些药品一般连续使用5～7d，不宜长期使用。

3. 饲料添加剂　目前广泛使用的牛用饲料添加剂中含有各种矿物元素、维生素等，可提高牛的生长速度和抗病力。

4. 微生态制剂　近年来发展很快，广泛用于人、动物和植物。常用的有促菌生、乳康生、调痢生等。其特点是调整动物肠道菌群比例，抑制肠道内病

原增殖，防止幼畜下痢。粉剂可拌入饲料，也可片剂口服，用量参照使用说明。

5. 解热镇痛类　柴胡、氨基比林等。

二、兽药使用原则

（一）兽药和添加剂使用及管理

（1）使用符合《中华人民共和国兽药典》二部和《中华人民共和国兽药规范》二部规定的用于肉牛疾病预防和治疗的中药材和中成药。兽药的使用应根据中华人民共和国农业部颁布的《NY/T 5030—2016 无公害农产品　兽药使用准则》进行。

（2）使用符合《中华人民共和国兽药典》《中华人民共和国兽药规范》《兽药质量标准》和《进口兽药质量标准》规定的钙、磷、硒、钾等补充药，酸碱平衡药，体液补充药，电解质补充药，血容量补充药，抗贫血药，维生素类药，吸附药，泻药，润滑剂，酸化剂，局部止血药，收敛药和助消化药等。

（3）使用国家兽药管理部门批准的微生态制剂。

（4）严格遵守规定的给药途径、使用剂量、疗程、休药期和注意事项。

（5）药物要严格管理，制定药物管理办法并严格执行。药物贮藏是保证药品质量与疗效的重要条件，因此应设专人保管。一要分类管理，按药品使用说明在避光、阴凉、通风、冷藏、低温等不同条件下分类保存。二要所有药品入库登记，按药品生产日期、有效期、批号及生产厂家，详细登记，保证及时使用，以免过期浪费。

（二）兽药使用配伍禁忌

配伍禁忌是指两种以上药物混合使用或药物制成制剂时，发生体外的相互作用，出现使药物中和、水解、破坏失效等理化反应，这时可能发生浑浊、沉淀、产生气体及变色等外观异常的现象。有些药品配伍使药物的治疗作用减弱，导致治疗失败；有些药品配伍使副作用或毒性增强，引起严重不良反应；还有些药品配伍使治疗作用过度增强，超出了机体所能耐受的能力，也可引起不良反应（表 8-2）。

表 8-2　常用兽药配伍禁忌表

类别	药物	配伍药物	结果
青霉素类	青霉素钠、钾盐，氨苄西林类，阿莫西林类	喹诺酮类、氨基糖苷类（庆大霉素除外）、多黏菌类	效果增强
		四环素类、头孢菌素类、大环内酯类、庆大霉素	相互颉颃或相抵或产生不良反应，分别使用、间隔给药
		维生素 C、B 族维生素、罗红霉素、多聚磷酸酯、磺胺类、氨茶碱、高锰酸钾、盐酸氯丙嗪、过氧化氢	沉淀、分解、失败
头孢菌素类	头孢系列	氨基糖苷类、喹诺酮类	疗效、毒性增强
		青霉素类、林可霉素类、四环素类、磺胺类	相互颉颃或相抵或产生不良反应，应分别使用、间隔给药
		维生素 C、B 族维生素、磺胺类、罗红霉素、氨茶碱、氟苯尼考、甲砜霉素、盐酸多西环素	沉淀、分解、失败
		强利尿药、含钙制剂	增加毒副作用
氨基糖苷类	卡那霉素、阿米卡星、核糖霉素、妥布霉素、庆大霉素、大观霉素、新霉素、链霉素等	青霉素类、头孢菌素类、林可霉素类、甲氧苄啶（TMP）	疗效增强
		碱性药物（如碳酸氢钠、氨茶碱、等）、硼砂	疗效增强，但毒性也同时增强
		维生素 C、B 族维生素	疗效减弱
		氨基糖苷类药物、头孢菌素类、万古霉素	毒性增强
大环内酯类	红霉素、罗红霉素、替米考星、吉他霉素（北里霉素）、泰乐菌素、替米考星、乙酰螺旋霉素、阿奇霉素	四环素	颉颃作用，疗效抵消
		其他抗菌药物	不可同时使用
		林可霉素类、麦迪霉素、螺旋霉素、阿司匹林	降低疗效
		青霉素类、无机盐类、四环素类	沉淀、降低疗效
四环素类	土霉素、四环素、金霉素、多西环素、米诺环素（二甲胺四环素）	同类药物及泰乐菌素、磺胺	疗效增强
		氨茶碱	分解失效
		三价阳离子	络合物

（续）

类别	药物	配伍药物	结果
氯霉素类	甲砜霉素、氟苯尼考	多西环素、新霉素、硫酸黏杆菌素	疗效增强
		青霉素类、林可霉素类、头孢菌素类	降低疗效
		卡那霉素、磺胺类、喹诺酮类、链霉素、呋喃类	毒性增强
喹诺酮类	沙星系列	青霉霉素类、链霉素、新霉素、庆大霉素、磺胺类	疗效增强
		林可霉素类、氨茶碱、金属离子（如钙、镁、铝、铁等）	沉淀、失效
		四环素类、氯霉素类、呋喃类、罗红霉素、利福平	疗效降低
磺胺类	磺胺嘧啶、磺胺二甲嘧啶、磺胺甲噁唑、磺胺对甲氧嘧啶、磺胺间甲氧嘧啶等	青霉素、头孢类、维生素C	疗效降低
		甲氧苄啶、新霉素、庆大霉素、卡那霉素	疗效增强
		罗红霉素	毒性增强
多肽类	多黏菌素、短杆肽、硫酸黏杆菌素	青霉素类、链霉素、金霉素、氟苯尼考、罗红霉素、喹诺酮类	疗效增强
		阿托品、庆大霉素	毒性增强
林可霉素类	盐酸林可霉素	氨基糖苷类	协同作用
		大环内酯类	疗效降低
		喹诺酮类	沉淀、失效

三、抗生素类兽药使用注意事项

目前，抗生素的应用十分广泛，同时也存在抗生素应用不合理的地方。

（一）抗生素使用的一般注意事项

（1）准确掌握不同抗生素的有效适应证。综合考虑用量、疗程、给药途径、不良反应、经济价值等。

（2）不要滥用抗生素。对病毒性疾病一般不宜用抗生素，一种抗生素奏效时，就不必使用多种抗生素，还要注意的是防疫前后10d及临屠宰前一定阶段内禁用抗生素类药，达到休药期后才能屠宰。

（3）抗生素类药不宜大量口服。牛瘤胃内存在着复杂的微生物区系，其中包括细菌和原虫。这些微生物能分解饲料中粗纤维、合成菌体蛋白质和维生素等。大量使用口服抗生素，易杀死瘤胃微生物，造成消化系统机能失调。

（4）合理地联合用药。青霉素、链霉素配合使用、青霉素同磺胺合用可提高使用效果。但应注意有些合用反而影响效果。

（二）化学合成抗生素使用注意事项

1. 抗菌增效剂　与磺胺药并用或与某些抗生素并用，可显著增加疗效，常用的有甲氧苄啶（TMP）和二甲氧苄啶（DVD、敌菌净）。制成品有：复方新诺明（SMZ-TMP）与磺胺1∶5的比例合用，可增强对大肠杆菌、沙门氏菌、巴氏杆菌的抑菌作用；与四环素、庆大霉素合用，可明显增强抗菌效果。

2. 硝基呋喃类　如痢特灵是违禁兽药，坚决不能使用。

3. 抗病毒的药物　不能用于食品动物。

4. 其他药物　环丙沙星、恩诺沙星、替米考星等。这些药抗菌谱广，活性强，用于多种细菌病的治疗，但不能用于病初和长期使用。

（三）抗生素配伍禁忌

1. 青霉素　不得与碱类、磺胺药物钠盐注射合用，不得与无机盐、有机盐合用，不得与维生素 B_1 合用，不得与浓度高于1％普鲁卡因合用。

2. 链霉素　不能与碱类、磺胺钠盐、维生素 C、维生素 B_1、维生素 K、其他氨基苷类抗生素如庆大霉素等合用。

3. 四环素　不能与青霉素、碱性物质如氢氧化铝、碳酸氢钠、氨茶碱以及含钙、镁、铝、锌、铁等金属离子（包括含此类离子的中药）的药合用。

4. 磺胺　应尽量避免与青霉素类药物同时使用，不宜与含对氨苯甲酰基的局麻药（如普鲁卡因、苯佐卡因、丁卡因等）合用，以免降效。液体剂型磺胺药不能与酸性药物如维生素 C、盐酸麻黄碱、四环素、青霉素等合用，否则会析出沉淀；固体剂型磺胺药物与氯化钙、氯化铵合用，会增加泌尿系统的毒性。

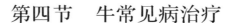

第四节　牛常见病治疗

一、消化系统疾病

(一) 创伤性网胃炎

[病因]

牛食入铁钉、铁丝、玻璃片等异物，并转入网胃，引起网胃壁损伤发炎。城郊及工厂附近牛只发病率较高，其特征性症状为顽固性前胃弛缓症状和冲击网胃疼痛。

[症状]

(1) 病初出现消化紊乱症状，如食欲不振、反刍减少、瘤胃蠕动音减弱、反复臌气等。

(2) 患牛站立时关节开张，肌肉震颤，下坡、转弯、走路、卧地均小心，有时出现拱背、呻吟、磨牙等症状。

(3) 有时用拳头推压网胃区，病牛回头顾腹、躲闪、疼痛。大便有黏液或隐血。用前胃兴奋剂病情加重。

[治疗]

(1) 病初可使牛站在前高后低位置，用大剂量抗生素（如青霉素、四环素等）进行胸腔、腹腔或肌内注射，以控制其炎症，使异物包埋固定。

(2) 最根本的治疗方法是切开腹壁或瘤胃取出异物，但此法对使役有一定影响。

(3) 为预防本病发生，可给牛带上磁铁鼻环，使金属异物吸附在环上。

(4) 可给牛投服两端钝圆的磁铁棒（长 2cm 左右，直径 0.5cm 左右），使金属异物吸附在棒上，防止本病发生，但此法对非金属异物无效。

(二) 瘤胃臌胀

[病因]

本病是由于牛过食易发酵饲料，瘤胃产生大量气体，使胃壁过度伸张的一种疾病。此外食道梗塞、前胃弛缓等也可继发瘤胃臌胀。其特征症状为：腹部明显增大，反刍、嗳气障碍，腹痛和呼吸困难。

（1）泡沫性瘤胃臌胀　是由于牛采食了大量含蛋白质、皂甙、果胶等物质的豆科牧草，如紫云英、豌豆苗、三叶草、苜蓿和霉败的青贮饲料生成稳定的泡沫所致；饲喂较多的谷物性饲料，如玉米粉、小麦粉等，也能引起泡沫性瘤胃臌气。

（2）非泡沫性瘤胃臌胀　又称游离气体性瘤胃臌胀。主要是牛采食了产生一般性气体的牧草（如幼嫩多汁的青草、沼泽地区的水草），或采食了堆积发热的青草、霉败饲草、品质不良的青贮饲料，或者采食了经雨淋、水泡、霜冻的饲料等引起。

［症状］

（1）急性瘤胃臌胀

①通常在采食后不久发病。

②腹部迅速膨大，左肷窝明显突起，严重时与脊柱平齐。

③反刍和嗳气停止，食欲废绝，发出吭声，表现不安，回顾腹部。

④腹壁紧张而有弹性，叩诊呈鼓音，瘤胃蠕动音初期增强，听诊有金属音，后期减弱或消失。

⑤呼吸加快，四肢开张，后肢踢腹，发出呻吟声。随病程发展，突然倒地死亡。

⑥胃管检查：非泡沫性瘤胃臌胀时，从胃管内排出大量酸臭的气体，臌胀明显减轻；泡沫性瘤胃臌胀时，仅排出少量气体，而不能解除臌胀。

（2）慢性瘤胃臌胀　其他疾病继发时（如创伤性网胃炎），常有反复发作的顽固性慢性瘤胃臌胀，程度较轻，并呈间歇性臌气，经治疗虽能暂时消除臌胀，但极易复发。

［治疗］

（1）轻症病例

①使病牛立于斜坡上，保持前高后低姿势，不断牵引其舌或在木棒上涂菜油后给病牛衔在口内，同时按摩瘤胃，促进气体排出。

②松节油 20～30mL，鱼石脂 10～20g，75%酒精 30～50mL，2～3 倍温水，一次内服。

③8%氧化镁溶液 600～1 500mL 或生石灰水 1 000～3 000mL 上清液，内服。

④可用油类或盐类泻剂，排除内容物。

（2）严重病例

①当有窒息危险时，首先应实行胃管放气或用套管针穿刺放气。

②非泡沫性瘤胃臌胀，放气后为防止内容物发酵，可用鱼石脂 15～25g、酒精 100mL、水 1 000mL，一次内服。放气后用 0.25％普鲁卡因 50～100mL 将 200 万～500 万 U 青霉素稀释，注入瘤胃。

③泡沫性瘤胃臌胀，宜内服表面活性药物，如二甲硅油，2～4g。也可用松节油 30～40mL、液状石蜡 500～1 000mL、常水适量，一次内服。

④当药物治疗效果不明显时，应立即施行瘤胃切开术，取出其内容物。

（三）瘤胃积食

［病因］

本病是牛大量采食难以消化的干粗纤维饲料或精料，使瘤胃胀满，容积扩大，胃壁过度伸张，引起瘤胃运动停止的一种疾病。

（1）原发性

①饲养管理不善。饲料突变，运动不足，饥饿后采食大量干草或精料，平时不按饲养标准补给精饲料，而偷吃大量精料，饮水不足，蛋白质、矿物质和多种维生素缺乏，玉米粉碎得过细。

②饲草质量不佳。长期供给难以消化的饲料，如玉米秸、小麦秸、花生藤、豆秸等。

（2）继发性　可继发于前胃弛缓、瓣胃阻塞、真胃积食和创伤性网胃炎等。

（3）应激因素　气温突变，长途运输，过度使役等。

［症状］

（1）采食后数小时至 12h 突然发病。

（2）表现食欲降低，反刍减少或停止。

（3）鼻镜干燥，口腔酸臭，口色暗红，口温偏高。

（4）腹痛不安，拱背呻吟，回头顾腹。

（5）粪便干黑难下，颜色较深，有时恶臭。

（6）拳压左肷部胀满、坚实，重压成坑，且陷窝在 1min 内难以消失。

（7）直肠检查可发现瘤胃扩张，容积增大，充满坚实或黏硬的内容物。

（8）听诊瘤胃蠕动音很弱，波短，次数减少甚至消失。

（9）积食严重者，呼吸困难，卧地难起，双眼半闭，头颈贴地，呈昏睡状态。

（10）后期由于瘤胃内的有毒物质被吸收，脉搏和呼吸增数，并出现昏迷，四肢无力，肌肉震颤，步态不稳，卧地不起，发生脱水，酸中毒，全身衰弱等症状。

[治疗]

（1）轻症　用1％温盐水20～30L洗胃。

（2）灌服泻剂　硫酸镁或硫酸钠500～1 000g，加松节油30～40mL，溶于3 000～5 000mL温水中，一次投服。或液状石蜡1 000～2 000mL，一次内服。

（3）增强瘤胃蠕动　应用泻剂后可皮下注射毛果芸香碱或新斯的明20～60mg，以兴奋前胃神经，促进瘤胃内容物的转运与排除。

（4）补液解毒　25％葡萄糖液500～1 000mL，复方氯化钠液或5％糖盐水1 000mL，20％安钠咖10～20mL，5％碳酸氢钠500mL，一次静脉注射，1～2次/d。

（5）健胃　龙胆酊50～80mL，陈皮酊50～100mL，水适量，一次内服。

（6）应用抗生素　在病程中，为了抑制乳酸的产生，应及时内服青霉素或土霉素，间隔12h投药一次。

（7）瘤胃放气　继发瘤胃臌气时，应及时穿刺放气，并内服鱼石脂等制酵剂，以缓解病情。

（8）重症　对危重病例，当认为使用药物治疗效果不佳时，且病牛体况良好时，应及早施行瘤胃切开术。去除瘤胃内容物不宜超过总量的2/3，并同时补充适量的健康牛瘤胃内容物或易消化的干草。

（四）前胃弛缓

[病因]

前胃弛缓是指前胃运动机能减弱，影响反刍、食欲、嗳气和食物消化的一种疾病。其原因主要是瘤胃积食时间过长，长期饲喂单一饲料，饲料突然改变，饲料和饮水的品质不良等。另外，也可由瓣胃阻塞等疾病继发。

（1）原发性前胃弛缓

①长期饲喂难消化且营养差的粗饲料，如小麦秸、豆秸、稻草等。

②饲喂发霉、冰冻和变质的饲料。

③饲草不足而精料过多。

④牛偷吃精料，误吃化纤、塑料。

⑤突然改变饲草、饲料种类。

⑥蛋白质、矿物质、维生素缺乏和不足。

（2）继发性前胃弛缓

①牛患一些热性传染病和寄生虫病时，往往继发本病。一般作为原发病的一种症状出现。如流感、结核病、布鲁氏菌病、血孢子虫病、肝片吸虫病、前后盘吸虫病、锥虫病、细颈囊尾蚴病等。

②营养代谢病与中毒性疾病，如生产瘫痪、酮血症、骨软症、产后血红尿蛋白症，有毒植物和化学药物中毒等。

③口腔、牙齿和舌的疾病，因采食咀嚼障碍，可引起前胃弛缓。

④还可继发于瘤胃积食、瓣胃阻塞、皱胃变位等。

（3）医源性前胃弛缓　治疗用药不当，如长期大量服用抗生素或磺胺类药物，瘤胃内正常微生物区系受到破坏，而发生消化不良。

［症状］

（1）急性病例　初期表现食欲降低，有时仅采食精料或新鲜干草，反刍缓慢无力；口腔干燥，唾液黏稠，呼出难闻气体。经 1～2d 后，食欲废绝，停止反刍；瘤胃蠕动极弱，触诊上部松软；粪便干硬，表面有黏液或粪稀如水且恶臭。若治疗不及时或诊断错误，可能转为慢性。

（2）慢性病例　反刍不规则，瘤胃呈现间歇性臌气；有一定食欲，但不过饱，腹部卷缩；随着时间推延，出现便秘或肠炎症状。

［治疗］

（1）原发性前胃弛缓

①病初绝食 1～2d，再喂给优质干草或易消化的饲料。或洗胃。

②促进瘤胃蠕动：可皮下注射氨甲酰胆碱 1～2mg，或新斯的明10～20mg。

③缓泻、制酵：硫酸钠或硫酸镁 300～500g，鱼石脂 20g，加温水 5 000～8 000mL，一次内服。或液状石蜡 1 000mL，苦味酊 20～30mL，内服。

④调节瘤胃 pH：内服氢氧化镁 400g 或碳酸镁 225～450g，或碳酸氢钠50g。恢复瘤胃微生物的正常区系。

⑤健胃益气：稀盐酸 15～30mL，75％酒精 100mL，常水 500mL，内服；或大蒜 250g，食盐 50～100g，捣成蒜泥，加适量水后内服。

⑥增强前胃神经兴奋性，可配制"促反刍液"：10％氯化钙 200～400mL，

10%氯化钠 500mL，20%安钠咖 10mL，静脉注射。

⑦防止脱水和自体中毒：可静脉注射 25%葡萄糖 500～1 000mL、40%乌洛托品 20～50mL、20%安钠咖 10～20mL。

（2）继发性前胃弛缓和医源性前胃弛缓　解除病因，按不同病因采用相应方法治疗。

（五）瓣胃阻塞

[病因]

本病是由于瓣胃收缩机能降低，排空缓慢或困难，食物停滞于胃中，水分被吸收后引起瓣胃阻塞或不通。另外，前胃弛缓、瘤胃积食、创伤性网胃炎、真胃阻塞等病均可导致本病发生。

（1）原发性因素

①长期投喂刺激性小或缺乏刺激性的谷糠、麸皮、细玉米面等饲料。

②长期过多饲喂粗硬难消化的豆秸、玉米秸、青干草、紫云英等粗饲料（特别是铡得过短后喂牛）。

③饲草、精料混有大量泥沙等。

④应激因素（如放牧后转为舍饲）、耕牛劳役过度，突然变换饲料等。

⑤饲料营养成分不全面，缺乏蛋白质、维生素及必需的微量元素，如硒、钴等。

⑥饲养管理粗放，缺乏饮水，运动不足。

（2）继发性瓣胃阻塞　常继发于前胃弛缓、皱胃阻塞、皱胃变位、皱胃溃疡、腹腔脏器粘连等疾病。

[症状]

（1）病初呈前胃弛缓症状，食欲反刍减少，口腔黏膜干燥，色鲜红，有时有轻度臌气。

（2）大便干燥，色稍黑，且附有少量黏液。

（3）用力触压瓣胃区（右侧第 9～10 肋间中央），可触及大而坚硬的瓣胃，患牛表现疼痛。

（4）随病程发展，鼻镜干裂，呼吸浅快，食欲废绝、反刍停止，粪便干黑而小，甚至呈算盘珠状。

（5）直肠检查时，直肠空虚，腹腔瓣胃成为一个卵圆形的坚硬块。于右侧

第9肋间肩关节水平线交界处做瓣胃穿刺，阻力较大，无内容物流出。

（6）晚期病例，体温升高 0.5～1.0℃，皮温不整，末梢发凉，结膜发绀，出现脱水、酸中毒和自体中毒的体征。病牛卧地不起，呻吟，精神忧郁，以致死亡。

［治疗］

（1）早期　可服泻剂，如硫酸钠 400～500g 或液状石蜡 1 000～2 000mL。10%氯化钠 100～200mL、安钠咖 10～20mL，静脉注射，以增强前胃神经兴奋性，促进前胃内容物运转与排除。

（2）中期　可进行瓣胃注射：预先将硫酸镁 400g、呋喃西林 30g、液状石蜡或甘油 200mL、常水 3 000mL 混合。当针头进入瓣胃后，将上述混合液注入，1 次/d，连续 2～3d。

（3）后期　常用瓣胃冲洗法，适用于瓣胃阻塞任何时期，但本法需做瘤胃切开，故常在其他疗法无效时采用。

（六）胃肠炎

［病因］

胃肠黏膜及黏膜下层组织的炎症称胃肠炎。发病原因是饲料霉变、饲养失调、饮水不洁、采食过多精料、突然转换饲料、风寒感冒等。另外，中毒及某些病毒、细菌、寄生虫等均可导致本病发生。

［症状］

患畜精神不振，食欲不佳，有时废绝，反刍停止，体温升高，但耳根、四肢末端变凉。呻吟，渴感增加，肠音亢进，里急后重，腹泻，排除少量恶臭粪便伴有腹痛。个别粪便先为糊状如"煤焦油"样，后则稀如水样。有多量黏液附于表面或混于其中，带血恶臭。由于后期牛严重脱水或酸中毒，眼球下陷，四肢无力，站立困难，呼吸心跳加快。因衰竭而死。

［治疗］

首先禁食 24h 左右，此后喂少量易消化饲料，同时进行治疗。

（1）磺胺脒 15～25g，3 次/d，首次用药加倍；或小檗碱 4～8g，3 次/d，灌服。

（2）磺胺脒 60g、碳酸氢钠 40g、碱式硝酸铋 30g、药用炭 100～300g，一次性灌服，2 次/d。

（3）如有脱水和酸中毒，可用葡萄糖生理盐水 300～500mL 或复方氯化钠液 2 000mL，10％维生素 C 20mL，混合一次静注，接着再注射 3％～5％碳酸氢钠 500～1 500mL。

（4）内服 0.5％痢菌净液 50～100mL。

（5）灌服止泻克痢粉 8～15g/次，2 次/d。

（6）静脉注射 5％葡萄糖生理盐水 1 500mL，庆大霉素 8 万 U×8 支、10％维生素 C 20mL。

（七）牛口炎

［病因］

（1）多因采食粗硬的饲料，食入尖锐异物或谷类的芒刺，以及动物本身牙齿磨面不正。

（2）误食有刺激性的物质，如生石灰、氨水和高浓度刺激性的药物。

（3）饲喂发霉的饲草可引起霉菌性口炎。

（4）吃了有毒植物和维生素缺乏等。

（5）继发于某些传染病，如口蹄疫、牛恶性卡他热等。

［症状］

减食、小心咀嚼，严重时不能采食，唾液多，呈丝状带有泡沫从口角中流出。口腔内温度高，黏膜潮红肿胀，舌苔厚腻，气味恶臭，有的口黏膜上有水疱或水疱破溃后形成溃疡。

［诊断］

局部温度增高、疼痛、咀嚼缓慢、流涎。

［防治］

（1）预防：除去病因，加强管护，喂给柔软易消化的饲料。

（2）可用 1％食盐水，或 2％～3％硼酸液，或 2％～3％碳酸氢钠溶液冲洗口腔，2～3 次/d。口腔恶臭，用 0.1％高锰酸钾液洗口腔；口腔分泌物过多时，可用 1％明矾液或 1％草鞣酸液洗口腔。

（3）口腔黏膜溃烂或溃疡，洗口腔后可用碘甘油（5％碘酒 1 份，甘油 9 份）或 10％磺胺甘油乳剂涂抹，2 次/d。也可用青霉素 1 000U 加适量蜂蜜混匀后，涂患部，每日数次。

（4）体温升高，不能采食时，静脉注射 10％～25％葡萄糖液 1 000～1

500mL，结合青霉素或磺胺制剂疗法等，2 次/d，经胃管投入流质饲料。

（八）牛食道梗塞

[病因]

牛食道梗塞多由于饲料管理不当，有的是让牛盗食未经粉碎或粉碎不全的块根及块茎饲料所造成；或由于牛放牧于未收尽的块根、块茎地等，吃了大块的坚硬饲料而导致。

[治疗]

根据梗塞部位、梗塞物大小及梗塞物在食道上能否移动等具体情况，采取相应的治疗措施。梗塞物能从外部推送到咽部时，可慢慢向咽部推送，直至由口腔取出；食道深部梗塞时，由于无法推送到咽部，可采取向胃内推送法、打气法、打水法或扩张法送入胃内；当梗塞物在食道上部固定得紧密，无法移动时，可采取砸碎法、针刺划碎法或食道切开法取出。现将各种方法简述如下。

（1）口取法　梗塞物如果在食道上 1/3 处时，可采取本法。操作时必须装着开口器，将牛头和开口器一并固定牢靠，以防开口器滑落造成意外。先用胃管向食道内投送 3％～5％普鲁卡因 20～30mL，经 15min 后再投送液状石蜡或植物油 50～100mL，将梗塞物从外部推到咽部，另一人伸手入口到咽部将梗塞物取出。

（2）推送法　梗塞物在颈部食道下方或胸部食道时，先将牛头吊起并固定好，用胃管灌入液状石蜡或植物油 100～200mL，经 20～30min 后，将牛口装着开口器，选 1 根拇指粗的新缰绳，绳端平滑，涂上液状石蜡或植物油，将涂油的新缰绳从口腔插入食道，徐徐推送梗塞物，使梗塞物进入胃中。

（3）打气法　将胃管送入食道，顶住梗塞物，外端接上打气筒，术者固定胃管，另一人有节奏地打气，在食道扩张之时，顺势将梗塞物推入胃内。

（4）打水法　将胃管送入食道，顶住梗塞物，外端接在唧筒式灌肠器的接头上，将灌肠器插入水中，连续往食道内打水，如梗塞物移动时，顺势推动胃管，将梗塞物送入胃内。

（5）扩张法　本法多应用于深部食道梗塞，如胸部及贲门附近食道梗塞时，利用酸碱中和过程中爆发出的酸气，来冲击梗塞物进入胃内。方法是先将饱和碳酸氢钠（小苏打）200～300mL，用胃管送入梗塞物处，然后再将稀释盐酸 100～200mL 送入食道。

（6）砸碎法　多应用于颈部食道梗塞，梗塞物多为脆性易碎物（如马铃薯）时，可在梗塞部位垫上棉花、布片等，用大钳子或踢钳夹碎，或将牛放倒，捆绑保定好，固定食道梗塞物，在梗塞物之下放一平坦木块，然后用平顶锤准确而有力地猛击梗塞物，将其砸碎，一般无后遗症。

（7）针刺划碎法　应用于颈部食道梗塞，梗塞物为脆性易碎物时，可用小宽针或采血针刺入梗塞物内，将梗塞物划碎。

（8）直接食道推送法　采用手术的方法将颈部食道暴露出来，然后直接从食道将梗塞物推送到咽部，再由口腔取出梗塞物。手术方法：站立保定，将牛头高吊，使其颈部弯向右侧，固定好牛头，梗塞部位则充分暴露出来，手术部位即梗塞物所在部位剪毛或剃毛，进行常规消毒后，用 $2\% \sim 3\%$ 普鲁卡因进行局部麻醉，切口与颈沟平行，在梗塞部位切开皮肤及颈皮下肌肉后，要注意避开颈静脉，用扩创钩扩大切口，用刀柄钝性分离食道周围组织（在气管附近能触到强烈搏动的颈动脉，注意切勿损伤。食道在正常状态下较难找，但在食道梗塞时，因有梗塞物而膨大易找），使食道暴露，术者用手握住食道，在梗塞部食道稍下方，边压边向上推送，使梗塞物返回口腔。当梗塞物进入口腔时，另一人伸手入口腔取出梗塞物。对术部进行清除创腔积血。

（9）食道切开法手术　与直接食道推送法相同。如梗塞物不能推入咽部时，只好切开食道将梗塞物取出。具体方法是：将梗塞部食道拉于切口外，用两把镊子分别垫于梗塞物两端的食道下面，使梗塞部位食道暴露和固定于皮肤切口之外。在梗塞物下端纵切食道（与食道平行切开）取出梗塞物，以灭菌生理盐水冲洗伤口，食道黏膜层以连续缝合法缝合，食道浆膜层以肠胃缝合法缝合，其他处理同直接食道推送法。牛食道梗塞后不久，因嗳气不能排出，瘤胃发生臌气，因此首先用套管针进行瘤胃穿刺放气，并将套管针缝于皮肤上固定，至梗塞物排出为止。

二、传染性疾病

（一）牛口蹄疫

[病原]

牛口蹄疫是由口蹄疫病毒引起的一种急性、热性及高度接触性传染病。本

病具有传染快、蔓延面宽、病毒宿主广泛等特点，一旦发病，传播速度快，往往造成大流行，不易控制和消灭，造成很大损失。世界动物卫生组织（OIE）一直将本病列为发病必须报告的 A 类动物疫病名单之首。本病的特殊症状是口腔黏膜、蹄部皮肤形成水疱及烂斑，从而导致患牛流涎和跛行。

［症状］

（1）潜伏期平均为 2～4d。病牛体温升高，食欲降低，精神不振，反刍减少或停止。

（2）口腔黏膜潮红，口温增加，有渴感。视诊可见舌背、唇内、齿龈等处形成蚕豆及核桃大小的水疱，色较淡，内含清亮液体，破溃后现出红色组织。患牛流涎，表现咂嘴，并发出声音。如无继发感染，多于 2～3d 后破溃并长出上皮组织。

（3）蹄部（蹄叉、蹄冠、蹄踵）、乳房上也出现水疱。蹄部水疱破烂后常表现跛行。在没有继发感染的情况下，多于 2 周左右自愈。如感染严重，可见蹄壳脱落，甚至难以治愈。

［防治］

（1）一旦发病立即向动物疫控中心、动物卫生监督所、兽医主管部门及所在地畜牧兽医站等相关部门上报疫情，采取病料，迅速送检，以便确认病毒型。

（2）将病牛隔离，封锁疫区，停止疫区牛销售和转移。

（3）立即用同型疫苗对邻近或同群的牛进行紧急预防注射。

（4）用 1％～2％热烧碱水对患畜所用场地、牛舍及用具等进行消毒。同时将粪便发酵，深埋或焚烧病死牛。

（5）待最后一头患牛自愈或扑杀后 2 周左右，通过全面、彻底消毒之后方能解除封锁。

（二）破伤风

［病原］

破伤风又名强直症，俗称锁口风，是由破伤风梭菌经伤口感染引起的一种急性中毒性人畜共患病。以骨骼肌持续性痉挛和神经反射兴奋性增高为特征。

［症状］

（1）初期精神不振，但食欲不减，可见吃食张口有困难。

（2）口角流涎，咀嚼和吞咽都较困难，发展下去，则牙关紧闭，直到完全不能咀嚼和吞咽。

（3）眼睛半睁半闭，瞳孔放大。

（4）声音、光线或触摸都会使痉挛加剧。

（5）常有便秘、臌气、尿量少等现象。

（6）行走时转弯、后退都很困难。

（7）四肢伸直、颈向后弯，呈木马状。

（8）体温不高，有的在临死前迅速升高。

（9）一般出现症状 3～10d 死亡。但只要治疗及时，死亡率较低。

（10）严重时，反刍、嗳气停止。

（11）病牛患病期间意识正常。

［防治］

（1）加强护理　将病牛置于光线较暗、通风良好、干燥清洁的栏舍内，环境保持安静，避免音响刺激，给予易消化的饲草饲料。

（2）伤口处理　处理伤口时，应注意无菌操作，扩大创口，彻底排出脓液、异物、坏死组织，并用消毒药（可用 2％高锰酸钾、3％双氧水或 5％～10％碘酊等）消毒创面，同时在创口周围注射青霉素、链霉素。

（3）药物治疗　要根据病程发展的不同阶段，采取中和毒素、镇静解痉、对症治疗等方法进行。

①破伤风抗毒素 20 万～30 万 IU，2％乌洛托品注射液 100～150mL，25％硫酸镁注射液 50～100mL，5％葡萄糖注射液 2 000mL，一次静脉注射。隔 3～5d 再注射一次。

②若开口困难，可用 3％普鲁卡因 10mL 或 0.6％～1.0％肾上腺素 0.1mL，混合注入咬肌；无法采食时应每天补液、补糖 2 次。

对治疗预后情况有"三指可治，二指尚医，一指死矣"这一说法，也就是说，能伸进口腔三根手指时一般可治好，如能伸进两根手指时有治疗价值，如果仅能伸进一根手指，治疗往往无效。

（三）布鲁氏菌病

［病原］

布鲁氏菌病是由布鲁氏菌引起的人畜共患的慢性传染病。主要特征是母牛

流产、胎衣不下和公畜睾丸炎等疾病的发生。

病牛是主要的传染来源，流产的胎儿、胎衣、羊水及流产母牛的乳汁、恶露、子宫分泌物、粪便、脏器及牛的精液都含有大量病菌。

布鲁氏菌病可经消化道、生殖道、呼吸道黏膜感染，特别是接产和人工输精消毒不严时易感染人。可经母体胎盘垂直传给胎儿。

［症状］

（1）犊牛患此病后通常不表现临床症状。

（2）成年母牛第一胎流产，多发生在妊娠 5～8 个月，流产后出现胎衣不下，常从阴道流出褐色恶臭黏液，发生子宫内膜炎，导致屡配不孕。

（3）母牛可发生腕关节、跗关节及膝关节炎。

（4）公牛感染病后，多数表现睾丸炎和附睾炎。

［防治］

新引进牛只须隔离饲养 2 个月并检疫两次，阴性者方可合群。对患病牛应淘汰处理，牛舍用 3％氢氧化钠液或新鲜石灰水消毒。每年定期进行检疫，设立病牛饲养舍。定期预防注射，常用于牛的菌苗有布鲁氏菌 19 号弱毒菌苗（5～8 月龄注射 1 次，18～20 月龄再注射 1 次）、布鲁氏菌弱毒菌苗。

对病牛数量较多或有特殊价值的病牛，可在严密隔离条件下治疗。可用金霉素、链霉素或磺胺类药物和中药益母散，需坚持用药。有子宫炎时用 0.1％高锰酸钾冲洗子宫，1～2 次/d，2～3d 后隔日 1 次，直到痊愈。

（四）结核病

［病原］

结核病是由结核分枝杆菌引起的人畜共患传染病。牛发病率较其他家畜高，而且成年牛较青年牛高。疾病的主要特征是器官和组织中形成结核结节。

［症状］

由于病菌侵害部位不同，临床上可分为肺结核、肠结核、乳房结核等型，但以肺结核较为多见。

（1）**肺结核**　症状多为短促的干咳或湿性咳嗽，尤以早上、饮水和运动后为明显。随病程发展，咳嗽加剧，呼吸增加，有时可见腹式呼吸。患畜精神不振，食欲不佳，逐渐消瘦。肺部听诊有啰音，叩诊有浊音区。

（2）肠结核 患畜出现腹泻，粪中有脓性黏液，直肠检查有时可见大小不等的结核结节。

（3）乳房结核 特征性症状为乳上淋巴结肿大，无增温及痛感，乳房出现局限性或弥散性硬结，乳量减少，逐渐稀薄，且有凝块。

［防治］

新购进牛必须观察 3 个月，经用结核菌素检疫确认为阴性后方可合群。阳性牛应隔离并由专人饲养。结核病母牛所产的犊牛坚持喂健康牛乳汁，并严格隔离，连续 3 次检查证明为阴性者方可合群。

凡开放性结核病牛必须扑杀。对于阳性牛及时治疗，常用的治疗药物有异烟肼（雷米封），3g/d，分 3 次投服，3 个月为一疗程。严重患牛每日 1 次肌内注射链霉素 200 万～500 万 U，连续 1 周。对感染牛圈舍及用具用 20％石灰乳或 10％漂白粉消毒。

（五）流行热

［病原及症状］

流行热，亦称三日热。致病病毒为弹病毒系水疱病毒属病毒。一般症状为体温升高达 39.5～43℃。以神经系统症状为主时，导致站立困难，肌肉颤抖，周身疼痛，卧地不起呈瘫痪状态。以呼吸道症状为主时，近似感冒，精神委顿，低头垂耳，眼结膜充血，流泪，流涎与流涕，呼吸急促等。对孕牛多导致流产与死胎。大部分牛经 3～5d 后可恢复正常，但损失很大，如产奶量大幅度下降，妊娠中断，瘫痪者因褥疮出现全身症状死亡，部分牛留有神经系统后遗症。如发病牛群较大、病情较重，经过 1～2 个月后，在痊愈牛中因经济价值下降还要淘汰大约 10％。

［治疗］

除用一般药物对症治疗外，没有特效药物和专用疫苗。以呼吸系统为主要症状的多用安乃近、普鲁卡因青霉素或增加链霉素、卡那霉素。有神经症状者除控制感染外，可用盐酸硫胺、呋喃硫胺、葡萄糖酸钙、氯化钾等，也可以用中药组方治疗。主要应从加强饲养管理提高牛只抗病能力与对环境的适应能力着手，改善环境条件（以防暑降温为主）与卫生状况（消灭蚊、蝇、虻等吸血昆虫）。一旦发病要及时消毒，隔离病牛，加强对病牛的护理，组织必要人力，采取多种措施，尽快控制住。

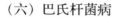

（六）巴氏杆菌病

[病原及症状]

巴氏杆菌病是由多杀性巴氏杆菌引起的疾病，也称牛出败。根据病状分为败血型、浮肿型、肺炎型。

败血型：高热（41~43℃）、腹痛、下痢、粪便恶臭带血，有时鼻孔和尿中带血，多在12~24h死亡。

浮肿型：头颈和胸前水肿，外形显著失常，重者肛门、生殖器官及腿部也有水肿，甚至蔓延到身体其他部位。水肿处，开始时热、痛、硬，后变凉、疼痛减轻，指压有压痕，口腔黏膜红肿，舌肿大，吞咽和呼吸困难，最后因窒息而死亡，病程12~36h。

肺炎型：主要呈纤维素性胸膜肺炎症状，便秘，有时下痢，并混有血液，病程长的一般3d或1周左右。

[防治]

可用高免血清治疗，效果良好。青霉素、链霉素、四环素族抗生素或磺胺类药物均有一定的疗效。如将抗生素和高免血清联用，则疗效更佳。可中药组方治疗。预防要加强饲养管理，增强机体抵抗力，避免拥挤和受寒，注意日粮的营养全面，消除发病诱因，圈舍、围栏要定期消毒。流行地区，每年要进行预防注射。

（七）附红细胞体病

[病因及症状]

附红细胞体病是由附红细胞体引起的一种传染病。各种年龄的牛都可感染，发病集中在夏秋季节。病初症状不明显，仅表现为异食、口渴，黏膜呈黄白色。随着疾病的发展，体温升高，达40~42℃，精神不好，呼吸、心跳加快，食欲降低，反刍减少。流涎，流泪，多汗，四肢乏力，行走不稳，严重的卧地不起。产奶减少，发生便秘或出现腹泻，尿血，孕牛可发生流产。后期，黏膜极度苍白，黄疸也明显，肌肉震颤，有的突然退烧后死亡。在血涂片中发现附红细胞体即可确诊。

[防治]

在夏秋季节，消灭吸血昆虫，切断传播途径，有利于控制本病。在本病流行地区，于5月发病前用贝尼尔或黄色素进行两次预防性注射，间隔10～15d，可防止本病的发生。发病后病牛要隔离，精心饲养和护理。

可选用贝尼尔、黄色素、四环素或土霉素进行治疗。贝尼尔，每千克体重3～7mg，用生理盐水配成5%的溶液，在深部肌肉分多点注射，1次/d，连用2d；黄色素，每千克体重3～4mg，用生理盐水配成0.5%～1%的溶液，缓慢静脉注射，必要时间隔1～2d再注射1次；四环素或土霉素，250万～300万U，一次静脉注射，2次/d，连用2～3d。此外，静脉注射葡萄糖、维生素C等有利于病牛恢复。

（八）牛传染性鼻气管炎

[特征]

牛传染性鼻气管炎，俗称红鼻子。表现为鼻气管炎，发热、咳嗽、流鼻液、呼吸困难。伴发结膜炎、阴道炎、脑膜脑炎、子宫内膜炎和流产。

[病原]

疱疹病毒科牛疱疹病毒Ⅰ型。该病毒耐碱而不耐酸，耐寒而不耐热，对乙醚、氯仿、丙酮、甲醇及常用消毒药都敏感。

[诊断]

（1）流行特点　病牛是主要的传染源，通过眼、鼻、阴道分泌物、精液、流产胎儿等传染，传播途径主要是呼吸道和生殖道。本病20～60日龄犊牛最易感，肉牛较奶牛易感。

（2）症状　潜伏期5～7d，有的长达20d以上，根据其侵害部位可分为四个型。

①呼吸道型：体温40～41℃，精神不振，鼻黏膜高度充血，散发小豆粒大的脓包，并有浅溃疡和白色干性坏死灶。咳嗽、呼吸困难。

②结膜角膜炎型：眼结膜炎和角膜混浊。眼睑肿胀，流泪，有黏性脓性分泌物。

③生殖器型：病初精神沉郁，食欲减退，尿频，从阴门流出黏性脓性分泌物。

④脑膜炎型：以3～6月龄多发，体温升高至40℃以上，随后呈现精神症状，精神萎靡与兴奋交替出现，但以兴奋为主。

[治疗]

目前尚无特效疗法，仅对症治疗，防继发感染。

（九）牛病毒性腹泻-黏膜病

[特征]

本病是由牛病毒性腹泻-黏膜病毒引起以厌食、腹泻、脱水、体重减轻、黏膜发炎、流产、胎儿发育异常为特征。

[病原]

黄病毒科瘟病毒属，对外界抵抗力较弱，常规消毒药很快灭活。

[诊断]

（1）流行特点 本病呈地方性流行，各种牛均有易感性，但3～18月龄的牛易感性较强，常通过呼吸道、消化道、胎盘感染，多数牛无明显的症状而呈隐性。

（2）症状 潜伏期7～14d，多呈隐性感染。

①急性型：多见于幼牛和青年牛，体温达41～42℃，持续4～7d，厌食，反刍停止，流涎，流泪。唇、舌、齿龈和硬腭发生糜烂和溃疡。有的在蹄趾间皮肤上发生糜烂斑，跛行。水样腹泻，呈喷射状，淡灰色，恶臭，逐渐变浓呈糊状，混有大量黏液和血液。

②慢性型：鼻镜糜烂，持续或间歇性腹泻，恶臭，混有蛋清样白色黏液和血液，被毛粗乱，消瘦，角膜混浊。妊娠牛流产或产出畸形胎儿。有的蹄冠发炎，蹄壳变长而弯曲，趾间皮肤坏死，跛行。

（3）鉴别 本病应注意与恶性卡他热、口蹄疫、蓝舌病、传染性鼻气管炎鉴别。

[防治]

（1）预防 加强饲养管理，提高免疫力，严格消毒，严禁在疫区引种。

（2）治疗 本病目前无有效治疗方法。对症治疗，提高免疫力，补液等。

（十）牛传染性角膜结膜炎

[特征]

牛传染性角膜结膜炎俗称红眼病，是由摩拉氏菌等引起的以畏光、流泪、结膜角膜炎，并发展为一定程度的角膜混浊和溃疡为特征的疾病。

[病原]

本病由摩拉氏菌、立克次氏体、支原体、衣原体等多种病原引起。本病原体对常用消毒药都比较敏感。59℃时 5min 可灭活。

[诊断]

（1）流行特点　本病主要通过接触传染，各种牛均有易感性，但以犊牛易感性较强。病牛和康复带菌牛是主要的传染源。发病率 60%～90%，死亡率低。春秋季节多发，呈地方性流行。

（2）症状　潜伏期 3～7d，病初单眼发病，随后两眼均感染，病牛畏光，大量流泪，眼睑肿胀，角膜充血，随着角膜血管扩张和角膜混浊程度增加，或呈白色或呈红色，即红眼病。

[防治]

（1）预防　首先要做好圈舍卫生，避免长时间阳光直射；其次是接种摩拉氏菌苗。

（2）治疗　隔离病牛于安静而黑暗的牛舍，供给营养丰富的饲料和清洁饮水。用 2%～4% 的硼酸水清洗眼睛，然后涂上醋酸可的松眼膏配合抗生素眼膏治疗。

（十一）牛支原体肺炎

牛支原体肺炎是由牛支原体引起的以坏死性肺炎为主要特征的肉牛呼吸道传染病。

[流行病学]

该病主要侵害年龄在 3 月龄左右至 1 岁的牛只，其发生与感染因子、环境、管理和动物自身都有关。舍饲期间最易发生，水牛少见。在常发地区多为慢性或隐性传染，呈散发，在新发地区可呈暴发或地方流行性。

[症状]

有慢性和急性两种。

（1）慢性　通常不表现症状，犊牛健康，采食正常，眼和鼻腔有轻度的黏液性或脓性的分泌物排出。体温正常或稍微升高，38.5～39.5℃，呼吸频率可能从正常到 100 次/min，脉搏正常。有时表现剧烈干咳，且通常是单发性的。胸部听诊有哨笛、哮喘样啰音，呼气和吸气时均有发生，但呼气时更多见一些，且在胸部前腹侧最为常见。

（2）急性　开始仅是个别牛发病，24～48h 内发病动物增加，群体表现采食量下降，咳嗽，发病牛精神沉郁，头低垂。症状包括：食欲不振，高热

（40～42℃），麻木，毛皮汗湿，眼鼻有黏液性化脓性分泌物，呼吸急促（频率大于 40 次/min）、呼吸困难和呼吸加强。除特别严重的病例外，病牛通常表现为咳嗽增多，可能为剧烈干咳，也可能为湿咳。气管上部的收缩常可引起咳嗽，胸部听诊有哨笛、喘息、啸叫样的高调啰音。细菌感染的病例表现明显的肺部实变，很少能听诊到肺部啰音。

［诊断］

根据其临床特征为弛张热，短促咳嗽，呼吸困难，听诊局部肺泡音减弱或消失，局部肺泡音增强，有捻发音，叩诊局部有浊音区即可以诊断。其与支气管肺炎的区别如下：

（1）牛支原体肺炎　病初体温升高，42℃左右，持续 3～4d。牛群食欲差，被毛粗乱，消瘦。病牛咳嗽，喘，清晨及半夜咳嗽加剧，有清亮或脓性鼻汁。有些牛继发腹泻，粪水样带血。可出现关节炎和角膜结膜炎。所有牛均可发病，但犊牛病情更为严重。

（2）牛支气管肺炎　急性主要表现咳嗽、气喘、流蛋清样鼻液，舌苔白、微腻，触诊咽喉、气管敏感。咳嗽干、短并带有疼痛的表现，咳嗽声高朗。胸部听诊肺泡呼吸音增强，全身症状轻微，体温正常或稍升高 0.5～1.0℃。慢性主要表现长期的咳嗽，有时咳出少量的痰液，呼吸困难，不定型热，流浆液性鼻液。胸部可听到湿啰音。病期拖长时则日渐消瘦，被毛粗乱无光，全身症状加重。

［治疗］

"早诊断、早治疗"是有效控制牛支原体肺炎的基本原则。对病牛加强护理，单独饲养。药物以抗菌、消炎为主。在治疗中，应根据病牛全身状况，采取相应的对症治疗，如强心、利尿、补液等措施。

（1）慢性　常用抗生素，用量按每千克体重泰乐菌素 4～10mg 或土霉素 10mg 或螺旋霉素 20mg 或大观霉素 20～30mg。大环内酯类抗生素（泰乐菌素、红霉素、螺旋霉素）到达肺部的药物浓度高，对支原体感染有很好的疗效。

（2）急性　用抗菌剂，常用的药物为：阿莫西林、克拉维酸、氨苄西林、磺胺类药物、头孢噻呋、恩诺沙星、大观霉素、青霉素钾（钠）、链霉素、泰乐菌素、替米考星。选择药物应基于以前或其他养殖场的使用经验。如果有动物死亡，取病料做分离培养及分离菌的药敏试验，选择敏感药物。根据使用的药物和治疗效果，治疗应持续 3～5d，急性肺炎的治疗一般选择可以静脉注射的药物。

类固醇药物，现在常用的有倍他米松、地塞米松、泼尼松龙、氟米松和曲安西龙。在急性期阶段使用，能减轻症状，活跃病牛，促进采食和康复。

支持疗法，病牛出现厌食或完全不吃时，应注射多种维生素，特别是 B 族维生素。

[预防]

较差的饲养管理与不利环境等，如低湿严寒、透风不良、贼风侵袭等是该病的重要诱因，妊娠期母牛体质弱、营养不良，主要营养物质如蛋白质、维生素 A 缺乏等，也容易诱发该病。应采取综合防制措施。

（1）加强检疫监管　加强对牛引进的管理，引牛前认真做好疫情调查工作，不从疫区或发病区引进牛，同时做好牛支原体病、牛结核病、泰勒虫病等的检疫检测和相关疫病的预防接种，防止引进病牛或处于潜伏感染期的带菌牛。牛群引进后应进行隔离观察 1 个月以上，确保无病后方可与健康牛混群。

（2）严格封锁和隔离　养牛场要实行封闭管理，对发生疫情的养牛场实行封锁，对病牛严格进行隔离治疗，防止疫情扩散。

（3）加强消毒灭源　牛支原体对环境因素的抵抗力不强，常用消毒剂均可达到消毒目的。对于发生疫情的牛场及周围环境，每天消毒 1～2 次；加强对病死牛以及污染物、病牛排泄物的无害化处理，同时做好杀灭蚊蝇、老鼠工作。

（4）扑杀处理重症病牛　对无治疗价值的重症病牛建议采取扑杀和无害化处理措施。

（5）加强饲养管理　畜舍保持干燥、温暖和通风良好；避免过度使役，保证牛体健康；牛群密度适当，避免过度拥挤；不同年龄及不同来源的牛实行分开饲养；饲料品质良好，适当补充精料、维生素和微量元素，保证日粮的全价营养，提高机体抗病能力。

三、中毒类疾病

（一）牛青饲料中毒

[病因及症状]

白菜、油菜、黑麦草、菠菜、芥菜、韭菜、甜菜、萝卜、南瓜藤、甘薯藤、燕麦秸、苜蓿、玉米秸等含有硝酸盐的饲料，在饲喂前贮存、调制不当，

或饲料搭配不当，或碳水化合物饲料喂量不足时，采食后硝酸盐在瘤胃微生物的作用下被还原成剧毒的亚硝酸盐，亚硝酸盐被胃壁吸收后进入血液，作用于红细胞的血红蛋白，生成大量的高铁血红蛋白，由于高铁血红蛋白与氧结合很牢固，使血红蛋白失去携氧运送功能，导致组织器官出现缺氧，使牛出现呼吸困难并发生死亡。中毒症状因牛的采食量和健康度不同而异。严重者出现嗥叫、转圈、烦躁不安、肌肉震颤、口吐白沫、站立不稳，继而昏迷倒地、四肢乱蹬、呼吸困难而死亡。轻症病牛精神沉郁，瘤胃蠕动音较弱，食欲减弱，体温正常或降低，四肢、耳尖发凉等。

［防治］

春季幼嫩多汁的青草一次性饲喂不能过量，不要堆积发酵。病情特别严重的可采取颈部适量放血，静脉输液糖盐水、亚甲蓝、维生素等。

（二）有机磷中毒

［病因］

由于牛吸入、食入或经皮肤接触有机磷制剂引起中毒。普通的有机磷制剂有 1605（对硫磷）、1509（内吸磷）、甲基 1605（甲基对硫磷）、敌敌畏、乐果和敌百虫等。

（1）保管、购销或运输农药中对包装破损未加安全处理，或对农药和饲料未加严格分隔贮存，致使毒物散落，或通过运输工具和农具间接沾染饲料而中毒。

（2）误用盛装过农药的容器盛装饲料或饮水，以致牛中毒。

（3）误食撒布有机磷农药后尚未超过危险期的田间杂草、牧草、农作物以及蔬菜等而发生中毒。

（4）误用拌过有机磷农药的谷物种子造成中毒。

［治疗］

经接触引起的中毒可用清水洗净，以防止中毒加深。另外可皮下注射阿托品 10～50mg。注射后如症状仍未缓解，隔 2～4h 重复注射，并稍微加大剂量。在此治疗基础上，配合解磷定或氯解磷定 5～10g，配成 2%～5% 水溶液静脉注射，每隔 4～5h 用药 1 次。实践证明，阿托品和解磷定合用效果更好。双复磷为目前优良的有机磷中毒解救药，每千克体重皮下或肌内注射 40～60mg，可取得较好治疗效果。

（三）氢氰酸中毒

［病因］

牛采食或误食过多富含氰苷或可产生氰苷的饲料所致。

（1）高粱及玉米的新鲜幼苗均含有氰苷，特别是再生苗含氰苷更高。

（2）亚麻籽含有氰苷，榨油后的残渣（亚麻籽饼）可作为饲料。土法榨油中的亚麻籽经过蒸煮，氰苷含量少，而机榨亚麻籽饼内氰苷含量较高。

（3）蔷薇科植物，如桃、李、梅、杏、枇杷、樱桃的叶子和种子含有氰苷，当饲喂过量时，均可引起中毒。

（4）豆类植物，如豌豆、蚕豆苗等含氰苷。

［症状］

牛采食含有氰苷的饲料后 15～20min 出现症状。表现腹痛不安，呼吸加快，可视黏膜鲜红，流出白色泡沫状唾液。首先兴奋，很快转为抑制，呼出气体有苦杏仁味，随后倒地，体温下降，后肢麻痹，肌肉痉挛，瞳孔散大，最后昏迷而死亡。

［治疗］

（1）特效疗法　发病后立即用 5％亚硝酸钠注射液 40～50mL（总量为 2g），静脉注射。随后再静脉注射 20％硫代硫酸钠 100～200mL。

（2）根据病情可进行对症治疗。

（四）青杠叶中毒

［症状］

先便秘后下痢，皮下、臀部水肿，无小便，但确诊膀胱空虚为特征性病变。

（1）病初　精神沉郁，厌食青草，稍食干草，喜卧，间或有磨牙。

（2）中期　病牛食欲废绝，嗳气、流涎，出现腹泻，排出黑色稀臭粪便，混有黏液及血液，尿少色淡，在股部、会阴、肛门等处发生水肿。

（3）后期　病牛卧地不起，食欲废绝，水肿加剧，便秘，尿闭，腹围增大，膀胱却不充盈，消瘦，四肢无力。

［治疗］

（1）甘草 200g，绿豆 500g，维生素 C 片 0.1×50，乳酶生 0.5×200。绿

豆炖烂加甘草煎 5min，混药内服。

（2）5％葡萄糖 1 000mL＋5％碳酸氢钠 250mL，或 5％葡萄糖 1 000mL＋呋塞米 20mL＋20％安钠咖 10mL，或 5％维生素 C 注射液 20mL＋5％碳酸氢钠 250mL，静脉注射。

（3）党参、干姜、白术、甘草、建曲、麦芽、山楂各 60g，厚朴、附子、肉桂、茯苓、车前子各 70g，煎服。

（五）除草剂中毒

[病因]

误吃被除草剂污染的饲料。

[症状]

呼吸急促，眼结膜潮红，体温正常，口中有少许白沫，瘤胃中度膨气，反刍停止。

[治疗]

（1）5％的葡萄糖氯化钠 600mL 静脉注射，内掺入庆大霉素 16mL、10％维生素 C 30mL、5％碳酸氢钠 200mL、氯化钾 20mL，同时灌服含活性炭 100g 的绿豆甘草汤（绿豆 200g，甘草 100g）。

（2）甘草 50g、活性炭 250g、绿豆粉 50g、鸡蛋清 10 个，混温水内服。

（3）无特效药，严重者无治疗价值。

（六）烂红苕中毒

病牛先是精神不振，食欲减退，前胃弛缓，腹泻或便秘。接着出现特征性喘气症状，头颈伸直，鼻翼和胸腹扇动，呼吸达 80～120 次/min，胸部听诊可听到各种啰音。从肩胛部、颈部、肘部、背部乃至全身发生皮下气肿，触压呈捻发音。严重病例 2～3d 内死亡。

[治疗]

本病无特效药。发病后立即停喂，改喂其他易消化的优质饲料，尽快应用氧化剂解毒。

（1）可灌服 0.1％高锰酸钾 1～2L。隔 2～3h 再取硫酸镁 500～1 000g 加水 5～10L 缓泻清肠。

（2）10％樟脑磺酸钠 30mL＋10％维生素 C 20mL；氢化可的松 100mL＋

强力解毒敏（复方甘草酸单铵）40mL，与 5％葡萄糖盐水 3 000mL 分组静脉注射。

（3）硫酸新斯的明 5～10mL 肌内注射。

以上药物 1～2 次/d。

（4）白矾、贝母、白芷、郁金、黄芩、大黄、牛蒡子、车前子、石苇、黄连、龙胆草各 50g，枇杷叶 100g，煎后加蜂蜜 250g 内服。

（七）霉稻草中毒

临床表现跛行、蹄腿肿胀、溃烂及蹄匣脱落。

治疗原则：消除病因，抗菌消炎，对症治疗。青霉素、链霉素肌内注射用量参照使用说明；或葡萄糖酸钙 300mL＋地塞米松 40mg＋10％葡萄糖2 000mL 静脉注射；或中药银翘散加减。

四、产科疾病

（一）早产和流产

[病因]

流产是指由于胎儿或母体异常而导致妊娠的生理过程发生紊乱，或它们之间的正常关系被破坏而导致的妊娠中断。一般可分为传染性流产和非传染性流产。由传染性疾病所引起的流产为传染性流产，因饲养管理及医疗、配种技术引起者，为非传染性流产。从排出胎儿时间来看，布鲁氏菌及损伤等导致流产者，以怀孕后期发病较多；怀孕前期流产者，多见于生殖激素紊乱和隐性子宫内膜炎等。母牛流产发生率为 5％～10％，而流产的 9％为传染性流产。

[症状]

（1）怀孕早期（40～120d）　孕检确认已孕，经一段时期后复检未孕者，多为隐性流产和早期流产，此类流产以奶牛多见。

（2）早产　产出不足月的活胎称为早产。流产的预兆、过程与正常分娩相似，但不明显，常在排出胎儿前 2～3d 突然出现乳房肿大，阴唇轻微肿胀。如果排出胎儿的体表被覆着完整的绒毛，还有活的可能。胎儿排出后，胎衣大多滞留在子宫内。

（3）小产　排出死亡未见病理变化的胎儿称为小产。多发生在妊娠中后

期。胎儿死亡后，可引起子宫收缩反应，在 2～3d 内排出死胎及其附属膜。一般预后良好。

（4）胎儿干尸化　胎儿死亡后未被细菌感染，胎儿水分被吸收，呈干尸样留在子宫内。直肠检查可摸到硬的物体，没有胎水波动感，而是子宫壁包着硬物。卵巢上有持久黄体，无妊娠脉搏。

（5）胎儿浸溶　胎儿死亡后，在子宫内软组织被分解，皮肤、肌肉变为恶臭液体流出体外，骨骼留在子宫内。阴道检查，可发现子宫内流出的胎儿碎骨片滞留在子宫颈或阴道中。

（6）胎儿腐败（或气肿）　妊娠中断后，胎儿未能排出，腐败细菌通过子宫颈或血液侵入子宫，使胎儿软组织分解，产生大量气体（CO_2、H_2S 等），充满在胎儿皮下与肌间组织及胸、腹腔中。这时胎儿体积迅速增大，可使子宫过度伸张，并引起母牛败血症而死亡。

［治疗］

（1）安胎处理　如果孕畜出现腹痛、起卧不安、呼吸和脉搏加快等临床症状，即可能发生流产。处理原则为安胎，使用抑制子宫收缩药。

①黄体酮 50～100mg，肌内注射，每日或隔日 1 次，连用数次；或一次注射 1% 硫酸阿托品 1～3mL。

②给以镇静剂，如溴剂、氯丙嗪等。

③此时切勿阴道检查，尽量控制直肠检查，以免刺激母畜。

（2）流产处理　先兆流产经上述处理，病情仍未稳定下来，阴道排出物继续增多，子宫颈口已开放，胎囊已进入阴道或已破水，流产已在所难免，应尽快促使子宫内容物排出，以免胎儿死亡腐败引起子宫内膜炎，影响以后受孕。

①如子宫颈口已经张开，可用手将胎儿拉出，或施行截胎术。

②对于早产胎儿，如有吸吮反射，可帮助吮乳或人工喂奶，并注意保暖。

（3）延期流产处理　对于延期流产如干尸化胎儿或胎儿浸溶者，首先使用前列腺素制剂，然后或同时应用雌激素，以促使子宫颈扩张。待胎儿取出后，用 0.1% 高锰酸钾、0.1% 新洁尔灭液或 5%～10% 盐水等反复冲洗子宫。然后注射缩宫素，促使液体排出，最后在子宫内放入抗生素（庆大霉素、青霉素及链霉素等）进行消炎。

（4）其他处理　如有隐性流产或早期流产史，配种前应彻底清宫，孕后 30d 左右肌内注射黄体酮 50～100mg，每 3 周 1 次，直至怀孕 5 月龄为止。

（二）乳腺炎

［病因］

乳腺组织发炎称乳腺炎。本病是产奶母牛的常发病，水牛、肉牛偶有发生。引起本病发生的原因主要是牛舍不卫生，挤乳不规范及乳头损伤导致细菌感染等；其他一些疾病亦可继发乳腺炎，如结核杆菌病、放线菌病、口蹄疫以及子宫疾病等。

［症状］

（1）多数临床表现为乳区红、肿、热、痛，泌乳量减少，乳汁清稀并可见絮状物或仅挤出淡黄色液体。乳房变硬，使一个或多个乳区坏死。

（2）也有的只是乳量与乳质有稍许变化，未及时治疗后形成乳区硬块使乳区报废。隐性乳腺炎外表无任何症状，只有监测时才能根据乳质变化进行判断。一般情况下，执行规程严格的牛群隐性乳腺炎低于 5％，差者可达 50％左右。手工挤奶与机械挤奶相比，前者高于后者约 10％以上。

（3）个别牛乳中带血。少数牛乳房挤乳、过滤等均未见异常，只是将奶汁静置 30min 后乳汁上部可见淡黄色糊状物。

（4）一旦引起全身感染，则出现体温、呼吸、心跳异常及食欲减少等症状。

［治疗］

（1）乳头灌注疗法　0.5％环丙沙星 50mL、0.25％～0.5％普鲁卡因 100mL、青霉素 80 万 U、链霉素 50 万 U，每次挤乳后一次乳头灌注，直至痊愈。如疗效不佳，可在此基础上加入地塞米松 10～20mg（孕牛禁用）。

（2）乳房基部封闭疗法　0.25％～0.5％普鲁卡因 50mL、青霉素 80 万 U。此方法最好配合乳头灌注疗法，1 次/d，连续 4～5d。

（3）全身疗法　当引起全身感染，患牛有体温升高等一系列全身反应时，采用此法。常用的治疗方法为静脉注射或肌内注射抗生素及磺胺类药物。

（4）冷敷、热敷及涂擦刺激物　为制止炎性渗出，在炎症初期需冷敷，2～3d 后可热敷，以促进吸收。在乳房上涂擦樟脑软膏、复方醋酸铅软膏、鱼石脂软膏，可促进吸收，消散炎症。

（5）其他药物疗法

①六茜素：对由细菌引起的乳腺炎有特效。

②蒲公英：如双丁注射液（蒲公英和地丁），复方蒲公英煎剂、乳房宁1号等。

③氯己定：对细菌和真菌都有较强的杀灭作用。

④CD-01液：主要是由醋酸氯己定等药物组成，不含抗生素，不影响乳品卫生。与蒲公英煎剂合用，效果更好。

（三）子宫内膜炎

[原因与症状]

母牛产后（包括流产、难产处理、配种）由于细菌等微生物的侵入而引起，布鲁氏菌病、滴虫病、不合理的操作与药物刺激均会成为诱因。急性发作时，体温升高，食欲减少，精神不振，拱背，努责，尿频。从阴门流出黏液性、脓性渗出物，卧时排出较多，有腥臭味，做直肠检查时可感到温度升高、子宫角变粗大、肥厚、下沉，收缩反应弱，有波动感。慢性炎症时发情周期不正常，屡配不孕或发生隐性流产，牛发情或卧下时从阴门流出混浊的带絮状物黏液（透明且有小絮片），阴道及子宫颈口黏膜充血、肿胀，子宫颈微开张。

[治疗]

冲洗子宫是治疗慢性与急性炎症的有效方法。药物可选氯化钠盐水、高锰酸钾、呋喃西林、氯己定等多种溶液，然后配合注入抗生素，如青霉素、链霉素、金霉素等。使用抗生素应通过药敏实验进行选择。

（四）胎衣不下

[病因]

母牛分娩后胎衣在一定时间内排出体外，牛的正常胎衣排出时间为4～6h（最长12h）。凡在上述时间内未被排出者均称胎衣不下。主要原因有产后子宫收缩无力、绒毛水肿、胎盘炎、激素分泌失调等。

[症状]

多数于阴门外垂吊部分胎衣，个别停留在子宫或阴道内。患牛食欲减少，体温、呼吸等一般无异常。

[治疗]

（1）促进子宫收缩　最好在产后12h内肌内注射催产素50～100IU，2h

后可重复注射 1 次。此外，还可皮下注射麦角新碱 1～2mg。在母牛胎衣破裂时接 300mL 羊水给母牛灌服，可起到促进胎衣排出的作用。

（2）促进胎儿胎盘与母体胎盘分离 向子宫内注入 5%～10% 盐水 1 000～5 000mL，常于灌药后 3～5d 胎衣脱落。

（3）预防感染 子宫内投入土霉素 2～3g，隔日 1 次，连续 2～3 次。也可肌内注射抗生素。当出现体温升高、产道创伤或坏死时，可增大药量，改为静脉注射。

（4）全身疗法

①一次静脉注射 20% 葡萄糖酸钙和 25% 葡萄糖液各 500mL，1 次/d；一次肌内注射氢化可的松 125～150mg，隔日 1 次，共 2～3 次。

②一次静脉注射 10% 氯化钠 500mL、25% 安钠咖 10～12mL，1 次/d。

（5）手术剥离 通过手术将胎衣和子叶分离以后，再用 0.1% 高锰酸钾液反复冲洗子宫 3～4 次，每次用量 1000mL 左右，冲洗的药液必须导出。最后向子宫内投入土霉素 3g 即可。

五、寄生虫病

（一）毛滴虫病

毛滴虫病是由寄生在公牛和母牛生殖器官内的牛胎毛滴虫引起的生殖道疾病，通过配种而传染，可导致母牛早期流产和不孕，给生产带来一定危害。

牛胎毛滴虫主要寄生在母牛的阴道和子宫内，公牛的包皮、阴茎黏膜及输精管内。母牛怀孕后，在胎儿体内、胎盘和胎液中都有大量的虫体。人工授精器械消毒不严也是传播途径之一。

毛滴虫体为梨形、圆形或纺锤形等多种形状，有 4 根鞭毛，其中 3 根在虫体前部，另 1 根与体侧波动膜相连，叫后鞭毛，身体中央有一纵轴，纵轴末端伸出体外。

［症状］

公牛常为带虫者，一般无明显的临床症状，但严重时公牛包皮有肿胀，流出脓性分泌物，阴茎黏膜上出现虫性结节，不愿交配。母牛阴道红肿，黏膜上有红色结节，发生子宫内膜炎时，屡配不孕，从阴道流出脓性分泌物。怀孕母牛可发生早期流产或死胎，泌乳量下降。

［治疗］

（1）0.2％～0.3％碘溶液（碘 2～3g，碘化钾 4～6g，蒸馏水 1 000mL），冲洗子宫或公牛包皮腔，也可用 0.1％依沙吖啶或 0.1％黄色素冲洗。隔日 1 次。

（2）甲硝唑，每千克体重 60mg 内服，1 次/d，连服 3 次；或按每千克体重 10mg 配成 5％的溶液静脉注射，1 次/d，连用 3 次。

［预防］

（1）对引进牛要进行毛滴虫病检查。

（2）采用人工授精技术是有效的防制措施，但要严格消毒授精器械。

（3）健康牛群定期进行毛滴虫检查。

［检查方法］

（1）用生理盐水冲洗牛阴道或包皮囊内，收集冲洗液，离心沉淀，沉淀物用显微镜检查。

（2）将阴道或包皮内分泌物、流产胎儿液或胎液滴于载玻片上，用盖玻片覆盖，在低倍显微镜下可见到活动的虫体。

（二）血孢子虫病

血孢子虫病是寄生在红细胞内的多种寄生原虫引起的疾病总称，主要包括双芽焦虫病、巴贝斯焦虫病、泰勒焦虫病和边虫病。蜱是血孢子虫病的传播媒介，其本身也是一种体表寄生虫。牛因品种不同对血孢子虫病的感染程度也不同。血孢子虫病的潜伏期一般为 10～25d，边虫病的潜伏期可达 3 个月。这几种焦虫病可单独发生，也可混合感染。

双芽焦虫病是由双芽焦虫引起的急性病。黄牛、水牛等放牧牛容易感染。多发生在夏、秋季，周岁以下牛发病率高，但表现症状较轻，死亡率低；成年牛感染率低，但死亡率高。良种牛、引进牛很容易感染，发病也重。

巴贝斯焦虫病是由巴贝斯焦虫引起的急性病。多发生于夏秋季节，成年牛表现症状较轻，周岁以内的牛发病多、病情重、死亡率高，耐过或治疗过的牛成为带虫者。

边虫病一般在 6 月发病，至 8—9 月达高潮，高产奶牛、纯种牛、杂种牛易感性很高，本地牛多为带虫者。

［症状］

体温 40～41.5℃，贫血，黄疸症状明显，血尿，体表淋巴结肿大。病死牛的皮下组织黄染，血液稀薄，脾脏肿大。

双芽焦虫病和巴贝斯焦虫病有血尿，剖检时尿液红色。泰勒焦虫病无血尿症状。

［治疗］

（1）黄色素，每千克体重 3～4mg，最大剂量不超过 20mg，配成 1％的溶液或加入 5％葡萄糖液或生理盐水中，静脉注射，2d 以后再注射 1 次（主治巴贝斯焦虫病）。

（2）抗焦虫素，也叫阿卡普林，每千克体重 1mg，配成 2％溶液，分多点皮下注射。

（3）血虫净（贝尼尔），每千克体重 7mg，临用时配成 5％溶液，深部肌内注射，1 次/d，连用 3d。

（4）台盼蓝（锥蓝素），每千克体重 5mg，临用时用生理盐水配成 0.5％溶液静脉注射（中毒时可用阿托品解毒）。

（5）青蒿，据报道，用新鲜青蒿叶及嫩枝 2～5kg 切碎，冷水浸泡 0.5～1h，每天分 2 次连渣灌服，对几种焦虫病效果均好。

（6）输液及对症治疗可加速痊愈。

（三）弓形虫病

弓形虫病是由一种龚地弓形虫原虫引起的人畜共患寄生虫病。本病流行于世界各国，我国在牛、羊、猪等多种动物中有发病报道。猫是弓形虫的中间宿主，据报道，可能与猫吃老鼠有关。猫粪便中的卵囊排出体外后，在适宜的环境下发育成感染性卵囊，牛和易感动物吞食感染性卵囊后发病。此病主要侵害犊牛。

［症状］

发病突然，体温 40℃以上，呼吸困难，流泪，结膜充血，鼻内流出分泌物，病牛不能站立，严重者后肢瘫痪。犊牛死亡率可达 50％以上。急性致死性表现神经症状并有虚脱。大多数母牛症状不明显，但发生流产，初乳和组织中可发现虫体。

［治疗］

（1）磺胺甲氧嘧啶，每千克体重 25～35mg，肌内注射，1 次/d，连用 5d，首次剂量加倍；或用同剂量药物内服，2 次/d，连用 2～3d。

（2）磺胺二甲氧嘧啶 150～200mL（成年牛），静脉注射，1 次/d，连用 5d。

（3）氯苯胍，每千克体重 15～20mg，内服。

注意：在连续使用磺胺类药物时，要同时服用碳酸氢钠以防对肾功能的损伤。

［预防］

（1）有计划淘汰病牛，尸体要严格处理。

（2）消灭老鼠，防止猫科动物的粪便污染饲草、饲料、饮水等。

（3）发生过此病的牛场要定期检查，患牛要隔离饲养。

（四）肠胃线虫病

寄生于牛消化道的线虫种类很多，是影响牛生长的重要因素之一，给生产造成巨大的经济损失。成虫寄生在成年牛体内，虫卵随粪便排出体外，在一定条件下发育成幼虫。犊牛很容易被感染，经约 2 个月在体内发育成熟。不同的线虫其感染方式不同，牛的消化道线虫一般为混合感染。

［症状］

患牛食欲较好，但日益消瘦，精神不振，口渴，贫血，便秘、下痢交替发生，有时便中带血，表现腹痛。下颌、颈下、前胸、腹下水肿。粪便内可见到成虫，最后因发育不良而死亡。

［治疗］

（1）盐酸左旋咪唑，内服，每千克体重 7～8mg；肌内注射，每千克体重 4～5mg。

（2）伊维菌素，按每千克体重 0.2mg，皮下或肌内注射。

（3）阿维菌素，按每千克体重 0.2mg，皮下注射。

（4）配合灌服泻药，可加速虫体排出。

驱虫后 1 周内注意事项：首先要及时清扫粪便并堆积发酵，其次是犊牛要与母牛分开饲养。

（五）球虫病

球虫病是由寄生在直肠的艾美耳球虫引起的原虫性疾病。寄生在大肠中的球虫发育成卵囊，排出体外后发育成侵袭性卵囊，牛食入此种卵囊被感染。一般在春、夏、秋和多雨季节发病。低洼和潮湿的牛舍或放牧区更容易引起感染。潜伏期为2～4周，各种年龄的牛都可发生，但主要危害6～12月龄的犊牛。2岁以上牛多为带虫者，但有时也会发病。

[症状]

一般为急性过程，以出血性肠炎为主要特征。牛病初喜卧，腹痛，食欲下降，发病5d左右体温升至40～41℃，症状加重，粪便黑色恶臭。开始稀便内混有血液，几天后几乎全是血便并混有黏膜碎片。有的犊牛长期下痢、贫血、消瘦死亡，病程约半个月。

[治疗]

（1）磺胺二甲氧嘧啶，每千克体重0.1g，内服，1次/d，连用1周。

（2）氯丙啉，每千克体重20～25mg，内服，1次/d，连用5～7d。用0.005%～0.01%的比例加入饲料或饮水中，可起预防作用。

（3）鱼石脂20g，乳酸2mL，加水80mL混匀，内服，10mL/次，2次/d；或鱼石脂20g，溶于100mL米汤中，内服，1次/d。

（4）磺胺胍、碱式硝酸铋、矽炭银按1∶1∶5的比例混合，每千克体重0.1g，连喂服7d。

[预防]

（1）在发病地区，成年牛为带虫者，应与犊牛分开饲养。

（2）挤奶或哺乳前，洗擦干净母牛乳房。

（3）发现病牛要立即隔离治疗。

（4）随时清理舍内粪便和垫草，保持地面干燥，并用3%热碱水消毒地面和料槽，粪便堆积发酵。

（六）牛皮蝇蚴病

牛皮蝇蚴病分布很广，是由于牛皮蝇和蚊皮蝇的幼虫寄生于牛皮下组织而引起的慢性疾病。雌蝇在牛体表产卵后就死去。所产的卵孵出幼虫从毛根钻入皮肤，并向牛的背部移行，在下一年的春季到达背部皮下，形成局部隆起，并将皮肤咬一个小孔作为呼吸孔，大大降低了皮革的利用价值，而且影响牛的生长。

[症状]

雌蝇在牛体产卵时，引起牛的瘙痒、疼痛和不安，幼虫移行到背部皮下咬

孔后，引起流血、化脓、贫血，使牛消瘦。在脊椎两侧可看到或摸到硬肿块，切开可挤出幼虫。

［治疗］

（1）倍硫磷，每千克体重 6～7mg，深部肌内注射。

（2）敌百虫，每千克体重 0.1g（总量 9～15g）灌服，或配成 1％～2％溶液擦洗或喷洒体表。

（3）阿维菌素或伊维菌素，每千克体重 0.2mg，皮下注射。

（4）双甲脒，按说明书的使用方法稀释，刷洗皮肤。

（5）蝇毒磷，配成 0.5％～0.7％溶液喷洒背部。

注意：如出现中毒现象，可用解磷定或硫酸阿托品解毒。

（七）绦虫幼虫病

绦虫幼虫病也叫囊虫病，是由牛囊尾蚴、细颈囊尾蚴、多头蚴和棘球蚴分别寄生于牛体不同组织内所引起的疾病，为人畜共患疾病，全国各地普遍存在。

1. 牛囊尾蚴　为黄豆大小的半透明囊泡，主要寄生在牛的肌肉组织，如舌肌、咬肌、心肌、肋间肌等处。严重时全身肌肉都有。人吃了未煮熟的病牛肉而感染。成虫为带状绦虫，寿命达 20～30 年。

2. 细颈囊尾蚴　幼虫寄生于牛的肝脏、肠系膜等处。狗吃了牛的内脏后，虫体附在小肠壁上，发育成泡状带绦虫。成虫的孕卵节片随狗的粪便排出。牛采食污染虫卵的饲草、饲料和饮水后感染。

3. 多头蚴　成虫寄生在狗、狐狸、狼体内。成虫的孕卵节片随粪便排出，牛、羊采食被污染的饲草、饮水后，虫卵随血流到达脑部。2～3 个月后长成多头蚴（又叫脑包虫）。牛被屠宰后，含多头蚴的废弃物被狗食入，多头蚴吸附在狗的肠壁上，40～70d 后发育成成虫。

［症状］

牛囊虫病中，多头蚴引起的牛脑包虫病病症明显，表现为行动笨拙、头部歪斜、转圈、昂首前冲、步态不稳等。其他绦虫寄生引起的症状不明显，但对畜牧业及人畜的危害都很大。

［防制］

（1）牛场内尽量不养狗、猫等动物，必须饲养时，远离牛舍固定饲养。

（2）给狗定期驱虫：吡喹酮每千克体重 50mg，或氢溴酸槟榔碱每千克体重 2～4mg，加入狗食中喂服；或肌内注射，1 次/d，连用 3d。

（3）禁止用病牛的内脏喂狗，内脏用消毒药及灭虫药处理后深埋。

（4）严禁销售有囊虫的牛肉，一经发现，必须销毁。

（八）肺丝虫病

牛肺丝虫病是网尾线虫寄生于牛气管和支气管内引起的疾病，又叫牛网尾线虫病，全国各地都有发生。雌成虫在牛气管和支气管内产卵，当牛咳嗽时，虫卵随痰液咽入消化道并在消化道内孵出幼虫。幼虫随粪便排出体外，发育成为感染性幼虫，然后随饲草、饲料和水进入牛体，再沿淋巴管和血管进入肺，最后通过毛细支气管进入支气管并发育成成虫。整个过程需 1 个月左右。此病多侵害犊牛。

［症状］

患牛阵发性或痉挛性咳嗽是此病的主要症状，早晚加重并流鼻涕。气喘，呼吸粗重，消瘦。随病情加重，头、颈部、胸下部及四肢出现水肿，最终死亡。犊牛轻度感染时，每 10g 粪便中含幼虫 10～15 条，此时表现症状不明显，一般会自行康复。当每 10g 粪便中含幼虫 400～700 条时，表现咳嗽、呼吸困难、消瘦，听诊肺部有啰音。

［诊断］

从新鲜粪便中可找到成虫或剖检尸体时在支气管内可找到成虫。

［治疗］

（1）盐酸左旋咪唑，内服，每千克体重 8mg；肌内注射，每千克体重 5mg。

（2）枸橼酸乙胺嗪，每千克体重 50mg，内服，间隔 3～4d 服 1 次，连服 3～4 次。

（3）阿维菌素或伊维菌素，每千克体重 0.2mg，肌内注射。

［预防］

（1）犊牛要与母牛隔离饲养，犊牛舍应干燥、清洁卫生。

（2）驱虫后，清除的粪便要严格堆积发酵处理。

（3）清除粪便后，地面要彻底清洁干净。

（4）驱虫后 1 周内，用驱虫药喷洒舍内地面、料槽及用具。

（5）每年定期驱虫。

六、其他常见病

（一）幼畜白肌病

幼畜白肌病也叫肌肉营养不良症，或叫缺硒症。主要发生在各类幼畜中，以犊牛突然死亡、骨骼肌和心肌变性坏死为特征。犊牛以 4 月龄以内发病较多，舍饲母牛营养不良，微量元素硒和维生素 E 缺乏是发生本病的主要原因。但硒和维生素 E 的作用较难区分，两者都能防治犊牛的肌营养不良，但只用硒可预防幼畜的肌营养不良，而单用维生素 E 就不能起到预防的作用。

［症状］

放牧或运动时犊牛突然死亡。有的白天精神良好或稍有沉郁，但在夜间死亡。犊牛精神沉郁，心跳快达 110～120 次/min，心音混浊甚至只能听到一个心音。步态不灵活，关节不能伸直，不愿行走。触摸时，四肢和腰背部肌肉僵硬，并有痛感。喜卧，食欲不好，严重腹泻（水泻），消瘦。严重时，体温升高并有继发性肺炎。眼结膜及全身皮肤发白。

［治疗］

（1）0.1％亚硒酸钠 8～10mL，并配合维生素 E 50～100mg，肌内注射，1 次/d，连用 5～7d。病重时，20d 后再注射 1 次。

（2）樟脑磺酸钠 10～20mL，肌内注射，1 次/d，连用 3d。

（3）补饲鱼肝油，注射维生素 A、维生素 D，辅助治疗。

（4）四肢僵硬、有疼痛时，用安乃近 5～10mL（或用阿尼利定、复方氨基比林），肌内注射。

（5）病重者用 5％～10％葡萄糖 300mL、维生素 C 5～10mL，静脉注射。伴有腹泻、结膜炎、肺炎等并发症时，应对症治疗。

［预防］

（1）土壤缺硒或发生过白肌病的地区，饲料中要添加硒（或自由舔食加硒盐砖）。

（2）在缺硒地区，母牛怀孕后，用 0.1％亚硒酸钠 10～20mL，隔 20～30d 注射 1 次，共注射 2 次。

（3）犊牛出生后 3d 内皮下注射 0.1％亚硒酸钠 10mL。

（4）缺硒地区土壤施用含硒肥料，用硒浸种或用含硒水喷雾作物。

注意：硒过量容易引起中毒而死亡，治疗时要严格按安全剂量使用。

（二）犊牛肺炎（支气管炎症）

［原因与症状］

环境因素的影响有低湿寒冷，通风不良，多贼风。妊娠期母牛体质弱、营养不良，主要营养物质，如蛋白质、维生素 A 等缺乏。导致犊牛体质差，对外界环境抵抗力弱，细菌易于感染。表现咳嗽、呼吸困难、体温升高、肺部可听到干性与湿性啰音，多死亡于肺气肿、心力衰竭和败血症。转为慢性者，长期咳嗽，消瘦，下痢，生长发育受阻。

［治疗］

治疗以抗生素、磺胺类药物为主，配以强心、补液等措施。

（三）蹄病

［原因与症状］

牛蹄长期浸泡在腐败粪尿和污泥的环境中，蹄趾、球、底及周围软组织的外伤感染（主要是坏死杆菌、化脓棒状菌、链球菌）或长期在坚硬的水泥地面站立导致蹄底变形而感染。钙、磷代谢障碍引起骨质疏松，蹄的过度磨损（尤其是变形蹄的磨损）都能使蹄的抵抗能力降低。多表现为跛行，蹄尖着地站立，球节红肿，局部肿胀增温，皮肤裂开、溃烂。蹄底被异物硌伤、穿孔造成蹄底溃疡等。

［治疗］

主要是局部用药、外科手术包扎，重者全身性控制。主要药物是抗生素及防腐消毒药，如鱼石脂、硫酸铜、松馏油等。关键是定期对蹄进行检修，一年应不少于两次。平日浴蹄，搞好牛群所处场地、牛舍的环境卫生。不铺垫豆石、煤渣一类易伤蹄的材料。定期进行场内牛舍地面的消毒。

（四）流行性感冒

［症状］

流行性感冒简称流感。流感病毒危害黏膜上皮细胞，其毒素毒害中枢神经系统，因而出现下述一系列症状：发病初期体温升高到 40～42℃，呈稽留热

型。鼻镜干燥而热，全身肌肉震颤，精神委顿；眼睛怕光流泪，结膜充血；呼吸急促，流鼻涕，间有咳嗽，不吃不反刍，流口水，便秘或大便少而干，尿少，呈黄赤色。后期腹泻，四肢疼痛，步态不稳或跛行，孕牛常发生流产。如继发肺炎，咽喉麻痹时，则呼吸极为困难，甚至窒息而死亡。

［病因］

气温骤变，如春夏之交和秋冬交替季节，当牛只劳役过度，营养不良，饲养人员不注意牛舍清洁或潮湿等原因，而使呼吸道黏膜的抗病力下降时，原来存在于呼吸道或通过呼吸而进入呼吸道的流感病毒便可损害黏膜侵入血液，并在血液中大量繁殖和产生毒素，致使牛只发病。

［诊断］

牛流感发病突然，传播迅速，往往在1~2d内可使多数牛感染发病，表现出相似的症状，均以呼吸和消化系统的症状为主要特征。症状虽很严重，但如无继发感染，一般可在1周左右不治而愈。但由于本病传播迅速，影响牛的日增重和母牛产奶量，应及时采取预防和治疗措施。

［治疗］

饲养人员应注意预防继发感染，严防牛只倒地不起。

以对症疗法（如解热镇痛）和预防继发感染为原则，以便减轻症状，缩短病程，减少损失。可用下列处方：

（1）肌内注射青霉素150万~300万U或20％的磺胺噻唑钠20~30mL，预防继发感染。

（2）肌内注射复方氨基比林20~30mL，或百尔定10mL，解热镇痛。

（3）静脉注射葡萄糖生理盐水1 000~1 500mL，强心补液。

（4）中药治疗：贯众60g，金银花65g，苏叶60g，黄芩50g，白茅根65g，甘草25g，藿香50g，水煎，每日分两次内服。

第九章
牛场建设与环境保护

第一节　牛场建设

　　建设牛场的目的是投资者给牛提供舒适的环境，使牛只在最近似牛生物学特性的环境里生活，在良好的与之相适应的生产生存基础上发挥最大的生产性能，使投资者获得最佳的经济效益。在舍饲的牛场，牛的一生大部分时间都在牛舍里度过，牛场范围的环境气候特征、牛舍内部的舒适度将影响牛的健康和生产能力的发挥。牛场环境和牛舍舒适度差，是牛只发病概率增加、生产性能降低、使用寿命短的重要原因。因此，牛场建设的总体原则就是要从当地的实际情况出发，科学选择牛场场址，对牛场的资源合理配置，优化布局使用，要用经济实用和长远的眼光，统筹安排。设计构建一座新的牛场，要从牛的生活环境舒适度来考虑，结合牛群的经济用途、规模结构和当地的环境气象条件、草料等物资供应条件综合分析考虑。

一、牛场分类

　　牛场建设按地域和环境条件可分为北方牛场、南方牛场、放牧加补饲牛场、完全放牧牛场。北方牛场建设重在冬季防冻，南方牛场建设重在夏季防暑，放牧牛场建设重在草场的设计。按饲养牛经济用途，牛场还可分为肉用牛场和乳用牛场。按牛只年龄分，又可分为成年牛场和青年牛培育牛场。肉牛场可分为繁殖母牛场和育肥牛场。

　　繁殖牛场的设计根据不同的牛群规模和结构，以及未来的发展空间，对牛

场的建设有不同的要求。存栏牛群100头以上的牧场都可以视为规模牛场。对于存栏牛群规模较大的牛场建设都应该按分区理论设计，在选定地址基础上考虑全年主导风向、地质结构、地形地貌、雨污排向，配套运输、能源供应、建成后运作成本等因素，进行功能分区设计。

二、牛场选址

牛场选址是牛场牛群环境生态学的范畴。良好的牛场选址必须远离居民集聚生活区、微生物污染区、化学污染区。牛场所处地势应高燥，稍有坡度或平坦，排水良好，交通运输方便，选址周围控制距离内无化学污染、牲畜屠宰厂、垃圾场，最近3年内当地无传染病流行史。牛场用地的坡度在5%以内，有未来建设发展空间。南方地下水位在1m以下，干燥环境可减少腐蹄病和乳房炎的发生。水源是牛场考虑的主要因素之一，供给牛只使用的水源必须符合居民饮用水标准。

由于受基本农田指标控制影响，我国农区建设牛场配套建设设施用地已很难找到平坦土地，这给牛场设计增加了难度和投资地面土石方处理成本。牛场的地形要宽阔整齐，最好方形。多角多边狭长地形、坡度大于20%均不利于布局，不规则土地使用不经济，界限长不利于防疫。牛场的土质最好为沙壤土，透气、透水、吸湿与抗压性好，土壤自净度高，绿化好。外来水源及牛场用水不能自由地进出牛舍，必须通过固定的进水和排水系统。

三、牛场设计

（一）牛群参数

1. 牛群结构参数　选好牛场场址后，最大的技术考量就是牛场的设计布局了。好的设计师能根据提供的地形做出最好的经济布局。在设计牛场前，必须分析建成后的养殖牛群结构。以600头以上牛场为例，在牛群结构上可以分为：

犊牛群：新生群，0～3日龄，初乳；哺乳群，4～49日龄，常乳和代乳料；断乳群，50日龄至4月龄，开食料和常规料。

后备母牛群：5～15月龄。

青年母牛群：16～24月龄，未配种、已配种和怀孕组。

生产母牛群：25 月龄以后的母牛群。根据繁殖和营养状况还要分出分娩前后 30d 内的围产期牛、泌乳期牛、干奶期肥牛、干奶期瘦牛、分娩前的成年和青年待产母牛等组别。

2. 牛场分类　牛场分专业化牛场和混合式牛场。专业化牛场是指牛场牛舍布局设计时将成母牛、青年牛、犊牛分别建场饲养。因此，专业化牛场可以不考虑牛群分类布局牛舍。目前，国内采用专业化养殖模式的较少，很多投资业主建设的牛场都是混合式牛场。混合式牛场将成母牛和青年后备牛、犊牛混合在同一场内养殖。混合牛场建设设计必须要考虑牛群结构。一般存栏 1 000 头牛的混合牛场中各类牛群所占比例为：

成母牛：占 60%。在成母牛群中又分为生产牛 48%，干奶牛 8%，围产牛 4%。

青年后备牛：占 40%。在后备牛中青年牛占 10%，大育成牛占 10%，小育成牛占 10%，断奶犊牛占 6%，哺乳犊牛占 4%。

围产期牛和普通病牛应考虑设计特需牛舍，一个健康牛场需要治疗的普通病牛只需要考虑群体规模的 2% 左右为宜。干奶期牛的肥瘦是根据预产期前 35d 的体况评分（BSC）来划分的。待产母牛应该规划到成年母牛预产前 20d，头胎母牛于产前 1～2 个月转移到待产组（产前围产期组）。

（二）用水参数

牛场设计用水把生产用水、生活用水、循环用水和其他用水合并计算。繁殖母牛场饮用水加上冲洗水按每头每日 130L 计算，专门化肉牛场饮用水和冲洗水按每头每日 80L 计算用水量。生活用水按中华人民共和国国家标准（GB/T 50331　城市居民生活用水标准）用水量每人每日 100～140L 计算。绿化按面积考虑用水。使用地下水、山泉水要进行水质检测。奶牛场用水水质按照居民生活用水标准质量《生活饮用水卫生标准》（GB 5749）执行。肉牛场饮用水应达到无公害畜产品《畜禽饮用水水质》（NY 5027）标准要求，生产用水应达到无公害畜产品《畜禽产品加工用水》（NY 5028）要求。

（三）用电参数

牛场用电要保障生产动力能源所需，可根据饲料加工、照明、辅助动力、弱电、办公用电量等进行测算。

（四）气象参数

牛场建设必须考虑当地的气象条件，例如气温、风向、最大风力、降水量、下雪量等，依此计算牛舍预应力、结构抗力和基本风压、屋面恒载、活载。一般风压考虑 $0.30kN/m^2$，屋面恒载 $0.15kN/m^2$，活载为屋面恒载的 2 倍。

在育成蜀宣花牛的四川和秦岭淮河以南的南方地域，大多数地区冬季平均气温高于 0℃，而夏季则湿度大，闷热，静风效率高。因此，牛场建设在北方以防寒为主，南方牛场建设主要以应对夏季热应激为主。南方要求牛舍为开放式（图 9-1），自然通风加辅助通风

图 9-1　开放式牛舍自然通风

（图 9-2），根据一年内主风向和太阳的光照方向确定牛场牛舍朝向。牛舍还必须有防阳光辐射的棚圈、喷淋降温系统、排风控制系统、排出雨水的管道系统等。

图 9-2　牛场辅助通风

（五）地震参数

牛舍建筑设计前应查《中国地震烈度区划图（2010）》规定，确定牛场所处地界基本烈度数，并考虑基本地震加速度值。一般可考虑 7 级烈度设防。在地震带建设牛场，其建筑物抗震烈度应查证后确定。

四、牛场建设

(一) 牛场的总平面布局

总平面设计要求：功能分区、养殖分群、方便操作、有利防疫、环境友好、易于管理。

分区理论：布局上，生产区和生活管理区分开、清洁道和污道分开、排污处理区和养殖区分开，方便实行有效的防疫制度，产生最大经济效益。

坡地和平地牛场不同的设计思路如图9-3、图9-4所示。

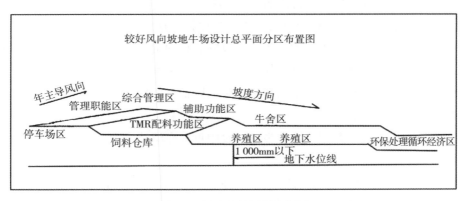

图 9-3　坡地牛场规划布局图

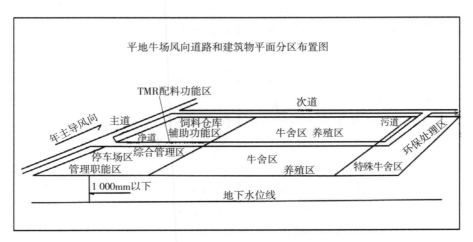

图 9-4　平地牛场规划布局图

（二）牛舍建设

牛场建设总体要求：分功能区设计建设，根据地下水位和地形地势设计、建设牛场。养殖功能区要求牛场雨污分离分流，牛床、活动场地面必须防滑，有利排水保持干燥。过道和道路应该单向建立，交叉道路安装分离栏杆，防止牛只逆向行走。进场主道宽度 10m 左右，次道宽度 4m，不包括边缘石、排污沟和绿化带。活动场设置牛栏和水槽，水槽应防渗漏，水槽上方加盖防阳光辐射棚降温，即防阳光将饮水槽水晒烫，又为饮水牛只提供遮阳。北方寒冷地区则需在饮水槽设置防冻加温装置，防止牛饮用水结冰。牛舍内饲槽设置在饲喂通道两侧，饲喂通道两侧设置挡料板，挡料板高 20cm，防止全混合日粮送料车（TMR 送料车）将饲料抛出到牛床上，保持牛床的干燥清净。牛舍内设粪尿收集排出处理区。有条件的牛床上可以安装自动刮粪板，方便将粪尿排出集中进入环保区实施无害化处理。如果是自由采食牛舍，可以不设置拴牛栏，但需建设一个有拴牛栏的治疗牛棚和保定架，以备挤奶后拴牛、测量体况、兽医治疗和配种等所需。

蜀宣花牛为乳肉兼用牛，在牛场建设中重点介绍犊牛舍、母牛舍和育肥牛舍的建设。

1. 犊牛舍　犊牛舍要求通风、干净、干燥和防风。保持相对湿度低于 70%，无氨气的聚积。通风量在冬季为 0.001 3m³/min，夏季为 0.025 4m³/min，通风均匀。良好的圈舍将决定犊牛和后备牛将来的生产性能。犊牛可以单独饲养，也可以群饲。饲养密度建议不要低于每头犊牛 1.5～2.0m²。在犊牛阶段切断疫病感染源，使犊牛处于一种通风良好、防暑保暖、无污染的理想环境，可以在一定程度上预防感染和提高成活率。犊牛岛是目前比较理想的初生犊牛培育圈舍。

每头犊牛一个犊牛岛（图 9-5），由休息区和运动区两部分组成。常见的犊牛岛尺寸为 1.2m×2.4m×1.2m。笼子长度为 2.40m，其中有遮盖区 1.20m，形成小室，供犊牛躺卧休息；另外 1.20m 无遮盖，为运动区。笼子宽度为 1.20m，高度 1.20m，带有可开启的窗户。笼子放在地面的高处、排水良好的地方。每排笼子间隔 4.50m，垫料干净干燥，水桶和料桶系在运动区的篱笆上或放在小室内。犊牛岛根据季节不同，可以放在室内或室外。将犊牛岛的开口朝向南面或东面可以减轻冬季西北风的影响和白天太阳的暴晒。犊牛岛易于饲养管理，减少疾病传播，有利于犊牛的健康。

图 9-5　犊牛岛

2. 母牛舍　4 月龄后犊牛必须根据年龄和体重分组，圈舍建设应该按方便和经济的原则进行。能繁母牛主要包括后备母牛与泌乳母牛，不同阶段母牛舍的占地面积见表 9-1。

表 9-1　不同阶段母牛舍的占地面积（参考）

体重	总面积（m²/头）	混凝土活动场地（m²/头）	遮盖区（m²/头）
<75kg	3	1.4	1.6
<150kg	3.5	2.1	1.4
<225kg	4.5	2.8	1.7
<340kg	5	2	3
<500kg	15	8	7
>501kg	15	8	7

散栏式牛舍是一种没有固定牛卧床的牛舍，这种牛舍可以方便牛只自由采食和饮水，使用这种牛舍养牛可以减少应激，提高牛群自身抵抗力，综合考虑到牛的繁殖、生产效率、健康等因素，能繁母牛舍宜采用散栏式牛舍（图 9-6）。在设计时要考虑四个方面，即总的出口、牛栏构建（牛栏大小、立足通道、隔栏）、反刍卧床、粪尿处理等。

①卧床 ②通道

③活页式挡光板 ④滑动遮光板

图 9-6　散栏式牛舍

典型的散栏式为两排头对头式。散栏式牛栏一般不用拴系。牛床要求干燥、洁净、舒适、自然通风和便于清扫。每头牛所占的面积要合适,牛床太宽则通风困难,太长则集中牛困难,一般根据当地情况及牛群大小确定长度和宽度,通常散栏式牛舍有较多的牛床。母牛的个体间距至少为 0.75m,并注意拴牛栏和牛的比例,牛栏数与牛数比例为 1.05∶1,大约有 30% 的牛只喜欢在固定的牛栏采食。为了增加单位面积的牛头数,要求安装降温式风机保证通风降温,降温通风在南方牛舍设计中十分重要。饲料通道和料槽上方棚顶之间的高度北方为 6m,南方不低于 8m;棚檐高度北方不低于 4m,南方不低于 5m。坡度 28%～30%,活动区宽度 5m。饲喂通道的长度按总牛头数的 90%×0.75m 设计,立足处按从头到尾方向的坡度为 1.5%～3.0%。立足处通道宽度 3m,饲喂通道宽度 4.3m。牛床一排的长度 2.44～2.89m,每个间隔的自由长度 2.30m,宽度 1.10～1.20m,牛栏从头到尾的坡度 2%～6%。牛床分隔栏顶管离地面的高度从地板到上方钢管的距离为 1.17m,地板到下方钢管的距离为 0.20～0.60m，由间隔的类型和用途决定。饲喂通道的后障碍栏距后围栏 1.60m，高于地板 0.90m。后围栏高于立足处 0.20m，而牛栏地板高于立足处 0.15m。地板为混凝土或夯压土质，垫料厚度 0.15m，可用细沙、切短的秸秆、锯屑、刨花、碎报纸、葵花籽壳、干牛粪渣等作为垫料。为防止传染，垫料每周晾晒和消毒 1～2 次。

夏季活动区应设立遮阳棚，由于可以提高夏季的散热效果。地面为混凝土构建，由于母牛长时间在混凝土水泥地面站立或躺卧时，腿和蹄容易产生病变，因此，条件许可时应设立反刍卧床供牛只休息反刍。

牛舍采用何种结构来建设应在充分满足功能的同时考虑其结构设施和建筑成本。在南方炎热的地区，要求牛棚的顶高一般在 10m 以上，檐高≥5m。这样既能通风，又能防太阳辐射。牛棚的材料最好为镀锌材料并刷成白色或蓝色，既绝缘保温又降低辐射，同时还能提高建筑物的强度和抗老化能力。支撑牛床上方顶棚的立柱应该尽量减少，以给母牛提供最大的休息空间，同时考虑成本和效益。牛棚间隔＝牛棚顶的高度×6，以防止辐射和通风阻隔。必要时采用开放式牛棚，例如可翻动的遮阳板或每隔一部分设立遮阳板，能增加散热，增强通风。顶棚的结构可采用天窗敞开式（图 9-7）、钟楼式（图 9-8）、单坡式、非等式等。

在没有降温系统的条件下，天窗敞开式牛棚对奶牛从早到晚的呼吸频率增加要小于钟楼式牛棚。建议北方棚檐高度最好≥4m，南方棚檐高度≥5m，使热空气的对流达到 20％～30％（表 9-2）。

表 9-2　天窗敞开式、钟楼式牛棚及棚檐高度对奶牛呼吸频率的影响

项目	参数	牛棚数	呼吸频率增加
天窗敞开式牛棚	30％	2	2.5％
顶棚坡度	19％	3	10.5％
钟楼式牛棚	19％	3	25.7％
顶棚坡度	21％	5	33％
棚檐高度	＞4.2m	6	17.8％
	3.8m	4	31.5％
	＜3.3m	3	24.5％

顶棚的构造

牛舍每3m宽屋脊宽10cm

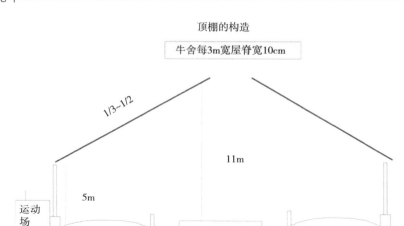

图 9-7　天窗敞开式牛舍的顶棚结构示意图

顶棚的构造

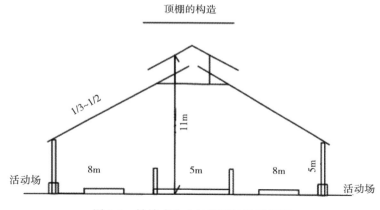

图 9-8　钟楼式牛舍的顶棚结构示意图

3. 育肥牛舍　育肥牛舍以拴系式牛舍和散栏式牛舍较为常见。

拴系式牛舍（图 9-9）主要由牛床和活动区组成。牛床上方有顶棚，并朝一个方向盖。根据牛床面积大小确定棚宽，棚檐最低高度 4.0m。在南方棚檐高 5m。饲喂区必须有遮阳棚，炎热季节在牛床和饲喂通道之间的顶棚上加盖尼龙网遮阳。活动区没有顶棚，地板为混凝土。牛床先用一层土铺垫成拱形，再在上面垫上垫料。

拴系式牛舍的缺点是容易受周围粪尿和雨水的污染，单位牛床小，垫料更换频率高。现在，对干旱地区的牛棚按如下的规格建议，每头牛的面积为 $11\sim15m^2$，其中牛床 $3m^2$，活动区 $8\sim12m^2$。该建议面积不包括料槽和

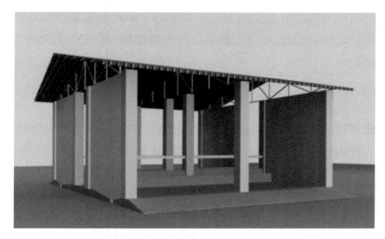

图 9-9 小规模拴系式牛舍建筑结构示意图

过道。

散栏式牛舍更适合于规模化养殖和科学化管理，其建设参数可参考能繁母牛舍。散栏式牛舍占地面积较拴系式牛舍大，但对牛只的健康有利，生产中可依据实际条件修建。

五、牛场附属设施

（一）挤奶厅

根据牛场成母牛的数量决定挤奶厅的建设方式。挤奶厅（图 9-10）分为中置式、鱼骨式、转盘式。简单挤奶设备配置有管道式、手推式挤奶机，随着设备研发，现在出现小型 2 头厅式和 4 头厅式。挤奶厅挤奶器头数设定可以选配 2×6，2×8，2×12，2×24……设计安装时重点考虑每组泌乳母牛的头数，

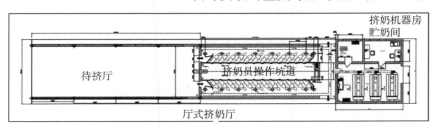

图 9-10 挤奶厅结构示意图

每天挤奶的次数及挤奶台操作能力,并参考奶牛泌乳的速度等参数。例如,挤奶频率分别为2次/d、3次/d和4次/d,则每组挤奶时间的分配分别为60min、40min和30min。

(二)产房

产房毗邻挤奶台建设。建议按总母牛数的0.33%建立产房单间,母牛在分娩后的24h内都要待在单间内。产房的面积为3.6m×3.6m,每20头待产牛一个产房。

(三)饲料中心

1. 青贮壕 高度为2.5～5m,宽度按以下公式计算:

$$青贮壕宽度 = V_日 \div (H \times v)$$

式中,$V_日$——每日需取料的体积;

H——青贮壕高度;

v——每日取料的速率(一般为15～30cm)。

青贮也可以采用袋装青贮或打包青贮。袋装青贮不漏气无鼠害,可以保存3年。

修建青贮壕的个数和容积应根据牛场的规模、原料量和需要量来计算。

2. 配料站 为大中型牛场使用TMR混合饲料饲喂时使用。可以使用TMR自走式饲喂车,也可以采用固定式配料站配料,用电瓶车或手推车送料饲喂。配料站的场地采用能承受运输车重量的混凝土地面。

3. 水槽 水是牛奶和牛肉的主要成分,因此,每日应该给奶牛提供足够的清洁饮水,并监测病原菌和矿物质含量。

水槽(图9-11)应该沿饲喂通道一侧排列,让牛只从饲喂通道侧饮水。沿围栏和挤奶回来的通道增设水槽。水槽必须加遮阳板,置于混凝土地板之上。水槽要平而宽,最好用不锈钢的材料做成。一般水槽长度3m,每头牛占位长度20cm。因此,牛场水槽的个数为:

牛场水槽的个数=牛头数÷[一般水槽长度÷每头牛占用长度]

也可以设计自动饮水碗(图9-12)。

水槽的高度,以牛只正常站立、低头即能饮水为宜。水槽的深度一般为20cm左右。

图 9-11　南方散养牛舍饮水槽　　　　图 9-12　拴系式牛舍饮水碗

（四）配电

规模化牛场强电采用 380V 动力用电和 220V 照明用电配置，弱电是指通信办公和监控系统用电，用电量按办公电脑、场内监控摄像头、通信设备等配置量计算。

（五）其他

规模牛场要考虑建设上、下牛台，方便装运上、下牛只。场内设置地磅、大门口设置消毒池消毒进出车辆，生产区进出口设立人行消毒通道等。

第二节　环境保护

一、牛场粪尿处理

牛养殖污染物主要为牛粪尿、冲洗场地水、废弃草料、废渣等。其中处理量最大的污染物是牛粪尿和冲洗水。在牛场污染物处理中，应考虑减量化、无害化、种养结合循环经济利用方式。

（一）固液分离处理

我国土地面积有限，牛场产生的粪尿量往往不可能实现直接还田方式处理，牛粪污收集固液分离处理技术就成为有效可行的技术模式。这种模式为引入牛粪尿固液分离机分离技术。粪尿固液分离机，在四川、福建、江苏、浙江都有生产。工艺流程：规模牛场采用粪便分类收集→机械或人工清运→污水通过牛场污道系统进入粪尿收集池→收集牛粪进行干湿分离。

（二）有机肥生产

固液分离出来的牛粪固形物含水量30％～35％，适当地堆积发酵、干化场风干，可作锅炉燃料或牛床垫料，亦可装袋作为肥料外运或用作生产食用菌。

牛粪作为有机肥生产流程：

清理生牛粪→搅拌（除臭脱水）→打堆发酵（一个月）→配方、粉碎、过筛→装包→成品。

（三）污水处理

牛场排水包括生产生活污水和直排废水两部分。场区内排水实行雨、污分流，牛粪进行固液分离，固形物袋装后进行发酵杀虫，可用于蚯蚓养殖等；污水经污水处理站处理达标后与直排废水汇合排放。见图9-13。

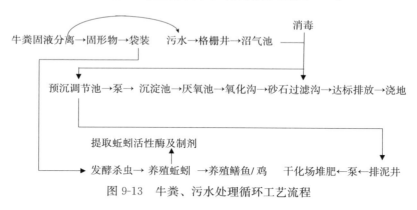

图9-13　牛粪、污水处理循环工艺流程

二、牛场粪尿利用

（一）还田（土）消纳

牛粪尿还田作肥料是一种传统的、经济有效的粪尿利用方法，也是国家提倡并符合我国国情的一种方法。将牛粪尿经微生物发酵后转化为有机肥，用于种植粮食、水果、蔬菜、牧草等农作物及经济作物，种植和养殖的有机结合，做到变废为宝，零排放。还田模式适用于远离城市、土地宽广、有足够农田消纳养殖场粪污的地区，特别是种植需要常年施肥的作物如蔬菜、经济类作物等的地区。要求养殖场规模适中（欧洲各国、美国等养殖场以适度规模居多），当地劳动力价格低，大量使用人工清粪，冲洗水量少。

还田模式的优点是，污染物排放量降低，最大限度实现资源化，可以减少化肥施用，增加土壤肥力；投资省，耗能少，无须专人管理，运转费用低。其缺点是，需要有大量农田来利用粪便污水，若处理不当，可能存在着传播畜禽疾病和人畜共患病的风险，也可能对地表水和地下水构成污染风险。

（二）生物利用

牛粪和沼气沉淀物养殖蚯蚓，是生物利用的模式之一。一亩蚯蚓田一年可处理牛粪污 80～300t，生产的红蚯蚓由生物技术公司用作蚯蚓产业开发，可以生产多种药物和食物、蚯蚓氨基酸螯合肥；蚯蚓粪土作花卉果树苗木和周围农田种植业有机肥料；牛场冲洗水进入沼气池发酵，沼气作为能源，沼液过滤处理后作冲洗用水或草场、农田作物灌溉用水；做到牛粪尿的生物生态治理和良性经济循环。

（三）污水利用

固液分离的液体可建设沼气池发酵生产能源，沼液通过曝氧沟、沉淀池、盲沟过滤，清水排放浇地或作冲洗粪尿沟用水。

经过工艺处理的污水能达到国家标准农田灌溉水质标准（GB 5084）二类标准（表9-3）。

表 9-3　污水处理站进水水质及出水水质

名称	化学需氧量（COD）（mg/L）	生物需氧量（BOD）（mg/L）	悬浮物（SS）（mg/L）	色度	pH
进水水质	500	300	500	100	7～8
出水水质	<300	<150	<200	<50	6～9
去除率（%）	>40	>50	>60	>50	

三、牛场绿化

　　牛场空地和牛舍之间要种植高大乔木遮阳，地面种草防止热辐射。南方牛场最好的绿化树木是桉树，桉树含挥发油，可以驱蚊虫；桉树耐水肥，生长迅速快，遮阳效果良好。

第十章
蜀宣花牛主要产品及加工

第一节　主要产品

一、牛肉

牛肉是高蛋白质、低脂肪的优质肉类食品，因其营养丰富，风味独特，肉质结实，咀嚼性好，食之不腻而深受消费者喜爱。牛肉中还含有人体必需氨基酸和微量元素，是人类动物源性食品的重要组成部分。

牛肉的成分主要是指肌肉组织的化学成分，包括水分、蛋白质、脂类、碳水化合物、含氮浸出物及少量的矿物质和维生素。蜀宣花牛 18 月龄屠宰后牛肉化学组成如表 10-1 所示。

表 10-1　蜀宣花牛牛肉化学组成

成分	水分	蛋白质	脂肪	灰分
含量（%）	69.62	19.75	9.05	0.87

1. 水分　水分是牛肉中含量最多的成分，占 70%～80%。依其存在形式可分为结合水、不易流动水和自由水 3 种。

2. 蛋白质　牛肉中蛋白质的含量仅次于水的含量，占 18%～21%，大部分存在于牛的肌肉组织中。牛肉中的蛋白质因其生物化学性质，或在肌肉组织中存在部位不同，可区分为肌浆蛋白质、肌原纤维蛋白质和间质蛋白质。

肌浆是指在肌原细胞中环绕并渗透到肌原纤维的液体和悬浮于其中的各种有机物、无机物及亚细胞结构的细胞器等。通常将肌肉磨碎压榨便可挤出肌浆，肌浆蛋白质占肌肉总蛋白质的 20%～30%，其中又包括肌溶蛋白、肌红

蛋白、肌粒蛋白和肌浆酶等。这些蛋白质易溶于水或低离子强度的中性盐溶液中，是牛肉中最容易提取的蛋白质。

肌原纤维是骨骼肌的收缩单位，由细丝状的蛋白质凝胶组成。肌原纤维蛋白质的含量随肌肉活动而增加，并且与牛肉的某些重要品质特征密切相关。肌原纤维蛋白质占肌肉总蛋白质的 40%～60%，主要包括肌球蛋白、肌动蛋白、肌动球蛋白、原肌球蛋白和肌钙蛋白等。

间质蛋白也称为基质蛋白。基质蛋白是指肌肉组织磨碎后，在高浓度的中性盐溶液中充分浸之后的残渣部分。其主要成分是胶原蛋白、弹性蛋白和网状蛋白。主要存在于结缔组织中，它们均属于硬蛋白质。

肉类蛋白质是重要的营养食品来源，但决定蛋白质营养价值的主要因素为其中氨基酸的组成，肉类蛋白质中含有全部的必需氨基酸而且量也比较多，因此，肉类具有较高的营养价值。

3. 脂肪 牛肉中的脂肪均为混合甘油酯，即与甘油结合的三个脂肪酸不同。牛肉脂肪的脂肪酸有 20 多种，其中饱和脂肪酸以硬脂酸居多，不饱和脂肪酸以油酸和棕榈酸居多。因含硬脂酸较高，所以牛脂肪在常温下多呈凝固状态。

4. 碳水化合物 碳水化合物中主要以糖原与葡萄糖为主，糖原含量 0.1%～3.0%，此外还含有微量的果糖。

5. 含氮浸出物 含氮浸出物为非蛋白质的含氮物质，如游离的氨基酸、磷酸肌酸、核苷酸、肌苷和尿素等。这些物质决定肉的风味，为滋味的主要来源，如三磷酸腺苷除供给肌肉收缩能量外，逐级降解为肌苷酸，为肉鲜味的主要成分，又如磷酸肌酸分解成肌酸，肌酸在酸性条件下加热为肌酐，可增强熟肉的风味。

6. 维生素 牛肉中主要是水溶性维生素，脂溶性维生素较少，但在肝脏中则含有丰富的脂溶性维生素。牛肉中含有丰富的 B 族维生素，而且这些维生素主要存在于瘦肉中，其维生素的来源主要依赖于瘤胃微生物作用。各种维生素含量见表 10-2。

表 10-2 牛肉维生素含量

种类	维生素 B_1	维生素 B_2	烟酸	叶酸	维生素 B_{12}
含量（mg/100g）	0.07	0.2	5	10	2

7. 矿物质 牛肉中含有钠、钾、钙、镁、铁、氯、磷、锌等，主要矿物

质含量见表 10-3。

表 10-3　牛肉矿物质含量

种类	钠	钾	钙	磷	镁	铁	铜	锌
含量（mg/100g）	69	334	5	276	24.5	2.3	0.1	4.3

二、牛乳

牛乳是牛分娩后从乳腺分泌的一种白色或稍带黄色的不透明液体。在整个泌乳过程中，乳成分发生变化，通常按这种变化情况将乳分为初乳、常乳和末乳。此外，有时由于受外界因素影响，牛乳产生特殊变化，这种乳称为异常乳。

初乳是母牛产犊后头 7d 所产的牛乳，是一种黄色而浓稠的乳汁，有特殊气味。干物质含量较高，尤其是蛋白质和盐类含量较高。初乳加热时凝固，不能作加工原料。

常乳是母牛产犊 1 周以后到干乳前所产的乳。它的颜色一般为白色或微带黄色，带有特殊的香味，其成分及性质基本稳定，是乳制品的加工原料。

末乳是母牛停止泌乳前一周左右所产的乳。末乳中的各种成分含量除脂肪外，其他成分的含量均比常乳高。由于乳中解酯酶增多，所以带有油脂氧化味，并且味苦微咸。

异常乳性质与常乳不同，其不适于饮用，不能用于生产乳制品。

在牛乳中至少有 100 多种化学成分，但主要是由水分、蛋白质、脂肪、乳糖、无机盐类、磷脂、维生素、酶、免疫体、色素、气体及其他微量成分组成。

牛乳中的许多成分并不是都呈真正的溶液状态存在，除了其中所含的乳糖和一部分可溶性盐类能够形成真正的溶液之外，蛋白质则与不溶性盐类形成胶体悬浮液，脂肪则形成乳浊液。所以说，牛乳是由三种体系构成的一种均匀稳定的悬浮状态和乳浊状态的胶体性液体。

不同种类的牛乳，其成分含量差异较大。我们通常说的牛乳是指常乳。牛乳中各种成分含量的变动，是由于乳牛品种、泌乳期、健康状况、饲料、饲养条件以及挤奶情况等因素的变化而不同。这些成分中脂肪的变动最大，蛋白质次之，乳糖含量通常很少变化。正常情况下，牛乳中一般成分的含量范围大致为：干物质含量 11%～14%、蛋白质 2.7%～3.7%、脂肪 3%～5%、乳糖

4.5%左右、灰分 0.7%左右。

三、牛骨

牛骨是由不同形状的密质骨和松质骨借韧带、软骨连接起来的，其上附着肌肉而构成动物体的支持和运动器官。牛骨在加工上的分类包括管状骨（如前肢的肱骨、前臂骨及腕前骨、后肢的股骨、胫骨）、扁平骨（如头骨、肩胛骨、肋骨和髋骨）、短状骨（如椎骨、腕骨、跗骨、趾骨、指骨和部分颅骨）。

骨组织由红细胞、纤维成分和基质组成。不同的是其基质已被钙化，起着支撑机体和保护器官的作用，同时又是钙、镁、钠等元素离子的贮存组织。

成年牛骨的含量比较恒定，占总体重的 15%～20%。骨由骨膜、骨质和骨髓构成。骨膜是由结缔组织包围在骨骼表面的一层硬膜，里面有神经、血管。骨质根据构造的致密程度分为密质骨和松质骨，管状骨的密质层厚，扁平骨密质层薄。在管状骨的骨腔及其他骨的松质层孔隙内充满着骨髓，其主要成分是脂类，成年动物骨髓含量较多。骨的化学成分中水分占 40%～50%，胶原蛋白占 20%～30%，无机质约占 20%，无机质的成分主要是钙和磷。

牛的骨骼富含人体所需的营养物质，有脑组织不可缺少的磷脂，防止人老化的骨胶原、软骨素，有促进肝脏功能的蛋氨酸及维生素 A 和 B 族维生素等。而钙、磷是婴幼儿、青少年时期牙齿、骨骼、脑组织等发育和代谢的主要元素。

四、牛血

随着我国集约化养殖业的发展，动物血液资源日益丰富，目前国内对动物血液利用率很低，主要用来制备纯血粉或发酵血粉。

牛的全血中水分约占 80%，干物质约占 20%。其中血浆约占 60%，血细胞约占 40%。血浆中含水分 90%～92%，其余为干物质。血浆中的干物质主要由蛋白质和盐类构成。血浆蛋白质包括清蛋白、球蛋白、纤维蛋白原三种，占血浆总量的 6%～8%。纤维蛋白原在血液凝固中起着重要作用。血浆中还含有无机盐、少量激素、酶、维生素和抗体等物质。

牛血液由液体部分血浆和悬浮在液体内的有形成分组成。将牛血置入试管内，用抗凝血剂等方法处理，静置一段时间后离心，就可以看到试管中的血液分层。上层约占 2/3，为黄色透明的血浆；下层约占 1/3，为红细胞。两层之间可看到一层薄薄的白色物质，这一层是白细胞和血小板。

五、牛腺体与内脏

牛腺体与内脏主要包括牛舌、食管、气管、肺部、胸腺、心脏、牛胃、肠道、肝脏、胆囊、胰脏、肾脏、膀胱、睾丸或卵巢等。其中牛胃可分为四个胃，第一胃叫瘤胃，然后依次为网胃（又称蜂巢胃），后面是瓣胃（又称百叶胃），就是人们日常吃的百叶，最后一个叫皱胃（又称真胃）。

牛内脏利用的历史悠久，很早以前我国人民就利用牛黄、胆汁等作为医疗药品。到了 20 世纪 30 年代，由于生物化学等科学的发展，人们以牛内脏为原料，利用沉淀、浓缩、吸附、盐析、透析和结晶等方法制成各种药品。这些药品具有针对性强、副作用小、人体容易消化吸收等特点，目前已经成为三大类药品（化学药品、中草药、生化药品）中重要的一类。此外还可以从牛腺体中提取活性肽、胰酶及其抑制剂。

另外，人们对牛内脏的食用性也津津乐道，牛的部分内脏可加工成各种美味佳肴。

六、牛脂

对于动物油脂来讲，凝固点在 38℃ 以上的叫动物脂或兽脂，38℃ 以下的叫动物油或兽油。因此牛脂又称为牛油，是肉类加工中的主要副产品之一。生脂是用于加工牛脂制品的原料。由于生脂在牛体上采集的部位不同，生脂可分为：产量较多的肠油；背部的脂肪组织板油；胴体的脂肪层膘油；其他含有少量脂肪的横膈油、皮油、肉油等。

牛脂的成分以甘油三酯为主，总脂肪酸含量超过 90%。牛脂的脂肪酸组成如表 10-4 所示。

表 10-4　牛脂的脂肪酸组成

种类	肉豆蔻酸	棕榈酸	棕榈酸油	硬脂肪	油酸	亚油酸	亚麻酸	其他
含量（%）	3	25	2.5	21.5	42	2.5	0.5	3

牛脂是高热能来源，以重量单位计算，它含的能量是纯淀粉和玉米等谷实

类饲料的 2.5~3.0 倍，平均可达 32.65kJ/kg。牛脂所含能量易被畜禽利用，在饲料生产中添加牛脂，制造高能配合饲料，可改善饲料利用率和脂溶性维生素的吸收利用，促进畜禽生长。

七、牛皮

牛皮包括黄牛皮、水牛皮、牦牛皮和少数犏牛皮。蜀宣花牛牛皮属于黄牛皮一类。黄牛皮、水牛皮是制革工业的重要原料，成革后用途很广。

（一）牛皮的组织结构

牛皮在制革工业上又称为皮板。在显微镜下观察新鲜牛皮的纵切面，可以明显地分为三层，即表皮层、真皮层和皮下组织。

表皮层是皮板的最外一层，也是最薄的一层，厚度占皮板总厚度的 0.5%~1.0%。表皮层是由逐渐角质化并紧密结合的细胞组成，所以具有疏水性，对水、酸、碱、盐和有害气体有较强的抵抗力，起着保护牛体的作用。制革时，表皮层没有使用价值，加工中被除掉。

真皮层位于表皮层下，是皮革加工的主要利用对象，皮革制品的许多工艺特性都与真皮层的组织结构密切相关。真皮层是皮板中最紧密、最厚的一层，蜀宣花牛牛皮的真皮厚度约占皮板总厚度的 90%。真皮层是由胶原纤维、弹性纤维、网状纤维组成的结缔组织。

皮下组织位于真皮层下面，连接真皮与肌肉。蜀宣花牛牛皮下组织厚度约占皮板总厚度的 8%。在制革过程中，无使用价值而被剔除。

（二）黄牛皮的组织构造特点

1. 孔小、乳突低　黄牛皮上有两种毛，即针毛和绒毛，它们在皮面上均单根呈不规则的点状排列。针毛毛根长入皮内较深，绒毛毛根较浅。黄牛皮的针毛较水牛及牦牛韧，直径为 0.03~0.04mm，绒毛更细，直径为 0.01~0.015mm。针毛与绒毛数占比约 1：9。黄牛皮乳突平缓，低于猪皮及其他牛皮，故粒面平细。

2. 部位差异小　部位之间的差别包括部位之间的厚度差异和胶原纤维编织紧密度的差别两个方面。在臀、腹、颈部位中，以臀部为最厚，腹部为最薄，臀部厚度为腹部厚度 2 倍左右。在胶原纤维编织紧密度上，以臀部最为紧密，织角较高，腹部疏松，织角较低，颈部介于两者之间。尽管三个部位之间在厚度及胶原纤维编织紧密度方面均有差别，但差别不大，生产控制得当，还可减轻其差别。

3. 乳头层厚度比例小但是网状层所占比例大 就同一部位而言，乳头层上层（即脂腺以上）的胶原纤维韧性小而编织致密，多呈水平走向；乳头层下层，即脂腺以下，网状层以上，胶原纤维逐渐变粗，编织不及脂腺以上紧密，织角逐渐增大；至网状层胶原纤维最粗，织角最高，但编织不及乳头层紧密；网状层下层胶原纤维又变细，编织较疏松，织角较低，乳头层胶原纤维编织虽然较紧密，但由于该层含有大量毛囊、汗腺、脂腺等非纤维成分，胶原纤维相对较少，且细小。成革强度的高低，主要是由网状层决定。黄牛皮三个主要部位网状层占真皮层厚度的百分比分别为臀部和腹部占 20%～30%，颈部15%～20%。故黄牛皮成革强度较高。

4. 脂肪组织不发达 黄牛皮的脂肪组织不发达，臀、腹、颈三部位的胶原纤维中均无游离脂肪细胞存在，仅在每根针毛及绒毛毛囊附近有脂腺分布。

5. 汗腺和血管发达 黄牛皮汗腺发达，每根针毛和绒毛上都有汗腺。

6. 肌肉组织发达 黄牛皮针毛、绒毛都有竖毛肌，且针毛竖毛肌较为发达。就臀、腹、颈三个部位，竖毛肌发达程度无明显差异，在生产过程中竖毛肌是除不去的，但随着加工处理程度轻重不同，粗的肌纤维要分散为细的肌纤维。

7. 弹性纤维差异小 黄牛皮的弹性纤维主要分布在乳头层和皮下组织中，网状层中弹性纤维极少。在毛囊、血管、脂腺、汗腺、肌肉周围弹性纤维密集，且臀、腹、颈三个部位基本无差异。

八、牛粪

当代农业发展趋势是发展现代可持续性农业，它是无机农业和生态农业的有机结合体。牛粪的再生产利用正是提高农业生态系统中不可缺少的重要环节。

牛粪是一种重要的有机肥源，不仅含有氮、磷、钾三种植物需求最大的元素，还含有很多微量元素，而且由于牛是反刍动物，饲料经过反复咀嚼和瘤胃微生物的作用，使牛粪质地细密，加之牛饮水多，粪中含水较多，所以牛粪是

一种分解慢、发热量小的冷性肥料。

牛的饲喂方式不一、生产方向不同（如乳用或肉用）、个体大小不同，排泄量的差异很大。成年蜀宣花牛平均每天排泄粪便 15~20kg。牛粪养分含量见表 10-5。

表 10-5 牛粪的养分含量

成分	水分	有机物	氮	磷	钾
含量（%）	77.5	20.3	0.34	0.16	0.4

第二节 屠宰及加工

一、肉牛的屠宰

（一）宰前检疫与管理

牛屠宰前要进行严格的兽医卫生检验，一般要测量体温和视检皮肤、口鼻、蹄、肛门、阴道等部位，确定没有传染病方可屠宰。牛在屠宰前 24h 禁食，宰前 2~4h 停止喂水。牛在屠宰前还要充分冲洗淋浴，除去体表污物。

（二）屠宰工艺

1. 送宰 检验员收到准宰通知单后，发现伤残或者疑似患病的牛只，要做好标识或者记录好流水号。屠宰顺序应以"先入栏先屠宰"为原则。在赶牛过程中严禁使用棍棒等硬器击打牛只。

2. 击晕 使牛失去知觉，以免牛神经受到恐怖、愤怒和痛苦的刺激而引起血管收缩，血液剧烈流入肌肉内，致使放血不完全，从而降低牛肉的质量。击晕还可以减轻人工体力劳动，保持环境的安静和人的安全。

击晕方法主要有以下两种：

（1）机械击晕法 可分为锤击法、刺项法等。采用此法要有经验，有熟练的技巧，否则达不到击晕的目的，活牛乱动易造成危险。

（2）电击晕法 也叫电麻，使电流通过活牛身体，麻痹中枢神经而晕倒，其好处是避免刺杀造成危险，能获得大量食用血，生产效率高，牛击晕后苏醒需 2min 以上，因此有足够时间进行吊挂和刺杀等工序。

3. **套腿提升（挂牛）** 将待宰牛在翻板箱中击晕后，立即套腿提升。把提升机降至可挂牛的高度，迅速用套脚锁链套住牛的右后腿胫骨中间部。操作提升机，使拴有牛的提升机缓慢上升，提升时注意不要让钢丝绳盘绕、交叉。当提升的铁钩刚好超过滑道时，即停止上升，等牛体稳定后，迅速下降使滑轮稳稳地落在滑道上。每挂完一头牛迅速将提升机下降，并把套脚链挂到提升的铁钩上，为下一头牛做准备。挂牛用的铁链要清洗消毒后方可再次使用。

4. **放血** 将牛滑到放血滑道停止器处，一人固定牛头，左手把住前腿，右手握刀在颈下缘咽喉部切开牛皮放血。放血后拉动滑道停止器，当牛滑至气动开关处时，拉动气动开关，使牛进入放血轨道。

放血刀具应每次消毒，轮换使用。每宰完一头牛，刀器具消毒一次，用水浸泡或相当效果的方式进行消毒。放血完全，沥血时间控制在 3～5min。及时清理地面污血，防止交叉污染。割下的缰绳要放到指定的地点，由专人及时清理出生产现场。

5. **电刺激** 用手将电刺激触头夹在牛鼻子上进行电刺激。控制电刺激电压 8～9V，电流频率 50Hz，刺激时间 30s。手动电刺激操作完毕后，取下电刺激触头，放回原处。电刺激主要是使牛只放血充分，促进 ATP 的消失和pH 的下降。电刺激加快尸僵过程，减少冷收缩，可明显改善肉的嫩度。

6. **去前蹄、牛头** 操作工用气动钳在跗关节稍偏下处剪断，直接取下前蹄，或从腕关节处下刀，割断连接关节的结缔组织、韧带及皮肉。割下的前蹄放入指定的容器中，由专人收集起来转运至牛蹄加工间。

在牛头颌骨下方的肌肉上，沿与刀口垂直的方向割开一个刀口，便于牛头割下后手提即可。沿放血刀口平行方向下刀，将牛头背侧与脖肉相连的肌肉割开，露出枕骨和寰椎（第一颈椎）相连接处，将枕骨和寰椎分离开，一手从刀口处抓牢牛头，一手割断牛头背部肌肉与脖肉的连接。将牛头放在操作台上，沿下颌骨内侧贴骨下刀，把舌与下颌骨的连接割开，使舌垂出头外。用水简单冲洗牛头，主要将牛舌表面的血污等冲洗干净。每次完成操作后必须对屠宰刀用 82℃ 水消毒，时间不少于 5s，用温水洗手、冲洗围裙和操作案台。

7. **转挂、去后蹄、后腿剥皮** 沿后腿内侧线向左右两侧剥离趾关节到尾根部牛皮。用屠宰刀在跗部后侧开始向上挑过夹裆至生殖器（或乳房）处，将右后腿剥皮，剥皮至膝关节上周围肌肉（米龙）全部暴露为止，并在跟结节之上，胫骨与跟腱之间戳孔便于换钩。从趾关节下刀，刀刃沿后腿内侧中线向上

挑开牛皮。要求皮上无刀伤，不伤及腿部肉。用屠宰刀在左后腿跗部后侧由下向上挑开，挑到后腿夹裆至生殖器（乳房）处，并对左后腿进行剥皮，从下至膝关节上周围肌肉全部暴露为止。沿牛尾根部近臀部一面中线，将皮挑开与腿部预剥皮线相交，然后剥开腿的后侧皮，顺势向下剥至臀部尾根处，腹部外侧面肌肉（腹外斜肌）的上部分露出 5～10cm，尾根正下方剥离 5～10cm，以防用剥皮机剥皮时拉坏表层肌肉和腰部脂肪。先把牛腹部的皮从裆部开至胸部，不能伤及牛皮、胴体、牛睾丸（牛宝）。

剥皮时注意把皮与肉之间的黏膜带到肉上，将腹部牛皮尽可能深剥，不要让牛皮回卷，以免污染胴体。剥皮操作时，应用手握住牛皮外部用力拉扯以便剥皮。完成的胴体表面应无刀痕、牛毛、粪便等污物，牛皮上不允许有超过牛皮厚度 1/3 深度的刀伤，胴体上无刀伤。启动提升机配合将套脚链换为两个管轨滚轮吊钩或胴体钩。使用吊钩时要求平稳钩住左右两后腿的趾关节处；使用胴体钩时，先将右腿由内向外钩住，提升挂到轨道上，再将另一挂钩同样由内向外钩住左腿，钩落到轨道上。将牛提升至合适高度，以备后续去后蹄工序的操作。推动胴体钩使牛滑向下一工位。将套链送入回钩线。

去后蹄：用牛角钳在跗关节处剪断，取下牛蹄或用刀从趾关节下刀，割断连接关节的结缔组织、韧带及皮肉，割下后蹄，放入指定的容器中。用吊钩钩住右后跗部结节戳孔处挂于主生产线轨道上。然后将左后腿上的索链解开，使屠体由沥血轨道转入主生产线轨道。

8. 肛门结扎、剥皮　根据日屠宰计划，领取相应量的肛门结扎塑料袋。左手套上结扎塑料袋，用食指、中指伸入肛门后与大拇指一起撮住肛门边缘；右手握刀在肛门四周划开相连的组织，将直肠剥离屠体。最后用塑料袋充分套住肛门，使塑料袋口夹紧肛门，再将肛门放入腹腔。剥牛尾皮，左手握住牛尾，右手用刀从尾尖沿牛尾中线将皮挑开至尾根。沿肛门四周将与牛皮连接的组织剥离开。

9. 胸部剥皮和取牛宝或乳房　①牛前部、腹、胸左侧预剥皮：先用屠宰刀沿胸腹部中线划开胸腹皮，再用气动剥皮刀将左侧胸腹部皮剥开，由上向下、由外向里剥至距背约中线处。②腹、胸右侧预剥皮：用气动剥皮刀将右侧胸腹部皮剥开，由上向下、由外向里剥至距背腹约中线，同时用屠宰刀将胸部肌肉从中线划开，为劈胸作准备。肩部外侧肌肉要露出 5～10cm，防止剥皮机将此块肉扯下。将牛宝或乳腺组织取出，（公牛）沿腹中线生殖器根部挑开表皮到整个生殖器露出来，换刀消毒，割下生殖器；（母牛）沿腹部中线乳房凹陷处将乳房切下，放入指定容器中。

10. 前腿剥皮　从前腿处用刀划开，注意不要伤到前牛腱，检查预剥后胸腹部胴体表面、前腿是否存在粪污、牛毛等污染情况。

11. 人工预剥　按工艺要求执行，剥皮时要求握牛皮的手在剥皮时或剥皮后不允许再接触其他部位，每次剥皮后必须用温水冲洗套袖、围裙及洗手，洗掉污物和牛毛。刀具消毒。

12. 剥皮，取肩部淋巴结　该工序由两人共同完成，通过机械转动和链条拉动进行剥皮。牛到位后，两人迅速将前腿保定，然后将升降台升迁至合适的工作高度。用锁链锁紧牛后腿皮，使其毛朝外。左侧操作工（控制台）用左手控制扯皮机由上而下运动，将牛皮卷撕。注意下降过程中，应使牛皮与胴体保持 45°角。要求皮上不带脂肪和肉，肉不带皮，皮张完整无刀伤。至牛尾时应放慢速度，用刀划开牛尾根部皮与肉的连接，防止拉断牛尾。

操作剥皮机时，操作工应时刻观察剥皮情况，发现表皮脂肪随皮揭起或皮张有被扯裂的危险时，应及时进刀，辅助机器剥皮，划开背部脂肪和皮与肉之间的黏膜，同时不能在牛皮上划出刀伤。左侧操作工控制滚筒逆时针反向转动，使牛皮自动脱离滚筒落入车内。扯皮机复位，洗手、刀具消毒。右侧工人在左侧工人控制脱皮时，落下升降台迅速将前腿固定链松开。两人在每完成一头牛后，在前腿保定处等候下一头牛。操作时一定要按照由上至下，由外向里的顺序进行。如需要抓住牛皮，握牛皮的手一定要将牛皮向外翻转，以防止牛皮外部污染已剥皮的屠体表面。保证牛皮边剥边脱落，握牛皮的手操作时不要触及胴体。沿肩部两侧取出肩部淋巴结，要求取得干净，以防污染辣椒条。

13. 开胸　从胸软骨处下刀，沿胸骨中线划开胸部肌肉至颈部。将劈胸锯锯头放到胸软骨处，沿胸骨中间把胸骨锯开。沿颈部中线，将颈部肌肉向下割开至放血刀口处，再将食管、气管与颈部连接处分开，最后将气管和食管及周围的结缔组织分开。锯口要平直，深度适宜，不允许将白脏划破。每次完成操作后必须对屠宰刀用 82℃水消毒，时间不少于 5s，用温水洗手、冲洗围裙和劈胸锯。

14. 取白脏

（1）割腹肌　沿胸腹中线割开后部腹肌之后，反手握刀，刀刃朝下，划开腹肌。操作者在划开肛门及腹腔时，要求控制进刀深度，不要划破或伤及内脏。

(2) 割离肠系膜　左手拉住直肠头，向下分离开肠四周的系膜组织，使之割离腹腔。

(3) 割结缔组织　手伸入腹腔肠胃两旁及后方，用刀割开相连组织，使胃连同脾、肝与腹腔分离。取出肝脏，将牛肾及包裹油脂取出，小心取出白脏，在食管下部割开食管，使白脏脱离腹腔落入白脏通道。在白脏传送线上及时对白脏进行宰后检验检疫，按《肉品卫生检验试行规程》的规定进行。取白脏过程中要小心操作，以免划破白脏，对胴体造成污染。下刀时不得伤及里脊、肾脏和其他部位。

15. 取红脏　用刀将与红脏连接的膈肌割开，由肾下方将心管与脊柱分开，然后割开胸与红脏的连接，将红脏由开胸处取出。左手用力向下拉出红脏，用刀把气管两边的肌肉割开，将取下的红脏挂到红脏固定钩子上。将心、肺在红脏检疫处进行检验检疫，按《肉品卫生检验试行规程》的规定进行。气管和心脏完整取下，勿划伤心、肺和胸腔黏膜，取完后冲洗腔内瘀血。

16. 劈半、取牛尾　在荐椎和尾椎连接处割下牛尾，放入指定容器中。将劈半锯插入牛的两腿之间，从耻骨连接处、牛鞭根左侧下锯，从上到下匀速地沿牛的脊柱中线将胴体劈成二分体，要求不能劈斜、断骨，应露出骨髓。

17. 修整　胴体检验按《肉品卫生检验试行规程》的规定进行。同时与红脏检疫和白脏检疫同步对应，发现病疑牛只按无害化操作要求执行。取净盆腔、腹腔的脂肪，注意不能伤及里脊。沿膈肌根部取下膈肌。抽取脊髓单独存放。割下甲状腺，取净脖头脂肪、瘀血肉和其他污物，修去胴体表面的瘀血、污物和浮毛等不洁物，注意保持肌膜和胴体的完整。将板筋头从脖头上挑开，板筋不碎，且板筋头上不带肉。

18. 二分体称重　校秤后，将二分体分别逐一称重。

19. 冲淋　用温水按由上向下的顺序冲洗，特别是牛胴体的胸腔和腹腔内壁，以及锯口、刀口处。冲洗干净胴体上的污血、碎骨、锯末等其他污物。有条件的话可以设置胴体冲淋箱，通过高压喷头对胴体进行冲淋。

20. 胴体预冷（排酸）　胴体入预冷间前库管人员应提前 0.5h 通知预冷，检查预冷间的卫生、温度、湿度并记录。将预冷间温度降到 $-2 \sim 4℃$，推入胴体。胴体之间不允许相互接触，间距不小于 15cm。要求入库期间预冷间库门的开口宽度，以能通过胴体为宜。胴体放满后，应及时关闭库门。要求库房存放胴体时，尽量减少库门的开关。库管人员应每 4h 对预冷间温度、湿度和胴体存放问题检查一次，并做好记录。胴体正常预冷时间为 24～48h。

胴体排酸后出库前，应由库管人员用插入式温度计，检查同批次最后一个胴体的温度。胴体中心温度在 7℃ 以下方可出库，并做好记录。预冷间使用后，由专人负责预冷间内的卫生清理，用水将地面、墙面冲洗干净，并对地面、墙面和空气进行消毒。

二、牛胴体的处理

（一）牛胴体评定

我国牛肉等级评定标准（GB/T 27643—2011）以胴体评定为核心，包括活牛的等级评定方法、标准以及牛肉的分割标准。在此仅介绍胴体等级的评定方法。

1. 标准中引用的定义

（1）优质牛肉　育肥牛按规范工艺屠宰、加工，品质达到标准中优二级以上（包括优二级）的牛肉叫做优质牛肉。

（2）成熟　成熟是指肌肉达到最大僵直以后，在无氧酵解酶作用下继续发生着一系列生物化学变化，逐渐使僵直的肌肉变得柔软多汁，并获得细致结构和美好滋味的一种生物化学变化过程。

（3）分割牛肉　按照市场要求将牛胴体分割成不同的肉块。

（4）生理成熟度　反映牛的年龄。评定时根据胴体脊椎骨（主要是最末三根胸椎）棘突末端软骨的骨化程度来判断，骨化程度越高，牛的年龄越大。

2. 牛胴体的等级评定

（1）评定指标及方法　胴体冷却后，在充足的光线下，于 12～13 胸肋间眼肌切面处对下列指标进行评定。

①大理石纹。对照大理石纹图片确定眼肌横切面处的大理石纹等级。共有 4 个标准图片，分为丰富（1 级）、较丰富（2 级）、一般（3 级）和很少（4 级）。在两级之间设半级，如界于 2 级和 3 级之间则为 2.5 级。

②生理成熟度。根据脊椎骨末端软骨的骨化程度判断生理成熟度，分为 A、B、C、D 和 E 5 个等级，A 级最年轻，E 级在 72 月龄以上，详见表 10-6。同时结合肋骨的形状、眼肌的颜色和质地对生理成熟度做微调。

表 10-6　我国牛胴体不同生理成熟度的骨化程度表

脊椎部位	24 月龄以下 (A)	24～36 月龄 (B)	36～48 月龄 (C)	48～72 月龄 (D)	72 月龄以上 (E)
荐椎	未愈合	开始愈合	愈合但有轮廓	完全愈合	完全愈合
腰椎	未骨化	一点骨化	部分骨化	近完全骨化	完全骨化
胸椎	未骨化	未骨化	一点骨化	大部分骨化	完全骨化

③颜色。对照肉色等级图片判断眼肌切面处颜色的等级。分为 6 级，1 级最浅，6 级最深，其中 3 级和 4 级为最佳肉色。

④热胴体重。宰后经剥皮及去头、蹄、内脏以后称量热胴体重。

⑤眼肌面积。在 12～13 胸肋间的眼肌切面处用方格网直接测出眼肌的面积。

⑥背膘厚度。在 12～13 胸肋间的眼肌切面处，从靠近脊柱一侧算起，在眼肌长度的 3/4 处垂直于外表面测量背膘的厚度。

（2）胴体的等级标准

①质量等级。反映肉的品质状况，主要由大理石纹和生理成熟度决定，并参考肉的颜色进行微调。本标准牛胴体质量与大理石纹和生理成熟度关系见表 10-7。

表 10-7　我国牛胴体质量等级与大理石纹和生理成熟度的关系

大理石纹等级	生理成熟度				
	24 月龄以下	24～26 月龄	36～48 月龄	48～72 月龄	72 月龄以上
1	特级				
1.5	特级				
2		优一级			
2.5			优二级		
3			优二级		
3.5				普通牛肉	
4				普通牛肉	

注：优二级以上牛肉为优质牛肉；特级和优一级牛肉必须是阉牛和青年公牛；8 岁以上的牛不得评为优质牛肉。

胴体质量等级的具体评定方法是先根据大理石纹和生理成熟度确定等级，然后对照颜色进行调整。当等级由大理石纹和生理成熟度两个指标确定后，若肉的颜色过深或过浅（颜色等级中以 3 级、4 级为最好），则要对原来的等级酌情进行调整，一般来说要在原来等级的基础上降一级。

②产量等级。反映牛胴体中主要切块的出肉率。由胴体重、眼肌面积和背膘度测算出肉率，出肉率越高等级越高。眼肌面积与出肉率成正比，眼肌面积越大，出肉率越高。背膘厚度与出肉率成反比。

（二）牛肉分割

牛胴体的分割方法各国之间有较大的区别。我国试行的牛胴体分割法，将标准的牛胴体二分体分成臀腿肉、腹部肉、腰部肉、胸部肉、肋部肉、颈肩肉和前后腿肉七个部分（图 10-1），在此基础上进一步分割成 13 块不同的零售肉块（图 10-2）。

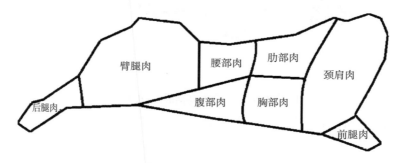

图 10-1　牛肉部位分布

1. 里脊（tenderloin）　　取自牛胴体腰部内侧带有完整里脊头的净肉。分割时先剥去肾周脂肪，然后沿耻骨前下方把里脊剔出，再由里脊头向里脊尾，逐个剥离腰椎横突，即可取下完整的里脊。

2. 外脊（striploin）　　取自牛胴体第 6 腰椎横截至第 12～13 胸椎椎窝中间处垂直横截，沿背最长肌下缘切开的净肉，主要是背最长肌。分割时沿最后腰椎切下，沿背最长肌腹壁侧（离背最长肌 5～8cm）切下，在第 12～13 胸肋处切断胸椎，逐个把胸、腰椎剥离。

3. 眼肉（ribeye）　　取自牛胴体第 6 胸椎到第 12～13 胸椎间的净肉。前端与上脑相连，后端与外脊相连，主要包括背阔肌、背最长肌、肋间肌等。分割时先剥离胸椎，抽出筋腱，在背最长肌腹侧距离为 8～10cm 处切下。

4. 上脑（high rib）　　取自牛胴体最后颈椎到第 6 胸椎间的净肉。前端在

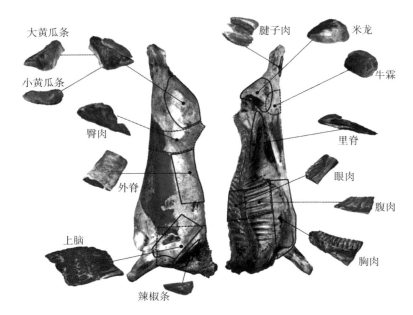

图 10-2　零售肉块

最后颈椎后缘，后端与眼肉相连，主要包括背最长肌、斜方肌等。分割时剥离胸椎，去除筋腱，在背最长肌腹侧距离 6～8cm 处切下。

5. 辣椒条（chuck tender）　位于肩胛骨外侧，从肱骨头与肩胛骨结节处紧贴冈上窝取出的形如辣椒状的净肉，主要是冈上肌。

6. 胸肉（brisket）　位于胸部，主要包括胸升肌和胸横肌等。分割时在剑状软骨处，随胸肉的自然走向剥离，修去部分脂肪即成胸肉。

7. 臀肉（rump）　位于后腿外侧靠近股骨一端，主要包括臀中肌、臀深肌、股阔筋膜张肌等。分割时从位于后腿外侧靠近股骨一端，沿着臀股四头肌边缘取下。

8. 米龙（topside）　位于后腿外侧，主要包括半膜肌、股薄肌等。分割沿股骨内侧从臀股二头肌与臀股四头肌边缘取下。

9. 牛霖（knuckle）　位于股骨前面及两侧，被阔筋膜张肌覆盖，主要是臀股四头肌。当米龙和臀肉取下后，能见到长圆形肉块，沿自然肉缝分割，得到一块完整的净肉。

10. 大黄瓜条（outside flat）　位于后腿外侧，沿半腱肌股骨边缘取下的长而宽大的净肉，主要是臀股二头肌。与小黄瓜条紧紧相连，剥离小黄瓜条后大黄瓜条就完全暴露，顺着肉缝自然走向剥离，便可得到完整的四方形肉块。

11. 小黄瓜条（eyeround）　位于臀部，沿臀股二头肌边缘取下的形如管状的净肉，主要是半腱肌。当牛后腱子取下后，小黄瓜条处于最明显的位置，分割时可按小黄瓜条的自然走向剥离。

12. 腹肉（thin flank）　位于腹部，主要包括肋间内肌、肋间外肌和腹外斜肌等。

13. 腱子肉（shin/shank）　腱子肉分前后两部分，牛前腱取自牛前小腿肘关节至腕关节外净肉，包括腕桡侧伸肌、指总伸肌、指内侧伸肌、指外侧伸肌和腕尺侧伸肌等。后牛腱取自牛后小腿膝关节至跟腱外净肉，包括腓肠肌、趾伸肌和趾伸屈肌等。前牛腱从尺骨端下刀，剥离骨头，后牛腱从胫骨上端下刀，剥离骨头取下。

（三）牛肉保鲜

牛肉富含蛋白质，且水分含量较高，在贮藏、运输和销售过程中微生物极易生长繁殖而使其腐败变质。为了保证牛肉的安全性、食用性和经济性，许多国家都在不断地研究牛肉的保鲜技术。在实际应用中，应采用综合保鲜技术，发挥保鲜的互补优势，以确保牛肉的品质与安全。

1. 低温贮藏保鲜　牛肉的腐败变质主要是由酶催化和微生物的作用引起。这种作用的强弱与温度密切相关，只要降低牛肉的温度，就可使微生物和酶的作用减弱，阻止或延缓牛肉腐败变质的速度，从而达到长期贮藏保鲜的目的。在肉类保鲜技术中，低温贮藏保鲜乃是最实用、最普及、最经济的技术措施。根据贮藏时的温度高低，又可将低温贮藏保鲜分为冷藏保鲜和冷冻保鲜。

（1）冷藏保鲜　牛肉的冷藏保鲜是先将牛肉冷却到中心温度 0～4℃，再在 −1～1℃ 的条件下贮藏保鲜。具体如下：

将屠宰后的肉牛胴体吊在轨道上，胴体间保持 20cm 的间隔，进入冷却间后，胴体在平行轨道上，应按"品"字形排列。冷却间的温度在牛肉进入前为 −1～0.5℃，冷却中的标准温度为 0℃，冷却中的最高温度为 2～3℃。经48h 后，使后腿部的中心温度达到 0～4℃。冷却过程除严格控制温度外，还应控制好湿度和空气流动速度。在冷却开始的 1/4 时间内，维持相对湿度95%～98%，在后期的 3/4 时间内，维持相对湿度 90%～95%，临近结束时控制在90%左右。空气流速采用 0.5m/s，最大不超过 2m/s。

牛肉的冷藏室温度为－1～1℃，温度波动不得超过 0.5℃，进库的升温不得超过 3℃。相对湿度为 85％～90％，冷风流速为 0.1～0.5m/s。冷藏室的容量标准为牛肉 400 kg/m²。在冷藏条件下，牛肉可贮藏保鲜 4～5 周，小牛肉可贮藏保鲜 1～3 周。

（2）冷冻保鲜　牛肉的冻藏保鲜是先将牛肉在－23℃以下的低温进行深度冷冻，使肉中大部分汁液冻结成冰后，再在－18℃左右的温度下贮藏保鲜。

肉的冻结方法根据冷却介质的不同，可分为空气冻结法、间接冻结法和直接接触冻结法 3 种：空气冻结法是以空气作为冷却介质，其特色是经济方便，速度较慢；间接冻结法是把牛肉放在制冷的冷却板、盘、带或其他冷壁上，使牛肉与冷壁接触而冻结；直接接触冻结法是把牛肉与制冷剂直接接触，可采用喷淋或浸渍法，常用的制冷剂是盐水、干冰和液氮。牛肉的冻结最常采用空气冻结法。

我国牛肉冻结一般采用两阶段冷冻法。即牛屠宰后，牛胴体先进行冷却，然后将冷却的牛肉再进行冻结。一般冻结时间的温度为－23℃或更低，相对湿度为 95％～100％，风速为 0.2～0.3m/s。经 20～24h 牛肉深层温度降至－18℃，即完成冻结。冻结以后转入冷库进行长期贮藏保鲜。目前我国冻结的牛肉有两种，一种为牛胴体（四分体），另一种是分割冻牛肉。两种牛肉比较经济合理的冻藏温度为－18℃，相对湿度维持 95％～98％。冷藏室空气流动速度控制在 0.25m/s 以下。

2. 气调保鲜　利用调整环境气体成分来延长肉品贮藏寿命和货架期的一种技术。其基本原理是：在一定的封闭体系内，通过各种调节方式得到不同于正常大气组成的调节气体，以此来抑制肉品本身的生理生化作用和抑制微生物的作用。在引起肉类腐败的微生物中，大多数是好氧性的，因而用低氧、高二氧化碳调节气体，可以使得肉类保鲜，延长贮藏期。

（1）充气包装保鲜　在密封性能好的材料中装进食品，然后注入特殊的气体或气体混合物，再进行密封，使其与外界隔绝，抑制微生物生长，抑制酶促腐败，从而达到延长货架期的目的。充气包装所用的气体主要为 O_2、N_2、CO_2。O_2 性质活泼，容易与其他物质发生氧化作用；N_2 惰性强，性质稳定；CO_2 对于嗜低温菌有抑制作用。在充气包装中，O_2、N_2、CO_2 必须保持合适比例，才能使肉品保藏期延长，且各方面均能达到良好状态。欧美大多数以 $80％O_2＋20％CO_2$ 方式零售包装，可使鲜牛肉的货架期延长到 4～6d。充气包装与真空包装相比，并不会比真空包装货架期长，但会减少产品受压和血水渗出，并能使产品保持良好的色泽。

（2）真空包装保鲜　去除包装内部空气，然后进行密封，使包装袋内的食品与外界隔绝。由于除掉了空气中的氧气，因而抑制并减缓了好氧性微生物的生长，减少蛋白质的降解和脂肪的氧化腐败。真空包装后的鲜牛肉贮藏在 0～4℃的条件下，可以使货架期延长到 21～28d。

3. 化学保鲜　在肉类生产和贮运过程中，使用化学制品来提高肉的贮藏性和尽可能保持它原有品质的一种方法。与其他保鲜方法相比，具有简便而经济的特点。不过只能在有限的时间内保持肉的品质。因为所用的化学制剂只能推迟微生物的生长，并不能完全阻止他们的生长。化学保鲜中所用的化学制剂，必须符合食品添加剂的一般要求，对人体无毒害作用。目前各国使用的防腐剂已超过 50 种，但迄今为止，尚未发现一种完全无毒、经济实用、广谱抑菌并适用于各种食品的理想防腐剂。因此，实际应用时，通常配合其他保鲜方法来实现肉质保鲜。

（1）有机酸保鲜　目前使用的化学保鲜剂主要是各种有机酸及其盐类，最常用的有醋酸、丙酸、乙酸、辛酸、乳酸、柠檬酸、山梨酸、苯甲酸、磷酸及其盐类。有机酸的抑菌作用，主要是因为其酸分子能透过细胞膜，进入细胞内部而离解，改变微生物细胞内的电荷分布，导致细胞代谢紊乱而死亡。

（2）天然防腐剂保鲜　天然防腐剂保鲜是指从天然生物中提取的具有防腐作用的食品添加剂，其安全性较高，符合消费者需求，是今后保鲜剂发展的方向。天然防腐剂主要包括乳酸链球菌素、溶菌酶及植物中的抗菌物质等。

三、牛乳加工

（一）鲜乳验收

1. 感官指标

（1）色泽　乳白色或稍带微黄色。

（2）气味　具有新鲜牛乳固有的香味，无任何其他异味。

（3）组织状态　呈均匀的胶态流体，无沉淀、无凝块、无杂质和异物等。

2. 理化指标　我国颁布标准规定原料乳验收时的理化指标见表 10-8，理化指标只有合格指标，不再分级。

表 10-8　鲜奶理化指标

项　目	指　标
密度（20℃/4℃）≥	1.028（1.028～1.032）
脂肪（%）≥	3.10（2.8～5.0）
酸度（以乳酸表示，%）≤	0.162
蛋白质（%）≥	2.95
杂质度（mg/L）≤	4
六六六（mg/kg）≤	0.1
DDT（mg/kg）≤	0.1
抗生素（U/L）<	0.03
汞（mg/kg）≤	0.01

　　（1）酒精试验　　是为观察鲜乳的热稳定性而广泛使用的一种方法，也是间接检验牛乳的酸度以及新鲜程度的一种方法。酒精试验与酒精浓度有关，一般用 70%～72% 的酒精与等量乳混合，凡出现凝块的称为酒精阳性乳，对应的滴定酸度不高于 18°T。为了合理利用原料乳和保证乳制品质量，用于制造淡炼乳的原料乳，应用 75% 酒精试验；用于制造甜炼乳的原料乳，应用 72% 酒精试验；用于制造乳粉的原料乳，应用 68% 酒精试验（酸度不得超过 20°T）。酸度不超过 22°T 的原料乳尚可用于制造奶油，酸度超过 22°T 的原料乳只能供制造工业用的干酪素、乳糖等。如在验收时出现细小凝块，可进一步测定酸度或进行煮沸试验。

　　（2）滴定酸度　　通过酸度测定可鉴别原料乳的新鲜度，了解乳中微生物的污染状况。新鲜牛乳的滴定酸度为 16～18°T。该法测定酸度虽然准确，但现场收购时受到实验室条件限制。

　　（3）相对密度　　是评定鲜乳成分是否正常的常用指标，但在实际的检验中不能只凭这一项指标来判断，必须结合脂肪、蛋白质以及风味的检验来判断牛乳是否掺水或干物质含量是否不足。

　　（4）冰点　　大多数乳制品厂通过测定冰点来检测牛奶中是否掺水，如果掺水冰点将上升。

　　（5）乳成分的测定　　随着分析仪器的发展，乳品检测中出现了很多高效率的检验仪器，并已开发使用各种微波仪器，如微波干燥法测定总干物质（TMS 检验）；红外线牛奶全成分测定，通过红外分析仪，自动测出牛奶中的脂肪、蛋白质、乳糖等的含量。

（6）抗生素残留量检验　抗生素残留对于发酵乳制品加工的影响是致命的，因而抗生素残留量检验是验收发酵乳制品原料乳的必检指标，常用以下两种方法检验：

① TTC 试验。在被检牛乳中加入指示剂 TTC 并接种细菌进行培养试验，如果 TTC 保持原有的无色状态，说明细菌不能生长繁殖，原来的鲜乳中有抗生素。反之，如果 TTC 变成红色，说明被检乳中无抗生素残留。

② 纸片法。将浸过被检乳样的纸片放入接种有指示菌种的琼脂培养基上，如果被检乳样中有抗生素残留，会向纸片四周扩散阻止指示菌的生长，在纸片的周围形成透明的阻止带，根据阻止带的直径判断抗生素残留量。

3. 微生物指标　微生物指标可采用平皿培养法（计算细菌总数）或采用美蓝还原褪色法（按美蓝褪色时间分级指标进行评级），两种只允许用一种，不能重复。微生物指标分为四个级别，按表 10-9 中细菌总数分级指标进行评级。

生鲜牛乳的微生物指标见表 10-9。

表 10-9　生鲜牛乳的细菌指标

分级	平皿细菌总数指标（10^4 cfu/mL）	美蓝褪色指标
I	≤50	≥4h
II	≤100	≥2.5h
III	≤200	≥1.5h
IV	≤400	≥40min

4. 不合格牛乳　牛乳颜色有变化，呈红色、绿色或显著黄色；牛乳中有肉眼可见异物或杂质；牛乳中有凝块或絮状沉淀；牛乳中有畜舍味、苦味、霉味、臭味、涩味和煮沸味及其他异味；产前 15d 内的胎乳或产后 7d 内的初乳；用抗生素或其他对牛乳有影响的药物治疗期间母牛所产的牛乳和停药后 3d 内的牛乳；添加有防腐剂、抗生素和其他任何有碍食品卫生物质的牛乳。

生鲜牛乳的盛装应采用表面光滑、无毒、无锈的铝桶、搪瓷桶、塑料桶、不锈钢桶或不锈钢槽车，镀铸桶和挂锡桶应尽量少用。乳桶可分为 50kg 和 25kg 两种，乳槽车分为 2t、4t、5t 和 10t 等多种规格。

收购点对验收合格的牛乳应迅速冷却到 2～10℃或以下，或将盛乳桶贮于

冷盐水池或冰水池中，贮存期间牛乳温度不应超过 10℃。工厂收乳后应当用净乳机净乳，而后通过冷却器迅速将牛乳冷却到 4～6℃，输入贮乳槽贮存。贮存过程中应定期开动搅拌器搅拌，以防止脂肪上浮。

生鲜牛乳运输可采用汽车、乳槽车或火车等运输工具。运输过程中，冬、夏季均应保温，并有遮盖，防止外界温度的影响。

（二）巴氏杀菌乳

1. 概述　巴氏杀菌乳又称市乳，它是以合格的新鲜牛乳为原料，经离心净乳、标准化、均质、巴氏杀菌、冷却和灌装，直接供给消费者饮用的商品乳。

国际乳品联合会（IDF）将巴氏杀菌定义为：适合于一种制品的加工过程，目的是通过热处理尽可能地将来自牛乳中的病原微生物的危害降至最低，同时保证制品中化学、物理和感官的变化最小。

因脂肪含量不同，可分为全脂乳、高脂乳、低脂乳、脱脂乳和稀奶油；就风味而言，可分为草莓、巧克力、果汁等风味产品。

巴氏杀菌后的乳应及时冷却、包装，一定要立即进行磷酸酶试验，磷酸酶试验呈阴性的乳方可食用。

2. 巴氏杀菌乳的生产

（1）巴氏杀菌乳的生产工艺　原料乳的验收 → 缓冲缸 → 净乳 → 标准化→均质 → 巴氏杀菌→ 灌装 → 冷藏。见图 10-3。

原料乳先通过平衡槽①，然后经进料泵②送至板式热交换器④，预热后，通过流量控制器③至分离机⑤，以生产脱脂乳和稀奶油。其中稀奶油的脂肪含量可通过流量传感器⑦、密度传感器⑧和调节阀⑨确定和保持稳定，而且为了在保证均质效果的条件下节省投资和能源，仅使稀奶油通过一个较小的均质机。

实际上该图中稀奶油的去向有两个分支，一是通过截止阀⑩、检查阀⑪与均质机⑫相联，以确保巴氏杀菌乳的脂肪含量；二是多余的稀奶油进入稀奶油处理线。此外，进入均质机的稀奶油的脂肪含量不能高于 10%，所以一方面要精确地计算均质机的工作能力，另一方面应使脱脂乳混入稀奶油进入均质机，并保证其流速稳定。随后均质的稀奶油与多余的脱脂乳混合，使物料的脂肪含量稳定在 3%，并送至板式热交换器④和保温管⑭进行杀菌。然后通过

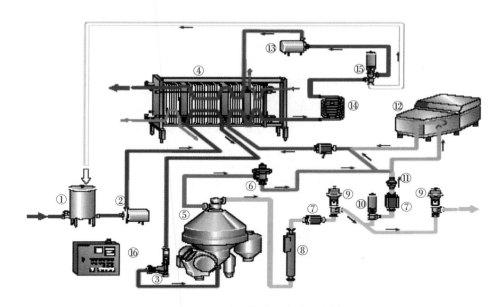

图 10-3 巴氏杀菌乳生产线示意图

①平衡槽 ②进料泵 ③流量控制器 ④板式热交换器 ⑤分离机 ⑥稳压阀
⑦流量传感器 ⑧密度传感器 ⑨调节阀 ⑩截止阀 ⑪检查阀 ⑫均质机
⑬动力泵 ⑭保温管 ⑮回流阀 ⑯控制盘

回流阀⑮和动力泵⑬使杀菌后的巴氏杀菌乳在杀菌机内保证正压。这样就可避免由于杀菌机的渗漏，导致冷却介质或未杀菌的物料污染杀菌后的巴氏杀菌乳。当杀菌温度低于设定值时，温感器将指示回流阀⑮，使物料回到平衡槽①。巴氏杀菌后，杀菌乳继续通过杀菌机热交换段与流入的未经处理的乳进行热交换，而本身被降温，然后继续进入冷却段，用冷水和冰水冷却，冷却后先通过缓冲罐，再进行灌装。

巴氏杀菌乳的加工工艺因不同的法规而有所差别，而且不同的乳品厂也有不同的规定。

（2）巴氏杀菌乳生产工艺要点

① 原料乳要求。欲生产高质量的产品，必须选用品质优良的原料乳。巴氏乳的原料乳检验内容包括以下六方面。

感官指标：包括牛乳的滋味、气味、清洁度、色泽、组织状态等。

理化指标：包括酸度（酒精试验和滴定酸度）、相对密度、含脂率、冰点、抗生素残留量等，其中前三项为必检项目，后两项可定期进行检验。

微生物指标：主要是细菌总数，其他还包括嗜冷菌数、芽孢数、耐热芽孢数及体细胞数等。

酒精试验：以 72% 的酒精（容量浓度）对原料乳进行检测，对应的滴定酸度不高于 18 °T。如在验收时出现细小凝块，可进一步进行煮沸试验。

滴定酸度：要求新鲜牛乳的滴定酸度为 16～18°T（表 10-10）。必要时，乳制品厂也采用刃天青还原试验和美蓝试验来检查原料乳的新鲜度。

表 10-10　牛乳酸度与蛋白质凝固特性

牛乳酸度（°T）	蛋白质凝固特性	牛乳酸度（°T）	蛋白质凝固特性
18～20	不出现絮片	24～26	中型的絮片
20～22	很细的絮片	26～28	大的絮片
22～24	细的絮片	28～30	很大的絮片

相对密度的测定：用乳稠密度计测定，并换算为标准温度下乳的密度。

根据国家标准——巴氏杀菌乳（GB 19645—2010），就原料乳的质量而言，生乳应符合 GB 19301 的要求；巴氏杀菌乳其感官特性参照表 10-11；理化指标参照表 10-12；微生物限量参照表 10-13；真菌毒素及污染物应符合 GB 2761—2017、GB 2762—2017 的规定，其限量参照表 10-14。

表 10-11　感官要求

项目	要求	检验方法
色泽	呈乳白色或微黄色	取适量试样置于 50mL 烧杯中，在自然光下观察色泽和组织状态；闻其气味，用温开水漱口，品尝滋味
滋味、气味	具有乳固有的香味、无异味	
组织状态	呈均匀一致液体、无凝块、无沉淀、无正常视力可见异物	

表 10-12　理化指标

项目	指标	检验方法
脂肪[a]（g/100g）	≥3.1	GB 5412.3
蛋白质（g/100g）	≥2.9	GB 5009.5
非脂乳固体（g/100g）	≥8.1	GB 5413.39
酸度（°T）	12～18	GB 5413.34

注：[a] 适用于全脂巴氏杀菌乳。

表 10-13　微生物限量

项目	采样方案[a] 及限量（若非指定，均以 CFU/g 或 CFU/mL 表示）				检验方法
	n	c	m	M	
菌落总数	5	2	50 000	100 000	GB 4789.2
大肠杆菌	5	2	1	5	GB 4789.3 平板计数法
金黄色葡萄球菌	5	0	0/25g（mL）		GB 4789.10 定性检验
沙门氏菌	5	0	0/25g（mL）		GB 4789.4

注：[a] 样品的分析及处理按照 GB 4789.1 和 GB 4789.18 执行。

表 10-14　真菌毒素及污染物限量

项目	限量	检验方法
黄曲霉素 M_1	0.5μg/kg	GB 5009.24
铅	0.05mg/kg（以 Pb 计）	GB 5009.12
总汞	0.01mg/kg（以 Hg 计）	GB 5009.17
总砷	0.1mg/kg（以 As 计）	GB 5009.11
铬	0.3mg/kg（以 Cr 计）	GB 5009.123

② 原料乳的预处理。

过滤与净化：原料乳验收后，为了除去其中的尘埃杂质、表面细菌等，必须对原料乳进行过滤和净化处理，以除去机械杂质并减少微生物数量。过滤处理可以采用纱布过滤，也可以用过滤器进行过滤；乳的净化是指利用机械的离心力，将肉眼不可见的杂质去除，使乳净化，目前主要采用离心净乳机进行净化处理。

标准化：主要目的是使生产出的产品符合质量标准要求，同时使生产的每批产品质量均匀一致。原料乳中脂肪含量不足时，应添加稀奶油或除去一部分脱脂乳；当原料乳中脂肪含量过高时，则可添加脱脂乳或提取部分稀奶油。

预热均质：鲜乳均质后可使牛乳脂肪球直径变小，一般控制在 $1\mu m$ 左右。因此，均质乳风味良好，口感细腻，有利于消化吸收。通常情况下，并非将全部牛乳都进行均质，而只对稀奶油部分调整到适宜脂肪含量后进行均质以节约成本，称为部分均质，其优点在于用较小的均质机就能完成任务，动力消耗少。生产巴氏杀菌乳时，一般于杀菌之前进行均质，以降低二次污染，均质后的乳应立即进行巴氏杀菌处理。

③ 杀菌。巴氏杀菌乳一般采用巴氏杀菌法，方法如表 10-15 所示。

表 10-15　生产巴氏杀菌乳的主要热处理分类

工艺名称	温度（℃）	时间	方式
初次杀菌	63～65	15s	
低温长时间巴氏杀菌（LTLT）	62.8～65.6	30min	间歇式
高温短时间巴氏杀菌（HTST）	72～75	15～20s	连续式
超高温巴氏杀菌	125～138	2～4s	

间歇式热处理足以杀灭结核杆菌，对牛乳感官特性的影响很小，对牛乳的乳脂影响也很小。连续式热处理，要求热处理温度至少在 71.1℃ 保持 15s（或相当条件），此时乳的磷酸酶试验应呈阴性，而过氧化物酶试验呈阳性。如果在巴氏杀菌乳中不存在过氧化物酶，表明热处理过度。热处理温度超过 80℃，也会对牛乳的风味和色泽产生负面影响。磷酸酶与过氧化物酶活性的检测被用来验证牛乳已经巴氏杀菌，采用了适当的热处理，产品可以安全饮用。

经 HTST 杀菌的牛乳（和稀奶油）加工后在 4℃ 贮存期间，磷酸酶试验会立即显示阴性，而稍高的贮温会使牛乳表现出碱性磷酸酶阳性。经巴氏杀菌后残留的微生物芽孢还会生长，会产生耐热性微生物磷酸酶，这极易导致错误的结论，国际乳品联盟（IDF，1995）已意识到用磷酸酶试验来确定巴氏杀菌是有困难的，因此一定要谨慎。

④ 杀菌后的冷却。杀菌后的牛乳应尽快冷却至 4℃，冷却速度越快越好。其原因是牛乳中的磷酸酶对热敏感，不耐热，易钝化（63℃/20min 即可钝化）。但同时牛乳中含有不耐高温的抑制因子和活化因子，抑制因子在 60℃/30min 或 72℃/15s 的杀菌条件下不被破坏，所以能抑制磷酸酶恢复活力，而在 82～130℃ 加热时抑制因子被破坏；活化因子在 82～130℃ 加热时能存活，因而能激活已钝化的磷酸酶。所以巴氏杀菌乳在杀菌灌装后应立即置 4℃ 下冷藏。

⑤ 灌装。冷却后要立即灌装。灌装的目的是便于保存、分送和销售。

包装材料：包装材料应能保证产品的质量和营养价值；能保证产品的卫生及清洁，对内容物无任何污染；避光、密封，有一定的抗压强度；便于运输、携带和开启；减少食品腐败；有一定的装饰作用。

包装形式：巴氏杀菌乳的包装形式主要有玻璃瓶、聚乙烯塑料瓶、塑料袋、复合塑纸袋和纸盒等。

危害关键控制：在巴氏杀菌乳的包装过程中，一是要注意避免二次污染，包括包装环境、包装材料及包装设备的污染；二是要避免灌装时产品的升温；三是对包装设备和包装材料的要求应高一些。

⑥ 贮存、分销。必须保持冷链的连续性，尤其是出厂转运过程和产品的货架贮存过程是冷链的两个最薄弱环节。应注意冷链温度，避光，避免产品强烈震荡，远离具有强烈气味的物品。

（三）较长保质期奶（ESL 奶）的生产

较长保质期奶（extended shelf life，ESL 奶），含义是延长（巴氏杀菌）产品的保质期，采用比巴氏杀菌更高的杀菌温度（即超巴氏杀菌），并且尽最大可能避免产品在加工、包装和分销过程中的再污染。保质期有 7～10d、30d、40d 甚至更长。

ESL 奶有如下特点：需要较高的生产卫生条件和优良的冷链分销系统（一般冷链温度越低，产品保质期越长，最高不得超过 7℃）。典型的超巴氏杀菌条件为 125～130℃，2～4s。但无论超巴氏杀菌强度有多高，生产的卫生条件有多好，较长保质期奶本质上仍然是巴氏杀菌奶。与超高温灭菌乳有根本的区别，首先，超巴氏杀菌产品并非无菌灌装；其次，超巴氏杀菌产品不能在常温下贮存和分销；第三，超巴氏杀菌产品不是商业无菌产品。

（四）超高温灭菌乳

1. 概述　灭菌乳是指对产品进行足够强度的热处理，使产品中所有的微生物和耐热酶类失去活性，具有优异的保存质量并可以在室温下长时间贮存。20 世纪初，商业灭菌乳在欧洲较为普遍。

2. 灭菌乳的基本要求　加工后产品的特性应尽量与其最初状态接近，贮存过程中产品质量应与加工后产品的质量保持一致。

3. 灭菌乳生产特点　①灌装后灭菌，称瓶装灭菌，产品称瓶装灭菌乳。②超高温瞬间灭菌（Ultra High Temperature，UHT）处理。

4. 超高温灭菌的方法　超高温灭菌加工系统的各种类型见表 10-16。这些加工系统所用的加热介质为蒸汽或热水。从经济角度考虑，蒸汽或热水是通过天然气、油或煤加热获得的，只在极少数情况下使用电加热锅炉。因电加热的热效率仅为30%，而采取其他形式加热，锅炉的热转化率为70%～80%。

表 10-16　各种类型的超高温蒸汽或热水加热系统

系统	形式
间接加热	板式加热
	管式加热（中心管式和壳管式）
	刮板式加热
直接蒸汽加热	直接喷射式（蒸汽喷入牛乳）
	直接混注式（牛乳喷入蒸汽）

如上所述使用蒸汽或热水为加热介质的灭菌器可进一步分为两大类，即直接加热系统和间接加热系统。在间接加热系统中，产品与加热介质（或热水）由导热面所隔开，导热面由不锈钢制成，因此在这一系统中，产品与加热介质没有直接的接触。在直接加热系统中，产品与一定压力的蒸汽直接混合，这样蒸汽快速冷凝，其释放的潜热很快对产品进行加热，同时产品也被冷凝水稀释。

四、牛骨加工

（一）牛骨粉加工

牛骨经过加工，制成的灰白色粉末或细粒通称骨粉。由于采用的加工方法不同，骨粉可分为生骨粉、蒸煮骨粉、脱胶骨粉，它们主要用于单胃动物饲料和农业有机肥料。骨髓骨粉（市场上也有时直接称其为骨粉）是以鲜牛骨为原料，经洗净、蒸煮、粉碎、精制等工艺制造而成。由于加工精度的差异使骨髓骨粉可以人类食用，而一般骨粉不可以。骨髓骨粉含有钙、磷、蛋白质、糖胺聚糖、脂肪、磷脂质、磷蛋白、氨基酸、维生素以及铁、锌等矿物质微量元素，是良好的补钙食品。据报道，骨髓骨粉制品还有加强皮下组织细胞代谢、防止老化、美容等效果。

（二）牛骨油加工

1. 水煮法提取骨油　将新鲜的牛骨用清水洗净并浸出血液，因为浸出血水才能保证骨油的颜色和气味正常。加工要及时，最好是当天生产的骨头在当天水煮完毕。在蒸煮前均需将其粉碎，即将其砸成 2cm 大小的骨块。骨块越小出油率越高。将粉碎的骨块倒入水中加热，加热温度保持在 70～80℃，加热 3～4h 后除去水分即为骨油。用此方法提取骨油时，为避免骨胶溶出，不宜长时间加热。因此，除缩短加热时间外，最好将碎骨装入竹筐中，待水煮沸后将骨和筐一起投入水中，3～4h 后，再将骨和筐一起取出。用水煮法提取油时，仅能提取骨中含油量的 50%～60%。

2. 蒸汽法提取骨油　将洗净粉碎的骨，放入密封罐中，通入水蒸气加热，使温度达到 105～110℃。经加热后，不仅大部分脂肪被溶出，而且骨胶原也被溶出而成胶液。加热 30～60min 后，大部分油脂和胶均已溶入水蒸气冷凝水中。此时从密封罐中将油水放出，罐内再通以水蒸气，使残存的油和胶溶出，如此反复数次即可。然后将全部油和胶液汇集在一起，加热静置后，使油分离，或者趁热时用牛乳分离机分油，效果好且速度快，不致使胶液损失。

3. 抽提法提取骨油　将干燥后的碎骨，置于密闭罐中，加入溶剂（如轻质汽油）后加热，使油脂溶解在溶剂中，然后使溶剂挥发再回到碎骨中，如此循环提取而使油脂分离。

（三）牛骨饰品加工

骨雕是一门极为古老的雕刻技艺，其悠久的历史可追溯到旧石器时代。随着历史的变迁，骨雕从日用品逐渐演变为装饰品，我们现在看到的骨雕已是非常精美的工艺品，通过不同的刀法雕出栩栩如生的人物、花鸟等作品。

1. 选料　用来制作骨雕作品的牛骨一般选用牛大腿骨和牛蹄骨，骨壁厚度要在 1cm 以上。

2. 除脂　牛骨里面含有油脂，如果不将骨头里的油脂除去，骨雕容易变色，甚至会发霉变质，所以除脂这个环节很重要。

除脂方法：可采用高温水煮的方法，锅里放清水约 5kg，投入选好的牛骨，加碱 30g，水要没过骨头，盖好锅盖就可以开始煮了。水烧开后再煮约 0.5h，会看到水的表面漂浮着一层浮油，将浮油撇去，再继续水煮，直到浮油全部撇净，就可以把骨头捞出来晾干备用。

3. 打稿　按照骨头的自然形状，厚薄区域，构思出要雕刻的各物件的合

理布局。按草图的布局，把图样画到骨头上，这样就可以开始雕刻了。

4. 雕刻　整个雕刻过程包括打造主轮廓、凿活、造型、光活、点活、细加工等步骤。一般工具包括雕刻机、平头凿子、各种雕刻刀、砂轮、砂纸等。

5. 漂白　所有的部件雕刻好后，还要进行漂白。在 3kg 清水里，加入 30～50g 双氧水，搅拌均匀。将加工好的骨雕半成品放入盆内，这时可看到水里冒出气泡，这是双氧水跟骨头表面起氧化反应，这样就能漂白骨头。浸泡 12h 后，戴上橡胶手套，将骨雕半成品捞出，用清水反复清洗，洗净后晾干。

6. 酸咬　在 3kg 清水中加 0.03kg 工业盐酸，搅拌均匀。将要上色的半成品放入盆中，浸泡 2h 后取出。用清水反复冲洗，洗净后晾干，准备上色。经过酸咬处理后的骨头表面，有肉眼看不见的凹凸不平的小气孔，颜料容易吃进去，也不容易褪色。

7. 上色　骨雕作品上色用的透明水彩颜料，在一般的文化用品商店就可购买。上色要掌握的原则是：要从浅到深地往半成品上上颜色。这样可以随时观察、调整颜色，如发现颜色的深度不够，可在浅色基础上不断加深。

8. 维护和保养　因为骨雕工艺品的原材料是牛骨头，所以摆放的环境干湿度要适合，不能过于潮湿也不能过于干燥。长时间在阳光下照射也会使颜料褪色，影响工艺品的美感。如果骨雕工艺品摆放时间较长，上面有灰尘或污垢，可以用长毛刷子沾洗涤剂水，轻轻刷洗表面，清洗的时候不要泡在水里洗，以免脱胶。刷洗干净后，用流动的清水冲洗干净，用吹风机调在自然风吹干即可。

五、血粉加工

（一）血液采集与处理

血液在采集过程中必须保证不被污染，最好当天加工，以防腐败。如不能，可添加 0.5%～1.5% 的生石灰，保存较长时间，但要防止苍蝇污染。

（二）凝血蒸煮

将凝血块划成 10cm 大小的立方块，在未沸的水中约煮 20min，待内部颜色变深，内部和外部均凝结后，取出沥干。也可放在压榨机上压出水分。

（三）凝血干燥

凝血干燥简便易行的方法是日光照射。将蒸煮过的凝血块弄碎，均匀撒在苇席、竹匾或暗色塑料薄膜上，晒至暗褐色，充分干燥为止。在高于 28℃ 的温度下，经 2~3d 可完成干燥的过程。如果有条件，可在高压热气循环炉（60℃ 即可）中干燥。

（四）干血粉碎

干燥后的凝血呈易碎的小块，可用石磨磨碎，或用粉碎机粉碎成细粒，即成饲用血粉。

（五）血粉贮藏

血粉可用塑料袋、厚纸袋、麻袋或其他适合容器包装。未添加石灰的血粉仅能保存 4 周，而添加石灰（0.5%~1.5%）药物提取后的血粉保存期可延长到 1 年以上。

六、牛腺体与内脏药物提取

（一）胸腺肽提取

胸腺肽是一种具有高活力的混合肽类药物。它主要是由相对分子质量 9 600 和 7 000 左右两类蛋白质组成，含 15 种氨基酸，其中必需氨基酸很多。对热稳定，加热到 80℃ 生物活性不受影响。胸腺肽主要从冷冻的小牛胸腺中制备。在临床上应用广泛，主要用于调节细胞免疫功能，有抗衰老和抗病毒的作用，适用于原发性和继发性免疫缺陷病，以及因免疫缺陷病或因免疫缺陷功能失调所引起的疾病，对肿瘤有较好的辅助疗效，也可用于再生障碍性贫血、急慢性病毒肝炎等疾病的治疗。

目前已从胸腺中提取并证明具有生物活性的激素及多肽因子有多种。我国对胸腺肽的生产工艺、质量标准、临床应用等方面，做了大量的研究。现市场上广泛使用的胸腺肽是 Goidstein 等在 1999 年从小牛胸腺提取的第五组分（F5），并命名为胸腺素。现已清楚，胸腺肽组分五中含有的 α_1、α_5、α_7、β_3 和 β_4 等，是调节胸腺依赖性淋巴细胞分化和具有调节体内外免疫反应性组分，它们的主要生物功能表现在连续诱导 T 细胞分化发育的各个阶段，放大并增强成熟 T 细胞对抗原或其他刺激物的反应，维持机体的免疫平衡。

（二）胰酶提取

胰酶是由牛、猪、羊等动物胰脏中提取到的一种混合酶制剂。主要成分为胰蛋白酶、脂肪酶和淀粉酶。这种混合酶制剂被广泛应用于食品工业、纺织工业、皮革工业、制药行业及化工行业。在生物制药中常见用胰酶来水解分离某些产品，这种方法的作用条件温和，分离效果极佳。在医药上，把胰酶制成药用粉，可用来治疗由于胰腺功能不足引起的消化不良等疾病。

目前国内市场主要从胰脏中提取胰酶，也有以酸醇法胰岛素的胰渣为原料获得质量好的胰酶。生产胰酶原粉供出口，产品在国内外的市场需求量很大。

（三）胰蛋白酶抑制剂的提取

胰蛋白酶抑制剂，又称为抑肽酶，是一种小分子蛋白酶，相对分子质量6 200，是由 58 个氨基酸残基组成的碱性多肽。对胰蛋白酶、糜蛋白酶、纤溶酶、凝血酶及各种组织或血浆激肽释放酶等蛋白酶有广谱的抑制作用。临床上已广泛用于治疗急性胰腺炎、烧伤后的休克及产后大出血等病，有独特的疗效。

胰蛋白酶抑制剂可从牛肺、胰脏等组织中提取，也可从牛胰脏中提取的胰蛋白酶的结晶母液中制取。随着养牛业的发展，牛的脏器综合利用逐步引起人们的关注。

（四）花生四烯酸的提取

花生四烯酸是动物体内的必需脂肪酸，又是生物合成前列腺素的前体，有类似前列腺素的广泛生理和药理作用。用生物提取法制备花生四烯酸，原料常用牛或猪的肾上腺，方法有多种，如加溴脱溴法、低温冷冻法、柱层析及尿素包合法分离花生四烯酸。其中尿素包合法成本低，质量优，可以代替进口品，经气相色谱分析及生物转化前列腺素 E_2 证明，完全符合要求。

（五）胆酸的提取

胆酸主要存在于牛、羊、猪的胆汁中，占胆汁酸量的 90%。胆汁酸盐具有降低表面张力的作用，使肠内油脂乳化，提高脂酶的催化效率。此外，胆酸还有很强的溶血作用。在中药的配制中，胆酸是人工牛黄的主要成分。据报道，人工牛黄的临床效用主要为胆酸。食草类动物牛、羊的胆汁中，胆红素的含量比吃杂食的猪少，但胆酸含量最为丰富，以胆盐存在。因此，从牛、羊胆汁中提取胆酸，可以充分利用废弃的动物胆汁，变废为宝，为制药行业提供必需的原料，解决市场供需缺口大的矛盾。

(六) 牛黄的制备

牛黄是从牛的胆囊或胆囊管中取出的结石，又称天然牛黄。经分析，牛黄的主要成分是胆红素和胆酸，其中胆红素含量 72%～76.5%，胆汁酸、胆酸及其盐类占 11%～16.2%。牛黄是配制很多中成药的主要成分，但自然来源十分稀少，所以要配制大量的中成药，靠天然牛黄（也就是牛的胆结石）远远满足不了生产中成药的需要。20 世纪 50 年代初，我国参照天然牛黄的化学组成，成功制备了人工牛黄，并进行了药理试验和临床验证工作，人工牛黄在解热、抗惊厥、祛痰和抑菌作用方面，都优于天然牛黄。

七、牛脂加工

(一) 工业牛脂提炼

牛脂的提取方法主要是熔炼法，用加热的方法从各种油脂原料中摄取油脂。对牛脂原料来说，油脂被包在脂肪细胞中，而脂肪细胞是由胶原纤维和弹性纤维所构成的坚韧细胞间质紧密地连接在一起，油脂在细胞内部与细胞的其他组成成分构成复杂的胶体系统。为了从脂肪组织中摄取油脂，必须破坏脂肪细胞和由胶原纤维与纤维所组成的间质结构。熔炼可以利用热能破坏脂肪组织，使油脂流出。因此，脂肪细胞的破坏程度取决于加热的温度和加水的数量。当温度加热到 70～75℃时，细胞组织就大量被破坏，但只有达到 108℃以上时，细胞组织才完全被破坏。

在熔炼过程中，包围脂肪的胶原纤维会由于加热和水的作用，形成明胶及其分解物的稀溶液，而溶液的稠度取决于加热的温度、时间和加水的数量。由于含有蛋白质等乳化剂，与油脂形成较稳定的乳浊液，增加了油脂与水的接触面积，促进了化学反应，同时油脂的酸价增加。因此，熔炼时加入原料中的水分不能过多，而且只允许在短时间加热熔炼时加入水。

熔炼法提取油脂，根据在熔炼过程中是否加水，有干煎熔炼法和水煮法之

分。凡熔炼时外加水的称为水煮法，不加水的称为干煎法。两者各有优缺点，水煮法的优点是受热比较均匀，不用搅拌，温度不超过 100℃，所以不会因焦化而使品质下降。其缺点是由于在熔炼过程中有水的加入，而且与油脂的接触面积较大，故有水解作用发生，同时由于胶原蛋白水解溶解后成明胶，引起脂肪乳化，形成乳浊液，造成澄清和离心的困难，同时所需的设备投资费用较大。干煎法的优缺点与此则刚好相反，就成品质量而言，干煎法不如水煮法，但投资小，技术条件不复杂，很适合专业户或小加工厂采用。

（二）食用牛脂生产

1. 熔油　将粗牛脂在熔油槽中熔化，经沉淀除去固体杂质（草、木、灰尘等），再将熔化的油用泵打入油锅内，沉淀除去下层水脚。

2. 水化　目的是除去油脂中的非油物质，尤其是胶黏物质、蛋白质等，从而改变油的品质。水化时要控制好加水量、加水温度、搅拌速度和电解质的加入量。水化时加水量不足，则沉淀不完全；加水量太多，分布在油中各个部分的蛋白质等呈乳化状态，难以分离。水化时加水温度要适宜，温度过低，蛋白质等不易吸收沉淀，温度过高则产生泡沫，使沉淀上浮。加水温度视加水形式、油的品质、搅拌速度而不同。水化前应搅拌，使蛋白质等充分分散，以便吸收水分。水化时应急速搅拌（40～80 r/min），发现沉淀后停止搅拌。另外，加入适量的电解质可使沉降速度加快。

3. 脱色　动物油脂本属无色，之所以有色，是由于油脂中不饱和甘油酯、糖类及蛋白质等被分解的结果。此外提取和保存条件不妥，也能促使油脂着色。常用的脱色方法有吸附法和还原法两种，这里选择吸附法，吸附脱色是利用某些强有力的吸附剂，对油质中的杂质具有选择吸附的作用进行脱色。脱色时，吸附剂不仅能吸附色素，亦能吸附黏液、胶体等其他物质。

4. 脱臭　经过脱色的油脂中，还存在某些有臭味的挥发性物质。因此，要进行脱臭。脱臭工艺种类有几种，蒸汽脱臭工艺是其中之一，主要是在不损害油质质量的温度下进行蒸汽蒸馏，把一些臭味物质从相对不挥发的油脂中抽提出去。这种操作在减压下进行，可防止热油受大气氧化，避免油脂水解，节约蒸汽用量。由于经过碱炼和脱色，牛脂中的甘油酯在温度 120～160℃ 及压力 133～1 066Pa 下是不挥发的，因此，可与油中存在的挥发性较大的臭味物质分开。

八、牛皮加工

从动物身上剥下的鲜皮，一般要经过一段时间的保存和运输后才能送往制革厂加工。由于原料皮会被大量微生物污染，而原料皮中的蛋白质、水和脂类等为微生物的生长繁殖提供了丰富的养分，在微生物生长繁殖产生的酶以及自身所含自溶酶的共同作用下，易造成原料皮腐烂。因此，必须采取有效的防腐措施，防止原料皮变质，提高原料皮的利用率及成品的质量，提高经济效益。

微生物的生长繁殖和酶对皮的催化水解需要有适宜的温度、pH 及充足的水分，若破坏其中一个条件，细菌的生长繁殖和酶的作用将受到抑制。原料皮防腐处理的基本原理就是通过减少皮中的水分、降低温度、改变 pH、采用杀菌剂等措施，在生皮内外形成不适合微生物生长、繁殖，以及酶不能发挥水解作用的环境，从而达到在一定时间内保藏生皮的目的。目前，生皮防腐的方法主要有晾晒干燥法、盐腌法、低温冷藏法和杀菌剂防腐保藏法等。

（一）消毒与浸泡

消毒液的配制：每100kg 水中加入50g 亚砷酸钠，搅匀即成。将鲜牛皮泡进消毒液中 1～2min 防虫消毒。如牛皮已经晒干硬，先用清水浸泡 1～2d，再防虫消毒。

（二）刮肉刮毛

备好两个水泥池，其中一个是石灰池，一个是硫化铵池。

石灰池中放入石灰 25kg 和硫化钠 1.5kg 搅匀，加水调至糊糊状的料液。将已消毒的湿牛皮从中间对等割成两块，放进石灰池里浸一昼夜，取出，用刮毛刀刮掉牛皮毛。池里的石灰、硫化钠溶液可连续使用。

硫化铵池，每张牛皮用硫化铵 0.15kg，清水适量，将刮掉毛的牛皮放进池中踩踏，以脱掉石灰水，然后将牛皮钉在宽 0.5m、长 0.7m 的木板上，用刀刮去牛皮上的残肉，再用清水洗干净。

（三）药水处理

药水由重铬酸钠 0.5kg、浓硫酸 500mL、水 20kg、白糖 2kg 组成。配制方法：将浓硫酸边倒边搅拌缓缓注入水中，再加入重铬酸钠，撒入白糖。将配

成的药水分成两份，每份加清水 4～5kg 稀释，先将一部分倒进皮料缸里搅拌 10min 后，再将余下药水倒在缸中搅匀，浸泡皮料，经处理的皮面不生皱纹。

（四）过热水

从缸里取出牛皮，放进有适量软皮油的 40～50℃热水中，人工踩踏即成。加工出的牛皮可达国家收购标准，湿皮呈浅蓝色，柔软，毛孔清楚，丰满有弹性。白皮无铬斑，染色皮不脱色。

参 考 文 献

付茂忠，王巍，易军，等，2015. 蜀宣花牛新品种及肉用性能［C］. 第三届中国肉牛选育改良与产业发展国际研讨会论文：223-227.

国家畜禽遗传资源委员会，2011. 中国畜禽遗传资源志·牛志［M］. 北京：中国农业出版社.

石长庚，王淮，付茂忠，等，2013. 蜀宣花牛母牛的繁殖性能研究［J］. 四川畜牧兽医，6：27-28.

王淮，付茂忠，赵益元，等，2012. 蜀宣花牛的生长发育性能测定［J］. 中国牛业科学，38（177）：165-168.

王淮，赵益元，付茂忠，等，2014. 蜀宣花牛核心群的选育［J］. 中国牛业科学，2：154-157.

王淮，赵益元，付茂忠，等，2014. 蜀宣花牛体型外貌、线性评定及生理指标测定［J］. 中国牛业科学，2：21-23，26.

王淮，赵益元，付茂忠，等，2013. 蜀宣花牛的泌乳性能研究［J］. 中国草食动物科学，4：21-23.

王淮，赵益元，付茂忠，等，2014. 蜀宣花牛肉用性能研究及育肥效果比较［J］. 中国草食动物科学，3：21-23.

王巍，方东辉，甘佳，等，2018. 蜀宣花牛育种目标性状选择与经济权重计算［J］. 中国草食动物科学，38（6）：16-20.

易军，王巍，付茂忠，等，2018. 蜀宣花牛养殖技术手册［M］. 成都：四川科学技术出版社.

附　　录

附录一　《蜀宣花牛》
（NY/T 2828—2015）

ICS 65.020.30

B 43

中华人民共和国农业行业标准

NY/T 2828—2015

蜀　宣　花　牛
Shuxuan cattle

2015-10-09 发布　　　　　　　　　　2015-12-01 实施

中华人民共和国农业部　发　布

前　言

本标准按照 GB/T 1.1—2009 给出的规则起草。

本标准由农业部畜牧业司提出。

本标准由全国畜牧业标准化技术委员会（SAC/TC 274）归口。

本标准起草单位：四川省畜牧科学研究院、全国畜牧总站、四川省畜牧总站、宣汉县畜牧食品局。

本标准主要起草人：王淮、付茂忠、易军、易礼胜、林胜华、石长庚、王巍、唐慧、甘佳、王荃、李自成、赵益元。

蜀 宣 花 牛

1 范围

本标准规定了蜀宣花牛的品种来源、体型外貌、生产性能、等级评定及种用要求。

本标准适用于蜀宣花牛品种鉴别、选育、等级评定。

2 规范性引用文件

下列文件对于本文件的应用是必不可少的。凡是注日期的引用文件，仅注日期的版本适用于本文件。凡是不注日期的引用文件，其最新版本（包括所有的修改单）适用于本文件。

GB 4143　牛冷冻精液

NY/T 1450　中国荷斯坦牛生产性能测定技术规范

NY/T 2660　肉牛生产性能测定技术规范

3 品种来源

蜀宣花牛原产于四川省宣汉县，采用宣汉牛、西门塔尔牛和荷斯坦牛杂交培育而成的乳肉兼用型品种，对我国南方高温高湿气候环境具有较好的适应性。

4 体型外貌

体型中等，结构匀称，体质结实，肌肉发达。毛色有黄白花和红白花，头部白色或有花斑，尾梢、四肢和腹部为白色。头大小适中，角向前上方伸展，角、蹄蜡黄色为主，鼻镜肉色或有黑色斑点。体躯深宽，颈肩结合良好，背腰平直，后躯宽广；四肢端正，蹄质坚实。乳房发育良好，结构均匀紧凑；成年公牛略有肩峰。

公、母牛的外貌参见附录 A。

5　生产性能

5.1　体重体尺

在中等饲养条件下，公牛初生重不低于 27kg，6 月龄重不低于 140kg，12 月龄重不低于 300kg，18 月龄重不低于 420kg，成年公牛体重不低于 700kg；母牛初生重不低于 24kg，6 月龄重不低于 120kg，12 月龄重不低于 260kg，18 月龄重不低于 330kg，成年母牛体重不低于 480kg。成年公、母牛体尺见表 1。

表 1　成年公、母牛体尺　　　　　　　　　　　单位：cm

性别	体高	体斜长	胸围	管围
公	≥138	≥174	≥208	≥22
母	≥123	≥157	≥182	≥17

5.2　繁殖性能

公牛性成熟期在 10 月龄～12 月龄，初配年龄为 16 月龄～18 月龄；母牛初情期在 12 月龄～14 月龄，适配期在 16 月龄～20 月龄，发情周期平均 21d，妊娠期平均 278d。种公牛精液质量应符合 GB 4143 的规定。

5.3　产肉性能

13 月龄～18 月龄公牛在育肥条件下，平均日增重 1.14kg，屠宰率 58.1%，净肉率 48.2%，眼肌面积 96.5cm^2。

5.4　泌乳性能

在中等饲养条件下，泌乳期平均 297.0d，产奶量 4 495.4kg，乳中干物质 13.1%，乳脂率 4.2%，乳蛋白质 3.2%，非脂乳固体 8.9%。

6　等级评定

6.1　必备条件

6.1.1　体型外貌应符合本品种特征。

6.1.2　生殖器官发育正常，四个乳区发育匀称，乳头分布均匀。

6.1.3　无遗传疾患，健康状况良好。

6.1.4　来源及血缘清楚，档案系谱记录齐全。

6.2 外貌等级评定

公、母牛的外貌鉴定评分见表 B.1，外貌等级见表 B.2。

6.3 体重等级评定

公、母牛的体重测定方法按照 NY/T 2660 的规定执行。各月龄公、母牛的体重等级见表 2。

表 2　各月龄公、母牛的体重等级　　　　　　单位：kg

年龄	公			母		
	特级	一级	二级	特级	一级	二级
6 月龄	≥180	≥160	≥140	≥160	≥140	≥120
12 月龄	≥360	≥330	≥300	≥320	≥290	≥260
18 月龄	≥500	≥460	≥420	≥370	≥350	≥330
24 月龄	≥580	≥540	≥500	≥430	≥410	≥390
36 月龄	≥680	≥630	≥550	≥480	≥450	≥420
48 月龄	≥750	≥680	≥600	≥550	≥500	≥460
60 月龄	≥800	≥750	≥700	≥580	≥530	≥480

6.4 产奶量等级评定

产奶量测定方法按照 NY/T 1450 的规定执行。产奶量等级见表 3。

表 3　产奶量等级　　　　　　单位：kg

等级	母牛胎次		
	一胎	二胎	三胎和三胎以上
特级	≥4 000	≥4 300	≥4 800
一级	≥3 600	≥4 000	≥4 400
二级	≥3 000	≥3 600	≥4 000

6.5 母牛等级综合评定

根据产奶性能、体重和外貌三项等级评定结果按表 4 进行综合评定。产奶性能为特级且体重和外貌等级不低于一级的牛，综合评定为特级；产奶性能为特级，体重等级不低于一级，外貌为二级的牛，综合评定为一级；产奶性能为特级，体重等级为二级，外貌等级不低于二级的牛，综合评定为二级。产奶性能为一级，体重评定不低于一级，外貌评定不低于二级的牛，综合评定为一级；产奶性能为一级，体重等级为二级，外貌等级不低于二级的牛，综合评定为二级。产奶性能为二级，体重和外貌评定不低于二级的牛，综合评定为二级。

表 4　母牛的综合评定等级

产奶性能	体重	外貌	综合评定
特级	特级、一级	特级、一级	特级
一级	特级、一级	特级、一级、二级	一级
二级	特级、一级、二级	特级、一级、二级	二级

7　种用要求

7.1　体型外貌符合 4 的要求。

7.2　系谱完整。

7.3　种公牛的体重、体型外貌评定均不低于一级；种母牛的综合评定不低于二级。

附录 A

（资料性附录）

蜀宣花牛外貌特征

A.1 公牛

见图 A.1。

头部

后部

侧部

图 A.1　公牛

A. 2　母牛

见图 A. 2。

头部　　　　　　　　　　　　　　后部

侧部

图 A. 2　母牛

附录 B

（规范性附录）

蜀宣花牛体型外貌评分及等级评定

B.1 蜀宣花牛体型外貌鉴定评分

蜀宣花牛体型外貌鉴定评分见表 B.1。

表 B.1 蜀宣花牛体型外貌鉴定评分

项目	明细划分及满分要求	公牛满分	母牛满分
品种特征	1. 毛色黄（红）白花，头大小适中；	8	7
	2. 母牛清秀，被毛细致；公牛雄性特征明显，成年公牛略有肩峰；	9	9
	3. 兼用型结构特点明显；	11	7
	4. 肌肉发达	12	7
	小计	40	30
整体结构	1. 体型中等，结构匀称，体质结实；	15	10
	2. 四肢端正，蹄质坚实	15	10
	小计	30	20
体躯容量	1. 胸部深宽，颈肩结合良好，肋骨开张良好；	10	6
	2. 背腰平直，腹部粗大而不下垂；	10	7
	3. 尻部长、宽、平	10	7
	小计	30	20
乳房系统	1. 乳房附着良好，前后乳区及 4 个乳头分布均匀；	—	10
	2. 乳房中隔韧带坚韧，柔软有弹性；	—	10
	3. 乳房静脉曲张	—	10
	小计	—	30

B.2　公、母牛的外貌等级

公、母牛的外貌等级见表 B.2。

表 B.2　公、母牛的外貌等级　　　　单位：分

等级	公	母
特级	≥85	≥80
一级	≥80	≥75
二级	≥75	≥70

附录二　乳用蜀宣花牛常用饲料成分与营养价值表

（一）青绿饲料

编号	饲料名称	样品说明	总能量(MJ/kg)	消化能(MJ/kg)	产奶净能(MJ/kg)	奶牛能量单位(NND/kg)	干物质中						
							粗蛋白质(%)	粗脂肪(%)	粗纤维(%)	无氮浸出物(%)	粗灰分(%)	钙(%)	磷(%)
2-01-601	岸杂一号	2省市3样品平均值	18.51	11.22	5.52	1.76	15.5	5.0	33.1	36.8	9.6	—	—
2-01-602	绛根草	湖北、大地绛根草，营养期	17.19	10.50	5.13	1.64	11.3	2.1	34.5	39.9	12.2	0.55	0.13
2-01-604	白芽	湖北	17.93	8.87	4.33	1.37	4.2	2.0	44.4	43.0	6.4	0.31	0.11
2-01-605	冰草	北京、中间冰草	18.05	11.11	5.44	1.74	13.5	3.0	31.7	43.0	8.7	0.57	0.26
2-01-606	冰草	北京、西伯利亚冰草	17.97	10.92	5.35	1.71	16.7	2.0	30.9	41.5	8.9	0.73	0.28
2-01-607	冰草	北京、蒙古冰草	7.96	11.09	5.38	1.74	13.2	2.1	32.6	44.1	8.0	0.42	0.31
2-01-608	冰草	北京、沙生冰草	18.09	11.04	5.44	1.73	15.4	2.2	31.3	43.0	8.1	0.51	0.29
2-01-017	蚕豆苗	四川新都、小胡豆，花前期	18.64	13.54	6.79	2.14	24.1	5.4	20.5	39.3	10.7	0.63	0.45
2-01-018	蚕豆苗	四川新都、小胡豆，盛花期	18.13	12.39	6.18	1.95	17.9	3.3	28.5	40.7	9.8	0.65	0.33
2-01-026	大白菜	北京、小白口	17.66	14.33	7.11	2.27	25.0	4.5	9.1	47.7	13.6	1.36	0.91
2-01-027	大白菜	北京、大青口	17.99	13.73	6.81	2.17	23.9	4.3	8.7	52.2	10.9	0.87	0.87
2-01-609	大白菜	上海	16.05	12.68	6.27	2.00	22.2	4.4	11.1	40.0	22.2	2.44	0.67
2-01-030	大白菜	长沙、大麻叶齐心白菜	17.13	13.54	6.71	2.14	25.7	4.3	11.4	41.4	17.1	1.43	0.71
2-01-610	大麦青割	北京、5月上旬	17.72	11.76	5.80	1.85	12.7	3.2	29.9	43.9	10.2	—	—
2-01-611	大麦青割	北京、5月下旬	17.36	11.86	5.88	1.86	6.5	1.4	27.2	58.1	6.8	—	—

（续）

（一）青绿饲料

编号	饲料名称	样品说明	总能量 (MJ/kg)	消化能 (MJ/kg)	产奶净能 (MJ/kg)	奶牛能量单位 (NND/kg)	干物质中						
							粗蛋白质 (%)	粗脂肪 (%)	粗纤维 (%)	无氮浸出物 (%)	粗灰分 (%)	钙 (%)	磷 (%)
2-01-614	大豆青割	北京，全株	16.37	10.73	5.26	1.68	9.7	6.0	28.7	35.2	20.5	1.02	0.82
2-01-238	大豆青割	江苏扬州，全株	18.89	12.59	6.19	1.98	16.7	8.2	27.6	36.2	11.3	—	1.17
2-01-615	大豆青割	浙江，茎叶	17.82	12.44	6.15	1.96	21.6	2.9	22.0	42.0	11.6	0.44	0.12
2-01-616	大旱熟禾	北京	17.98	10.12	4.97	1.58	10.3	2.1	35.5	44.8	7.3	0.45	0.21
2-01-617	多叶老芒麦	北京	18.37	11.27	5.60	1.77	17.3	4.3	25.7	43.7	9.0	0.57	0.27
2-01-618	甘薯蔓	上海	16.88	10.85	5.31	1.70	8.9	4.5	19.6	53.6	13.4	2.05	0.54
2-01-619	甘薯蔓	南京	18.52	11.81	5.81	1.85	16.9	6.5	19.4	47.6	9.7	—	2.10
2-01-062	甘薯蔓	湖北，加蓬红薯藤营养期	17.43	11.35	5.56	1.78	20.3	5.1	16.9	42.4	15.3	—	—
2-01-620	甘薯蔓	广西，夏甘薯藤	19.27	12.49	6.19	1.97	17.3	7.9	18.1	49.6	7.1	—	—
2-01-621	甘薯蔓	广西，秋甘薯藤	17.28	11.43	5.61	1.79	11.7	3.4	17.2	57.2	10.3	—	—
2-01-622	甘薯蔓	四川，成熟期	16.77	9.46	4.63	1.47	6.3	3.3	24.3	53.7	12.3	2.00	0.03
2-01-068	甘薯蔓	重庆荣昌，南端茖成熟期	17.14	11.09	5.44	1.74	11.6	4.1	19.0	52.9	12.4	1.40	0.41
2-01-071	甘薯蔓	贵州，红薯藤成熟期	16.97	10.58	5.19	1.65	15.6	4.6	18.3	45.9	15.6	2.48	0.28
2-01-072	甘薯蔓	11省市15样品平均值	17.29	10.82	5.31	1.69	16.2	3.8	19.2	47.7	13.1	1.54	2.48
2-01-623	甘蔗尾	广州	17.59	9.69	4.70	1.50	6.1	2.0	31.3	53.7	6.9	0.28	0.04
2-01-625	甘蓝包	广州	15.93	12.22	6.03	1.92	16.7	1.3	12.8	52.6	16.7	0.77	0.51
2-01-626	甘蓝包	广州，甘蓝包外叶	16.72	10.93	5.53	1.71	15.8	3.9	15.8	48.7	15.8	1.58	0.26

（续）

（一）青绿饲料

编号	饲料名称	样品说明	总能量(MJ/kg)	消化能(MJ/kg)	产奶净能(MJ/kg)	奶牛能量单位(NND/kg)	干物质中						
							粗蛋白质(%)	粗脂肪(%)	粗纤维(%)	无氮浸出物(%)	粗灰分(%)	钙(%)	磷(%)
2-01-627	甘蓝包	广西，甘蓝包外叶	16.66	13.34	6.61	2.11	11.9	4.6	11.9	56.9	14.7	—	—
2-01-628	葛藤	广州，爪哇葛藤	19.71	9.74	4.63	1.46	22.0	5.4	35.6	30.7	6.3	—	—
2-01-629	葛藤	广州，沙葛藤	19.04	9.56	4.52	1.44	16.7	4.3	30.6	42.6	5.7	0.62	0.05
2-01-630	狗尾草	湖北，卡松古鲁种	17.27	10.17	4.64	1.49	10.9	5.0	31.7	37.6	14.9	—	—
2-01-631	黑麦草	北京，阿文土意大利黑麦草	17.54	12.83	6.53	2.09	21.5	4.3	20.9	38.7	14.7	0.61	0.25
2-01-632	黑麦草	北京，伯克意大利黑麦草	17.51	13.02	6.44	2.06	18.3	3.3	23.3	42.2	12.8	0.72	0.28
2-01-633	黑麦草	北京，菲斯塔多年生黑麦草	17.48	13.18	6.53	2.08	17.2	3.1	25.0	42.2	12.5	0.78	0.26
2-01-634	黑麦草	南京	17.92	13.57	6.53	2.09	12.9	4.9	24.5	47.2	10.4	—	—
2-01-635	黑麦草	广西，抽穗期	17.41	10.14	4.96	1.58	7.5	3.1	29.8	50.0	9.6	—	—
2-01-636	黑麦草	四川，第一次收割	17.79	11.13	5.45	1.74	16.7	2.3	28.0	43.2	9.8	1.36	—
2-01-099	胡萝卜秧	4省市4样品平均值	17.21	12.18	6.00	1.92	18.3	5.0	18.3	42.5	15.8	3.17	0.42
2-01-638	花生藤	浙江	18.09	10.29	5.02	1.60	15.4	2.7	21.2	53.9	6.8	—	—
2-01-639	花生藤	广州	18.24	8.71	4.27	1.34	10.2	3.7	35.4	43.1	7.7	2.15	0.08
2-01-640	坚尼草	广州，抽穗期	17.36	10.87	5.30	1.70	7.9	2.4	33.6	46.2	9.9	—	—
2-01-641	坚尼草	广西，拔节期	17.38	9.64	4.66	1.50	6.8	1.7	38.9	43.2	9.7	—	—
2-01-642	坚尼草	广西，初穗期	17.33	9.29	4.50	1.44	3.7	1.8	40.4	45.3	8.9	—	—
2-01-131	聚合草	河北沧州，始花期	15.88	10.84	5.34	1.69	17.8	1.7	11.9	50.8	17.8	2.37	0.08

（续）

（一）青绿饲料

编号	饲料名称	样品说明	总能量 (MJ/kg)	消化能 (MJ/kg)	产奶净能 (MJ/kg)	奶牛能量单位 (NND/kg)	干物质中						
							粗蛋白质 (%)	粗脂肪 (%)	粗纤维 (%)	无氮浸出物 (%)	粗灰分 (%)	钙 (%)	磷 (%)
2-01-643	萝卜叶	北京	14.07	11.43	5.57	1.79	17.9	3.8	8.5	40.6	29.2	0.38	0.09
2-01-177	马铃薯秧	贵州	18.50	8.42	4.05	1.29	19.8	6.0	23.3	39.7	11.2	—	—
2-01-644	芒草	湖南，拔节期	18.15	9.71	4.75	1.51	4.6	2.9	33.9	53.9	4.6	0.46	0.06
2-01-645	首蓿	北京，盛花期	18.06	9.83	4.81	1.53	14.5	1.1	35.9	41.2	7.3	1.30	0.04
2-01-646	首蓿	北京，5月中旬	17.58	9.23	4.47	1.43	8.6	2.3	32.6	48.0	8.6	—	—
2-01-197	首蓿	吉林、公主岭、亚洲首蓿，营养期	18.22	11.96	5.88	1.88	20.8	1.6	31.6	37.2	8.8	2.08	0.24
2-01-647	首蓿	上海	19.32	11.91	5.85	1.87	21.0	2.7	32.0	35.6	8.7	1.42	0.41
2-01-201	首蓿	南北，杂花初花期	18.61	12.35	6.11	1.94	17.7	3.1	26.4	46.5	6.3	1.22	0.31
2-01-648	首蓿	陕西，紫花首蓿	17.56	11.37	5.59	1.78	17.8	1.5	32.2	37.1	11.4	2.33	0.30
2-01-209	首蓿	四川、黄花首蓿、现蕾期	19.25	14.07	6.98	2.23	22.3	7.2	19.4	42.4	8.6	0.94	0.36
2-01-649	牛尾草	北京、梅尔多牛尾草	17.89	13.36	6.61	2.11	21.1	3.8	23.0	39.9	12.2	0.89	0.23
2-01-227	荞麦苗	贵州，初花期	18.01	11.58	5.71	1.82	14.1	3.5	24.2	42.4	10.6	3.48	0.71
2-01-226	荞麦苗	四川，盛花期	17.52	11.36	5.57	1.78	11.5	2.3	30.5	46.0	9.8	—	0.29
2-01-650	青菜	上海	14.00	10.72	5.29	1.68	15.2	1.0	40.8	10.5	32.5	1.88	0.26
2-01-625	雀麦草	北京、坦波无芒雀麦草	17.60	12.06	5.97	1.90	16.2	2.8	30.0	39.1	11.9	2.53	0.28
2-01-246	三叶草	北京、苏联三叶草	18.52	12.56	6.19	1.98	16.8	2.5	28.9	45.7	6.1	1.32	0.03
2-01-247	三叶草	武昌、新西兰红三叶，现蕾期	17.96	13.32	6.67	2.11	16.7	6.1	18.4	46.5	12.3	—	—

（续）

（一）青绿饲料

编号	饲料名称	样品说明	总能量(MJ/kg)	消化能(MJ/kg)	产奶净能(MJ/kg)	奶牛能量单位(NND/kg)	干物质中						
							粗蛋白质(%)	粗脂肪(%)	粗纤维(%)	无氮浸出物(%)	粗灰分(%)	钙(%)	磷(%)
2-01-248	三叶草	武昌，新西兰红三叶，初花期	18.07	12.33	6.11	1.94	15.8	5.0	23.7	44.6	10.8	—	—
2-01-250	三叶草	武昌，新西兰红三叶，盛花期	18.59	12.49	6.19	1.97	14.2	—	26.0	42.5	10.2	—	—
2-01-653	三叶草	广西，分枝期	17.14	12.68	6.28	2.00	16.2	3.1	20.0	47.4	13.1	—	—
2-01-654	三叶草	广西，初花期	17.60	12.31	6.02	1.94	12.2	3.1	25.5	49.5	9.7	—	—
2-01-254	三叶草	贵州，红三叶，6样平均值	18.73	13.01	6.44	2.05	20.0	4.9	22.2	44.9	8.1	—	—
2-01-655	沙打旺	北京	17.52	12.76	6.32	2.01	23.5	3.4	15.4	44.3	13.4	13.40	1.34
2-01-343	苕子	浙江，初花期	19.09	12.28	6.07	1.93	21.3	4.0	32.7	34.7	7.3	—	—
2-01-658	苏丹草	广西，拔节期	18.05	11.38	5.68	1.78	10.3	4.3	29.2	47.6	8.6	—	—
2-01-659	苏丹草	广西，抽穗期	18.26	11.33	5.53	1.78	8.6	36.0	31.5	50.3	6.1	—	0.46
2-01-333	甜菜叶	新疆	15.96	12.40	6.15	1.95	23.0	3.4	11.5	40.2	21.8	1.26	—
2-01-661	通心菜	上海	16.45	12.80	6.36	2.02	23.2	3.0	10.1	45.5	18.2	1.01	—
2-01-663	象草	湖南	18.97	12.02	5.94	1.89	14.6	—	29.3	35.4	12.8	0.24	—
2-01-664	象草	广东，湛江	18.53	11.47	5.65	1.80	10.0	3.0	35.0	47.0	5.0	0.25	0.10
2-01-665	向日葵托	广州	16.36	10.57	5.19	1.65	4.9	2.9	19.4	60.2	12.6	0.97	0.10
2-01-666	向日葵叶	2省市2样平均值	15.46	10.91	5.35	1.71	15.9	3.5	10.6	48.2	21.8	4.35	0.24
2-01-667	小冠花	北京	17.94	12.68	6.30	2.00	20.0	3.0	21.0	46.0	10.0	1.55	0.30
2-01-668	小麦青割	北京春小麦	18.21	12.15	5.98	1.91	16.1	2.3	28.9	45.3	7.4	0.91	0.10

（续）

（一）青绿饲料

编号	饲料名称	样品说明	总能量 (MJ/kg)	消化能 (MJ/kg)	产奶净能 (MJ/kg)	奶牛能量单位 (NND/kg)	干物质中						
							粗蛋白质 (%)	粗脂肪 (%)	粗纤维 (%)	无氮浸出物 (%)	粗灰分 (%)	钙 (%)	磷 (%)
2-01-669	鸭茅	北京，杰斯柏鸭茅	17.96	10.57	5.19	1.65	15.5	3.9	28.6	41.3	10.7	2.38	0.29
2-01-670	鸭茅	北京，伦鸭茅	17.17	9.72	4.76	1.51	13.2	3.8	28.3	40.6	14.2	0.52	0.28
2-01-671	燕麦青割	北京，刚抽穗	18.54	12.86	6.40	2.03	14.7	4.6	27.4	45.7	7.6	0.56	0.36
2-01-672	燕麦青割	黑龙江	18.36	11.26	5.52	1.76	16.1	3.1	28.2	45.1	7.5	35.30	0.24
2-01-673	燕麦青割	广西，扬花期	17.78	10.99	5.40	1.72	10.9	2.7	30.8	47.1	8.6	—	—
2-01-674	燕麦青割	广西，灌浆期	17.65	10.46	5.15	1.63	11.2	2.6	33.2	44.4	8.7	—	—
2-01-677	野青菜	北京，狗尾巴草为主	17.20	10.15	4.98	1.58	6.7	2.8	28.1	52.6	9.9	—	0.47
2-01-678	野青菜	北京，禅草为主	16.85	10.06	4.89	1.57	11.0	2.0	29.9	44.1	13.0	0.41	0.32
2-01-680	野青菜	广州，混杂草	17.78	10.60	5.19	1.66	7.8	2.7	35.1	46.3	8.1	—	—
2-01-681	野青菜	广西，沟边草	17.47	10.36	5.06	1.62	7.0	2.1	35.1	47.0	8.8	—	—
2-01-682	拟高粱	北京	17.49	11.76	5.81	1.85	12.0	2.7	28.3	46.7	10.3	0.71	0.16
2-01-683	拟高粱	湖南，拔节期	17.77	10.72	5.24	1.68	6.5	2.2	33.0	51.9	6.5	1.14	0.43
2-01-243	玉米青割	哈尔滨，乳熟期，玉米叶	18.84	11.40	5.64	1.79	6.1	2.8	29.1	55.3	6.7	0.34	0.22
2-01-685	玉米青割	黑龙江	17.94	11.42	5.68	1.79	6.6	1.7	30.1	57.2	4.4	—	0.09
2-01-686	玉米青割	上海，未抽穗	17.97	11.46	5.63	1.80	9.4	3.1	32.8	46.9	7.8	0.63	0.47
2-01-687	玉米青割	上海，抽穗期	17.98	11.24	5.51	1.76	8.5	2.3	33.0	50.0	6.3	0.51	0.28
2-01-688	玉米青穗	上海，有玉米穗	17.51	10.90	5.36	1.71	8.5	2.3	34.1	45.7	9.3	0.31	0.23

（续）

（一）青绿饲料

编号	饲料名称	样品说明	总能量（MJ/kg）	消化能（MJ/kg）	产奶净能（MJ/kg）	奶牛能量单位（NND/kg）	干物质中						
							粗蛋白质（%）	粗脂肪（%）	粗纤维（%）	无氮浸出物（%）	粗灰分（%）	钙（%）	磷（%）
2-01-689	玉米青割	上海、乳熟期占1/2	17.31	11.05	5.46	1.73	8.1	2.2	29.2	51.4	9.2	0.32	—
2-01-241	玉米青割	宁夏、西德2号，抽穗期	17.41	12.63	6.23	1.99	12.9	1.7	27.4	48.5	9.5	0.33	0.33
2-01-690	玉米全株	北京、晚熟	17.40	11.52	5.69	1.81	3.0	1.5	29.2	60.9	5.5	0.33	0.37
2-01-693	紫云英	上海	18.14	12.90	6.48	2.04	19.8	3.7	25.3	40.7	10.5	1.30	0.31
2-01-695	紫云英	南京、盛花期	18.63	13.35	6.61	2.11	14.4	6.7	16.7	54.4	7.8	—	—
2-01-425	紫云英	8省市8样品平均值	18.60	13.61	6.77	2.15	22.3	5.4	19.2	43.1	10.0	1.38	0.54

（二）青贮饲料

编号	饲料名称	样品说明	总能量（MJ/kg）	消化能（MJ/kg）	产奶净能（MJ/kg）	奶牛能量单位（NND/kg）	干物质中						
							粗蛋白质（%）	粗脂肪（%）	粗纤维（%）	无氮浸出物（%）	粗灰分（%）	钙（%）	磷（%）
3-03-002	草木樨青贮	青海西宁、已结籽，pH 4.0	17.57	10.84	5.27	1.68	16.1	3.2	32.3	35.4	13.0	1.68	0.25
3-03-601	冬大麦青贮	北京7样平均值	17.23	11.59	5.68	1.80	11.7	3.2	29.8	42.8	12.6	0.23	0.14
3-03-602	甘薯藤青贮	北京、秋甘薯藤	15.54	9.28	4.44	1.42	6.0	2.7	18.4	55.3	17.5	1.39	0.45

（续）

（二）青贮饲料

编号	饲料名称	样品说明	总能量 (MJ/kg)	消化能 (MJ/kg)	产奶净能 (MJ/kg)	奶牛能量单位 (NND/kg)	干物质中						
							粗蛋白质 (%)	粗脂肪 (%)	粗纤维 (%)	无氮浸出物 (%)	粗灰分 (%)	钙 (%)	磷 (%)
3-03-004	甘薯藤青贮	广西，窖贮6个月	17.37	10.17	4.94	1.57	12.9	5.1	21.7	47.0	13.4	—	—
3-03-005	甘薯藤青贮	上海	16.27	8.63	4.15	1.31	9.3	6.0	24.6	39.9	20.2	—	—
3-03-021	甜菜叶青贮	吉林	16.13	11.82	5.77	1.84	12.3	6.4	19.7	38.9	22.7	1.04	0.27
3-03-025	玉米青贮	吉林汉阳，收获后黄干贮	17.38	6.75	3.14	1.00	5.6	1.2	35.6	50.0	7.6	0.40	0.08
3-03-031	玉米青贮	浙江，乳熟期	17.38	10.13	4.88	1.56	6.0	4.4	30.8	47.6	11.2	—	—
3-03-603	玉米青贮	黑龙江红色草原牧场	18.09	10.43	5.03	1.61	5.5	2.4	31.5	55.5	5.1	0.31	0.27
3-03-605	玉米青贮	4省市5样平均值	17.45	10.29	4.98	1.59	7.0	2.6	30.4	51.1	8.8	0.44	0.26
3-03-606	玉米大豆青贮	北京	15.90	10.40	5.00	1.61	9.6	2.3	31.7	37.6	18.8	0.69	0.28
3-03-010	胡萝卜青贮	甘肃	13.92	11.96	5.89	1.86	8.9	2.1	18.6	42.8	27.5	1.06	0.13
3-03-011	胡萝卜青贮	青海西宁，起营	16.30	10.82	5.27	1.68	15.7	6.6	28.9	24.4	24.4	1.78	0.15
3-03-019	苜蓿青贮	青海西宁，盛花期	18.54	10.03	4.87	1.54	15.7	4.2	38.0	30.6	11.6	1.48	0.30

（续）

（三）块根、块茎、瓜果类饲料

编号	饲料名称	样品说明	总能量 (MJ/kg)	消化能 (MJ/kg)	产奶净能 (MJ/kg)	奶牛能量单位 (NND/kg)	干物质中							
							粗蛋白质 (%)	粗脂肪 (%)	粗纤维 (%)	无氮浸出物 (%)	粗灰分 (%)	钙 (%)	磷 (%)
4-04-601	甘薯	北京	16.58	14.94	7.41	2.36	4.5	0.8	3.3	86.2	5.3	—	0.28
4-04-602	甘薯	上海	16.90	14.81	7.32	2.34	4.5	1.2	4.1	86.1	4.1	—	—
4-04-018	甘薯	贵州、贵阳	16.76	14.88	7.36	2.35	4.8	0.9	3.0	87.0	4.3	0.61	0.26
4-04-200	甘薯	7省市8样平均值	16.99	14.95	7.41	2.36	4.0	1.2	3.6	88.0	3.2	0.52	0.2
4-04-207	甘薯	8省市40样甘薯平均值	16.92	15.06	7.44	2.38	4.3	1.4	2.6	88.8	2.9	0.17	0.13
4-04-603	胡萝卜	张家口	17.01	15.64	7.74	2.47	8.6	2.2	8.6	73.1	7.5	0.54	0.32
4-04-604	胡萝卜	黑龙江、红色胡萝卜	17.01	15.25	7.57	2.41	10.2	1.5	10.2	70.8	7.3	0.44	0.36
4-04-605	胡萝卜	黑龙江、黄色胡萝卜	17.33	15.57	7.74	2.46	9.7	2.2	12.7	68.7	6.7	0.52	—
4-04-606	胡萝卜	上海2样平均值	17.67	15.80	7.82	2.50	7.8	5.2	12.1	67.2	7.8	1.38	0.34
4-04-077	胡萝卜	贵州	17.08	15.80	7.87	2.50	9.3	1.9	7.4	75.0	6.5	—	—
4-04-208	胡萝卜	12省市11样平均值	16.99	15.30	7.57	2.42	9.2	2.5	10.0	70.0	8.3	1.25	0.75
4-04-092	萝卜	北京	16.04	15.43	7.68	2.44	7.3	微	9.8	73.2	9.8	0.61	0.37
4-04-094	萝卜	浙江	16.73	15.37	7.61	2.43	12.9	1.4	10.0	65.7	10.0	—	—
4-04-210	萝卜	11省市11样平均值	16.49	15.37	7.61	2.43	12.9	1.4	10.0	64.3	11.4	0.71	0.43
4-04-607	马铃薯	浙江	16.68	15.23	7.53	2.41	5.2	0.5	1.9	88.2	4.2	0.05	0.24
4-04-110	马铃薯	宁夏固原	16.75	14.84	7.39	2.34	6.9	0.5	2.7	85.1	4.8	—	—
4-04-114	马铃薯	贵州威宁、米粒种	17.03	15.00	7.43	2.37	7.2	0.7	2.0	86.8	3.3	0.13	0.39
4-04-211	马铃薯	10省市10样平均值	16.89	14.98	7.41	2.36	7.3	0.5	3.2	39.5	4.1	0.09	0.14

（续）

（三）块根、块茎、瓜果类饲料

编号	饲料名称	样品说明	总能量(MJ/kg)	消化能(MJ/kg)	产奶净能(MJ/kg)	奶牛能量单位(NND/kg)	干物质中						
							粗蛋白质(%)	粗脂肪(%)	粗纤维(%)	无氮浸出物(%)	粗灰分(%)	钙(%)	磷(%)
4-04-608	木薯粉	广西	17.11	15.22	7.53	2.40	3.3	0.7	2.4	92.1	1.4	—	—
4-04-136	南瓜	四川成都、枘饼瓜青皮	17.43	14.86	7.34	2.34	10.9	3.1	4.7	65.6	7.8	—	—
4-04-212	南瓜	9省市9样平均值	17.06	15.20	7.53	2.40	10.0	3.0	12.0	68.0	7.0	0.40	0.2
4-04-610	甜菜	黑龙江2样平均值	17.67	14.12	6.99	2.22	14.1	3.0	15.2	59.6	8.1	0.30	—
4-04-157	甜菜	贵州威宁、糖用	17.26	15.02	7.47	2.37	6.7	4.4	5.2	81.5	2.2	0.22	0.3
4-04-213	甜菜	8省市9样平均值	17.28	13.18	6.47	2.07	13.3	2.7	11.3	60.7	12.0	0.40	0.27
4-04-611	甜菜丝干	北京	17.36	14.13	7.00	2.22	8.2	0.7	22.1	63.9	5.1	0.74	0.08
4-04-162	芜菁甘蓝	云南、洋萝卜新西兰2号	17.73	15.80	7.87	2.50	11.0	1.0	13.0	67.0	8.0	0.50	0.1
4-04-164	芜菁甘蓝	云南、洋萝卜新西兰3号	17.13	15.80	7.87	2.50	10.0	微	16.0	66.0	8.0	0.60	微
4-04-161	芜菁甘蓝	云南、洋萝卜新西兰4号	16.93	15.80	7.87	2.50	10.0	1.0	15.0	66.0	3.0	0.50	微
4-04-215	芜菁甘蓝	3省5样平均值	17.09	15.80	7.87	2.50	10.0	2.0	13.0	67.0	8.0	0.60	0.2
4-04-168	西瓜皮	甘肃兰州	17.79	13.51	6.65	2.12	9.1	3.0	19.7	53.0	15.2	0.30	0.3

（四）青干草类饲料

编号	饲料名称	样品说明	总能量(MJ/kg)	消化能(MJ/kg)	产奶净能(MJ/kg)	奶牛能量单位(NND/kg)	干物质中						
							粗蛋白质(%)	粗脂肪(%)	粗纤维(%)	无氮浸出物(%)	粗灰分(%)	钙(%)	磷(%)
1-05-601	白茅	南京、地上茎叶	14.48	8.88	4.24	1.35	8.1	3.3	32.3	51.8	4.4	0.31	0.10

（续）

（四）青干草类饲料

编号	饲料名称	样品说明	总能量 (MJ/kg)	消化能 (MJ/kg)	产奶净能 (MJ/kg)	奶牛能量单位 (NND/kg)	干物质中					粗灰分 (%)	钙 (%)	磷 (%)
							粗蛋白质 (%)	粗脂肪 (%)	粗纤维 (%)	无氮浸出物 (%)			
1-05-602	稗草	黑龙江	17.35	7.63	3.59	1.15	5.4	1.9	39.6	43.7	9.4	—	—
1-05-603	绊根草	湖南、营养期茎叶	18.16	9.38	4.52	1.44	10.4	2.8	30.5	50.2	6.0	0.56	0.14
1-05-604	草木樨	江苏、整株	16.99	10.01	4.84	1.54	19.0	1.8	31.6	31.9	15.6	2.74	0.02
1-05-605	大豆干草	大庆	17.99	9.89	4.78	1.52	12.5	1.2	30.3	50.2	5.8	1.59	0.74
1-05-606	大米草	江苏、整株	17.41	9.85	4.78	1.51	15.4	3.2	36.4	30.5	14.4	0.50	0.02
1-05-608	黑麦草	四川	17.93	10.77	5.19	1.65	12.8	3.2	30.1	44.9	9.0	—	—
1-05-609	胡枝子	江西	20.09	9.76	4.69	1.50	17.5	7.1	38.6	31.7	5.1	0.98	0.12
1-05-610	混合牧草	内蒙古、夏季，以禾本科为主	19.49	9.82	4.74	1.51	15.4	6.3	38.2	33.4	6.7	—	—
1-05-611	混合牧草	内蒙古、秋季，以禾本科为主	18.25	9.94	4.82	1.53	10.4	5.1	29.5	46.4	8.6	—	—
1-05-612	混合牧草	内蒙古、冬季状态	17.33	7.32	3.45	1.09	2.6	4.5	40.5	40.4	7.1	—	—
1-05-614	羑羑草	内蒙古、结实期	18.42	8.76	4.18	1.33	12.0	2.5	43.9	34.3	7.4	—	—
1-05-615	碱草	内蒙古、营养期	19.00	11.01	5.38	1.71	21.0	4.1	28.7	39.1	7.1	—	—
1-05-616	碱草	内蒙古、抽穗期	18.71	10.09	4.88	1.55	14.9	2.9	35.0	44.5	5.8	—	—
1-05-617	碱草	内蒙古、结实期	18.27	7.49	3.52	1.12	8.1	3.4	45.0	35.4	8.1	—	—
1-05-619	芦苇	新疆、抽穗前地面10cm以上	17.62	9.11	4.36	1.39	9.6	2.3	35.4	43.4	9.3	0.12	0.12
1-05-620	芦苇	2省市2样平均值	17.38	7.97	3.76	1.20	5.7	2.0	36.3	47.1	8.9	0.08	0.10

（续）

（四）青干草类饲料

编号	饲料名称	样品说明	总能量 (MJ/kg)	消化能 (MJ/kg)	产奶净能 (MJ/kg)	奶牛能量单位 (NND/kg)	干物质中						
							粗蛋白质 (%)	粗脂肪 (%)	粗纤维 (%)	无氮浸出物 (%)	粗灰分 (%)	钙 (%)	磷 (%)
1-05-621	米儿蒿	河北蔡北牧场，结籽期	17.83	10.73	5.19	1.66	13.3	2.4	27.7	48.3	8.3	1.22	0.91
1-05-622	苜蓿干草	北京，苏联苜蓿2号	17.60	11.42	5.57	1.77	18.2	1.4	31.9	37.3	11.1	2.11	0.30
1-05-623	苜蓿干草	北京，上等	18.06	11.51	5.61	1.79	18.4	1.7	29.0	42.4	8.5	2.42	0.29
1-05-624	苜蓿干草	北京，中等	18.11	9.89	4.78	1.52	16.9	1.1	42.1	30.9	9.1	1.59	0.27
1-05-625	苜蓿干草	北京，下等	18.20	9.36	4.48	1.43	13.1	1.4	48.8	28.2	8.6	1.40	0.44
1-05-626	苜蓿干草	黑龙江，紫花苜蓿	17.88	12.67	6.23	1.98	19.1	2.7	26.4	41.3	10.5	—	—
1-05-627	苜蓿干草	黑龙江齐齐哈尔市，野生	18.32	11.09	5.40	1.72	14.0	1.9	37.1	40.3	6.8	—	—
1-05-029	苜蓿干草	吉林，公农1号苜蓿，现蕾期一茬	17.84	12.73	6.23	1.99	22.7	1.8	29.1	34.8	11.7	—	—
1-05-031	苜蓿干草	吉林，公农1号苜蓿，营养期一茬	18.59	12	5.87	1.87	20.9	1.5	35.9	34.4	7.3	1.68	0.22
1-05-040	苜蓿干草	河南扶沟，盛花期	18.09	11.5	5.61	1.79	17.5	2.6	28.7	42.1	9.0	1.24	0.25
1-05-044	苜蓿干草	新疆石河子，紫花苜蓿，盛花期	18.92	12.21	6.01	1.91	20.5	3.9	31.5	37.7	7.4	1.43	0.20
1-05-628	苜蓿干草	新疆，和田苜蓿2号	17.52	11.31	5.51	1.76	16.3	1.3	34.4	37.0	2.4	2.36	0.22
1-05-629	披碱草	河北，5、9月	18.48	8.6	4.11	1.31	8.1	1.9	46.8	38.0	5.2	0.32	0.01
1-05-630	披碱草	吉林，抽穗期	17.48	9.07	4.34	1.39	7.1	2.0	36.3	45.7	8.9	0.44	0.33
1-05-631	披碱草	吉林	17.43	8.71	4.15	1.33	5.3	1.6	37.3	47.8	8.0	0.12	0.11
1-05-	雀麦草	内蒙古，无芒雀麦，抽穗期，野生	18.21	9.87	4.76	1.52	2.9	3.4	30.0	44.7	8.1	—	—

（续）

（四）青干草类饲料

编号	饲料名称	样品说明	总能量(MJ/kg)	消化能(MJ/kg)	产奶净能(MJ/kg)	奶牛能量单位(NND/kg)	干物质中						
							粗蛋白质(%)	粗脂肪(%)	粗纤维(%)	无氮浸出物(%)	粗灰分(%)	钙(%)	磷(%)
1-05-	雀麦草	内蒙古，无芒雀麦、结实期、野生	17.80	9.59	4.62	1.47	11.1	3.0	33.0	43.6	9.3	—	—
1-05-	雀麦草	黑龙江	17.86	8.78	4.18	1.34	6.0	2.3	36.2	48.9	6.6	—	—
1-05-	雀麦草	湖南、燕麦草叶	17.63	11.93	5.85	1.86	16.4	2.3	25.0	46.2	10.1	0.70	1.14
1-05-	苕子	浙江、初花期	19.12	12.25	6.01	1.91	21.1	4.3	32.9	34.1	7.5	—	—
1-05-	苕子	浙江、盛花期	18.52	12.01	5.87	1.87	18.6	2.3	33.1	38.7	7.3	—	—
1-05-	苏丹草	辽宁、抽穗期	18.51	9.57	4.61	1.47	7.0	1.6	37.9	51.1	2.4	—	—
1-05-	苏丹草	南京、地上茎叶	17.57	9.88	4.77	1.52	7.5	3.4	30.4	49.4	9.3	—	—
1-05-	燕麦干草	北京	17.32	9.85	4.77	1.51	8.9	1.6	32.8	47.3	9.4	0.43	0.36
1-05-	羊草	东北三级草	17.65	8.57	4.08	1.30	3.6	1.5	36.8	52.3	5.8	0.28	0.20
1-05-	羊草	黑龙江、4样平均值	18.51	9.81	4.71	1.51	8.1	3.9	32.1	50.9	5.0	0.40	0.20
1-05-	野干草	北京、秋白草	16.83	9.57	4.58	1.47	8.0	1.3	32.3	47.1	11.4	0.48	1.36
1-05-	野干草	北京、水游池	16.97	8.52	4.20	1.34	3.2	1.2	37.8	48.3	9.5	0.55	0.11
1-05-	野干草	河北张家口、禾本科野草	17.70	9.66	4.63	1.48	7.9	2.8	28.0	53.8	7.4	0.66	0.42
1-05-	野干草	内蒙古、海金山	17.94	9.43	4.54	1.44	6.8	2.7	33.4	50.7	6.5	—	—
1-05-	野干草	吉林、山草	18.02	9.17	4.39	1.40	9.8	2.2	37.2	43.5	7.3	0.60	0.10
1-05-	野干草	山东、沾化、野生杂草	17.44	9.23	4.41	1.41	8.3	2.1	33.7	46.9	9.1	0.49	0.08
1-05-	野干草	上海、次杂草	15.13	8.28	3.96	1.25	6.9	1.8	23.1	48.3	19.9	0.34	0.32

（续）

（四）青干草类饲料

编号	饲料名称	样品说明	总能量（MJ/kg）	消化能（MJ/kg）	产奶净能（MJ/kg）	奶牛能量单位（NND/kg）	干物质中						
							粗蛋白质（%）	粗脂肪（%）	粗纤维（%）	无氮浸出物（%）	粗灰分（%）	钙（%）	磷（%）
1-05-	野干草	河南、杂草	16.38	9.02	4.34	1.38	6.40	1.7	27.8	51.2	12.9	0.45	0.21
1-05-	野干草	河南洛阳、杂草	16.82	9.29	4.47	1.42	7.6	2.2	31.4	46.5	12.3	0.56	0.24
1-05-	野干草	广州、杂草	17.46	8.69	4.14	1.32	3.9	1.4	34.5	53.6	6.5	0.04	0.02
1-05-	野干草	新疆、草原野干草	18.26	9.07	4.34	1.38	7.4	2.7	40.1	43.6	6.1	0.67	0.09
1-05-	野干草	新疆、茅草为主	18.43	8.81	4.22	1.34	8.5	1.9	37.5	48.2	3.9	—	0.09
1-05-	野干草	新疆、芦苇为主	17.24	8.38	4.00	1.27	7.0	2.8	32.8	46.7	10.7	0.04	0.13
1-05-	针茅	内蒙古、沙生针茅，抽穗期	18.96	8.4	4.00	1.27	9.1	2.4	51.6	32.4	4.3	—	—
1-05-	针茅	内蒙古、贝尔加针茅，结实期	19.16	8.53	4.05	1.30	9.5	4.1	51.4	29.6	5.6	—	—
1-05-	紫云英	江苏、盛花、全株	19.11	13.81	6.81	2.17	25.3	5.5	22.2	38.2	8.9	4.13	0.60
1-05-	紫云英	江苏、结荚、全株	18.85	11.81	5.76	1.84	21.4	5.5	22.2	42.1	8.7	—	—

（五）农副产品类饲料

编号	饲料名称	样品说明	总能量（MJ/kg）	消化能（MJ/kg）	产奶净能（MJ/kg）	奶牛能量单位（NND/kg）	干物质中						
							粗蛋白质（%）	粗脂肪（%）	粗纤维（%）	无氮浸出物（%）	粗灰分（%）	钙（%）	磷（%）
1-06-602	大麦秸	宁夏固原	17.01	9.02	4.36	1.38	6.1	1.9	35.5	45.6	10.9	0.14	0.02
1-06-603	大麦秸	新疆	17.67	7.82	3.70	1.18	5.5	3.3	38.2	43.8	9.2	0.06	0.07
1-06-632	大麦秸	北京	17.44	8.51	4.08	1.30	5.5	1.8	71.8	10.4	10.6	0.13	0.12

（五）农副产品类饲料

（续）

编号	饲料名称	样品说明	总能量 (MJ/kg)	消化能 (MJ/kg)	产奶净能 (MJ/kg)	奶牛能量单位 (NND/kg)	干物质中						
							粗蛋白质 (%)	粗脂肪 (%)	粗纤维 (%)	无氮浸出物 (%)	粗灰分 (%)	钙 (%)	磷 (%)
1-06-604	大麦秸	吉林公主岭	18.20	8.12	3.84	1.23	3.6	0.6	52.1	39.7	4.1	0.68	0.03
1-06-605	大麦秸	辽宁盘山	18.32	7.93	3.76	1.20	5.1	0.9	54.1	35.1	4.8	—	—
1-06-606	大麦秸	河南淮阳	18.50	7.81	3.70	1.18	9.8	2.0	48.1	33.5	6.6	1.32	0.22
1-06-630	稻草	北京	16.10	8.61	3.65	1.16	3.1	1.2	66.3	13.9	15.6	0.12	0.05
1-06-612	风柜谷尾	广州，堪稻谷	16.15	6.10	2.79	0.89	6.3	2.3	27.0	49.4	15.0	0.18	0.24
1-06-613	甘薯蔓	北京，含土量较多	16.20	9.05	4.35	1.38	14.6	3.4	25.3	37.2	19.4	1.90	0.29
1-06-638	甘薯蔓	山东 25 样平均值	17.54	10.04	4.84	1.54	8.4	3.2	34.1	43.9	10.3	1.81	0.09
1-06-100	甘薯蔓	7 省市 13 样平均值	17.39	9.90	4.77	1.52	9.2	3.1	32.4	44.3	11.0	1.76	0.13
1-06-615	谷草	黑龙江、小米秆，2 样平均值	17.13	9.56	4.62	1.47	5.0	1.3	35.9	48.7	9.0	0.37	0.03
1-06-617	花生藤	山东、伏花生	17.64	10.89	5.31	1.69	12.0	1.6	32.4	45.2	8.7	2.69	0.04
1-06-618	糜草	宁夏、糯小米秆	17.21	9.53	4.61	1.46	5.7	1.3	32.9	51.8	8.3	0.27	—
1-06-619	荞麦秸	宁夏、固原	16.50	7.48	3.55	1.12	4.4	0.8	41.2	41.2	13.0	0.12	0.02
1-06-620	小麦秸	北京、冬小麦	17.22	8.35	3.45	1.10	4.4	0.6	78.2	6.1	10.8	0.28	0.03
1-06-623	燕麦秸	河北张家口、甜燕麦秸，青海种	18.20	9.35	4.48	1.43	7.5	2.4	28.4	58.0	3.9	0.18	0.01
1-06-624	莜麦秸	河北张家口、筱麦秸	18.27	8.77	4.18	1.33	9.2	1.4	46.2	37.1	6.0	0.30	0.11
1-06-631	黑麦秸	北京	17.07	9.72	3.86	1.23	3.9	1.2	75.3	9.1	10.5	—	—
1-06-629	玉米秸	北京	16.92	10.71	4.22	1.34	6.5	0.9	68.9	17.0	6.8	—	—

（续）

（六）谷实类饲料

编号	饲料名称	样品说明	总能量 (MJ/kg)	消化能 (MJ/kg)	产奶净能 (MJ/kg)	奶牛能量单位 (NND/kg)	干物质中						
							粗蛋白质 (%)	粗脂肪 (%)	粗纤维 (%)	无氮浸出物 (%)	粗灰分 (%)	钙 (%)	磷 (%)
4-07-029	大米	江苏4样糙米平均值	17.88	16.53	8.23	2.62	10.1	2.3	0.8	85.3	1.5	0.05	0.29
4-07-601	大米	广州、广场131	17.57	16.23	8.07	2.57	7.8	1.4	2.2	87.3	1.4	—	—
4-07-602	大米	广州、木泉	17.82	16.41	8.16	2.60	10.6	1.7	1.5	84.8	1.4	—	—
4-07-038	大米	9省市16样籼稻米平均值	20.73	16.51	8.20	2.62	9.7	1.8	0.9	86.2	1.4	0.07	0.24
4-07-034	大米	湖南、碎米、较多谷头	17.87	16.17	8.07	2.56	10.0	2.7	2.7	82.2	2.4	0.06	0.32
4-07-603	大米	3省市3样平均值	17.77	16.64	8.20	2.61	8.2	2.4	0.8	87.1	1.5	0.02	0.12
4-07-604	大麦	河北察北牧场、春大麦	18.47	14.85	7.35	2.34	13.0	4.8	8.7	69.5	4.1	0.26	0.52
4-07-022	大麦	20省市49样平均值	17.80	15.19	7.55	2.40	12.2	2.3	5.3	76.7	9.1	0.14	0.33
4-07-041	稻谷	江苏、粳稻	17.71	14.64	7.22	2.31	8.7	2.1	9.7	75.9	3.6	0.07	0.18
4-07-043	稻谷	浙江上虞、早稻	17.51	14.17	6.98	2.23	10.5	2.8	10.2	70.3	6.2	—	0.36
4-07-048	稻谷	湖北天门、中稻	17.31	13.95	6.87	2.19	7.5	2.1	12.3	72.4	5.6	—	—
4-07-068	稻谷	湖南攸县、杂交晚稻	17.38	14.22	7.03	2.24	9.4	2.2	9.9	72.8	5.7	0.05	0.17
4-07-074	稻谷	9省市34样籼稻平均值	17.31	14.3	7.07	2.25	9.2	1.7	9.4	74.5	5.3	0.14	0.31
4-07-605	高粱	北京、红高粱	18.14	14.93	7.41	2.36	9.8	4.1	1.7	82.0	2.4	0.10	0.41
4-07-075	高粱	北京、杂交多穗	17.66	14.64	7.24	2.31	9.0	1.6	2.7	85.0	1.7	0.06	0.38
4-07-081	高粱	黑龙江	18.08	14.95	7.39	2.36	9.2	3.8	1.7	83.3	2.1	0.02	0.44
4-07-083	高粱	吉林、农安、小粒高粱	17.27	14.26	7.03	2.24	8.0	3.3	2.3	80.6	5.8	0.14	0.23
4-07-091	高粱	辽宁10样平均值	18.12	14.99	7.41	2.37	10.5	3.9	1.5	82.2	1.9	—	—

（续）

（六）谷实类饲料

编号	饲料名称	样品说明	干物质中										
			总能量(MJ/kg)	消化能(MJ/kg)	产奶净能(MJ/kg)	奶牛能量单位(NND/kg)	粗蛋白质(%)	粗脂肪(%)	粗纤维(%)	无氮浸出物(%)	粗灰分(%)	钙(%)	磷(%)
4-07-606	高粱	广州，多穗高粱	17.81	14.67	7.24	2.31	9.6	2.7	2.1	83.1	2.5	0.01	0.19
4-07-103	高粱	贵州，蔗高粱	17.72	14.74	7.28	2.32	7.4	2.2	2.7	86.2	1.5	0.04	0.36
4-07-104	高粱	17省市38样高粱平均值	18.06	14.84	7.31	2.34	9.7	3.7	2.5	81.6	2.5	0.10	0.31
4-07-607	荞麦	上海	18.41	14.72	7.29	2.32	11.2	2.9	11.2	73.2	1.6	—	0.16
4-07-120	荞麦	贵州威宁、苦荞、带壳	18.24	12.06	5.93	1.88	8.5	2.3	17.6	69.7	1.9	0.02	0.35
4-07-123	荞麦	11省市14样平均值	18.17	14.15	7.01	2.32	11.4	2.6	13.2	69.7	3.1	0.10	0.34
4-07-608	小麦	北京八一鸭场、次等	17.72	16.57	8.24	2.63	10.1	1.6	0.9	85.9	1.5	0.08	0.55
4-07-157	小麦	湖南零陵、加拿大进口	17.86	16.6	8.24	2.63	12.9	1.6	0.9	82.9	1.8	0.03	0.20
4-07-609	小麦	广州、小麦碎	18.18	16.39	8.15	2.60	15.9	2.8	3.5	74.4	3.3	0.32	—
4-07-164	小麦	15省市28样平均值	17.90	16.42	8.15	2.60	13.2	2.0	2.6	79.7	2.5	0.12	0.39
4-07-610	小米	北京、小米粉	17.99	16.32	8.11	2.59	10.7	3.4	0.9	83.2	1.9	0.05	0.32
4-07-173	小米	8省市9样平均值	18.07	16.29	8.11	2.59	10.3	3.1	1.5	83.5	1.6	0.06	0.37
4-07-176	燕麦	河北张家口、玉麦当地种	19.09	14.65	7.25	2.31	12.5	7.4	10.8	65.2	4.1	0.16	0.46
4-07-188	燕麦	11省市17样平均值	18.67	14.95	7.38	2.36	12.8	5.8	9.9	67.2	4.3	0.17	0.37
4-07-193	玉米	北京、白玉米1号	18.18	16.24	8.07	2.57	8.8	3.9	2.4	83.3	1.6	0.02	0.24
4-07-194	玉米	北京、黄玉米	18.38	16.83	8.38	2.67	9.7	4.9	1.5	82.0	1.9	0.02	0.24
4-07-611	玉米	黑龙江齐齐哈市、龙牧一号	18.75	16.95	8.45	2.69	11.0	5.8	1.9	79.6	1.7	—	—

（续）

（六）各类饲料

编号	饲料名称	样品说明	总能量 (MJ/kg)	消化能 (MJ/kg)	产奶净能 (MJ/kg)	奶牛能量单位 (NND/kg)	干物质中						
							粗蛋白质 (%)	粗脂肪 (%)	粗纤维 (%)	无氮浸出物 (%)	粗灰分 (%)	钙 (%)	磷 (%)
4-07-247	玉米	新疆、碎玉米	17.60	16.17	8.02	2.56	10.1	1.7	2.1	83.5	2.6	—	0.23
4-07-253	玉米	云南，黄玉米，6样平均值	18.43	16.43	8.16	2.60	8.6	4.8	2.5	82.8	1.4	0.02	0.25
4-07-254	玉米	云南，白玉米，7样平均值	18.55	16.35	8.12	2.59	9.8	5.0	2.8	80.9	1.6	0.06	0.21
4-07-222	玉米	山东32样平均值	18.17	16.28	8.08	2.58	9.8	3.4	2.1	83.3	1.4	0.10	0.21
4-07-263	玉米	23省市120样平均值	18.26	16.28	8.08	2.58	9.7	4.0	2.3	82.5	1.6	0.09	0.24

（七）豆类饲料

编号	饲料名称	样品说明	总能量 (MJ/kg)	消化能 (MJ/kg)	产奶净能 (MJ/kg)	奶牛能量单位 (NND/kg)	干物质中						
							粗蛋白质 (%)	粗脂肪 (%)	粗纤维 (%)	无氮浸出物 (%)	粗灰分 (%)	钙 (%)	磷 (%)
5-09-601	蚕豆	上海、等外	19.13	16.24	8.08	2.57	30.9	1.7	9.1	54.8	3.5	0.12	0.44
5-09-012	蚕豆	广东，饮蚕豆	18.97	16.42	8.16	2.60	32.4	0.5	9.2	54.5	3.4	—	0.20
5-09-200	蚕豆	云南7样平均值	18.80	16.07	7.99	2.55	27.0	1.7	8.5	59.0	3.8	0.11	0.53
5-09-201	蚕豆	全国14样平均值	18.69	16.14	8.03	2.56	28.3	1.6	8.5	57.8	3.8	0.17	0.45
5-09-026	大豆	北京	23.51	20.83	10.21	3.26	44.3	18.1	7.0	25.6	5.0	0.31	0.68
5-09-202	大豆	吉林2样平均值	23.81	20.62	10.38	3.30	40.6	20.6	5.1	29.1	4.7	0.06	0.47
5-09-082	大豆	黑龙江、饮品	23.96	18.06	9.04	2.87	34.9	21.4	14.0	25.6	4.2	0.34	0.53
5-09-206	大豆	上海2样平均值	23.34	20.25	10.18	3.24	46.0	17.6	7.8	22.3	6.3	—	0.53

(续)

(七) 豆类饲料

编号	饲料名称	样品说明	总能量(MJ/kg)	消化能(MJ/kg)	产奶净能(MJ/kg)	奶牛能量单位(NND/kg)	干物质中						
							粗蛋白质(%)	粗脂肪(%)	粗纤维(%)	无氮浸出物(%)	粗灰分(%)	钙(%)	磷(%)
5-09-207	大豆	河南9样平均值	23.42	20.29	10.19	3.24	42.0	18.8	6.2	27.7	5.3	0.37	0.46
5-09-047	大豆	广东	23.23	20.19	10.14	3.23	45.0	17.2	5.7	26.7	5.5	—	0.30
5-09-602	大豆	贵州，本地黄豆	22.86	19.50	9.75	3.11	42.6	15.6	10.1	26.4	5.3	0.19	0.63
5-09-217	大豆	16省市40样平均值	23.35	19.64	9.83	3.14	42.0	18.4	5.8	28.5	5.2	0.31	0.55
5-09-028	黑豆	河北黄骅	22.84	19.64	9.83	3.14	43.0	15.7	7.3	28.7	5.3	0.29	0.63
5-09-031	黑豆	内蒙古	22.80	19.21	9.62	3.07	37.6	16.4	10.0	31.4	4.7	—	0.75
5-09-082	橄豆	贵州安顺	18.20	15.94	7.92	2.52	25.1	1.1	6.7	61.9	5.3	0.46	0.55

(八) 糠麸类饲料

编号	饲料名称	样品说明	总能量(MJ/kg)	消化能(MJ/kg)	产奶净能(MJ/kg)	奶牛能量单位(NND/kg)	干物质中						
							粗蛋白质(%)	粗脂肪(%)	粗纤维(%)	无氮浸出物(%)	粗灰分(%)	钙(%)	磷(%)
4-08-001	大豆皮	北京	18.85	12.98	6.4	2.03	20.7	2.9	27.6	43.0	5.6	—	0.38
4-08-002	大麦麸	北京	18.39	15.07	7.46	2.38	17.7	3.7	6.6	67.5	4.6	0.38	0.55
4-08-016	高粱糠	2省市8样平均值	19.12	15.09	7.49	2.38	10.5	10.0	4.4	69.7	5.4	0.08	0.89
4-08-007	黑麦麸	甘肃山丹，细麸	18.29	13.71	6.78	2.15	14.9	3.4	8.7	69.0	5.3	0.04	0.52
4-08-006	黑麦麸	甘肃山丹，粗麸	17.82	10.26	4.98	1.58	8.7	2.3	20.8	63.1	5.0	0.05	0.14
4-08-601	黄面粉	湖北，三等面粉	17.89	16.73	8.35	2.65	12.6	1.5	0.9	83.6	1.4	0.14	0.15

（续）

（八）糠麸类饲料

编号	饲料名称	样品说明	总能量 (MJ/kg)	消化能 (MJ/kg)	产奶净能 (MJ/kg)	奶牛能量单位 (NND/kg)	干物质中						
							粗蛋白质 (%)	粗脂肪 (%)	粗纤维 (%)	无氮浸出物 (%)	粗灰分 (%)	钙 (%)	磷 (%)
4-08-602	黄面粉	北京，进口小麦次粉	18.92	16.16	8.03	2.56	19.2	5.6	7.1	63.3	4.8	—	0.14
4-08-603	黄面粉	北京土面粉	20.46	16.49	8.21	2.61	10.9	0.8	1.5	85.2	1.6	0.09	0.50
4-08-018	米糠	广东、玉米糠	19.50	14.87	7.37	2.35	11.9	11.9	7.3	62.1	6.8	0.11	1.68
4-08-003	米糠	上海	21.11	16.21	8.05	2.57	16.1	19.6	7.1	47.9	9.4	0.25	—
4-08-012	米糠	四川德阳、杂交水稻	19.37	14.54	7.19	2.29	15.2	11.8	10.4	53.5	9.0	0.13	1.74
4-08-029	米糠	云南弥渡	20.37	15.17	7.53	2.40	13.2	18.4	11.9	44.7	11.9	0.20	0.91
4-08-030	米糠	4省市 13样平均值	20.18	15.16	7.53	2.39	13.4	17.2	10.2	48.0	11.2	0.16	1.15
4-08-058	小麦麸	山西 2样平均值	18.36	13.72	6.78	2.16	15.9	5.0	10.6	61.8	6.7	—	—
4-08-049	小麦麸	山东 39样平均值	18.22	13.49	6.66	2.12	16.8	3.6	11.5	62.0	6.0	0.16	0.60
4-08-604	小麦麸	上海、进口小麦	18.39	13.44	6.64	2.11	13.3	4.8	11.5	65.4	5.1	0.12	0.99
4-08-060	小麦麸	江苏 3样平均值	18.92	13.83	6.81	2.17	17.4	5.9	11.5	59.8	5.3	0.41	0.93
4-08-057	小麦麸	河南 9样平均值	18.62	14.04	6.92	2.21	17.7	4.6	9.6	63.0	5.1	0.24	0.92
4-08-067	小麦麸	广东 14样平均值	18.30	13.70	6.78	2.15	14.5	4.6	9.8	65.6	5.9	0.13	1.05
4-08-070	小麦麸	贵州	18.27	11.95	5.86	1.86	13.0	5.0	12.9	62.9	6.3	—	—
4-08-045	小麦麸	吉林	18.17	13.76	6.78	2.16	14.7	3.8	9.2	67.1	5.3	0.28	1.01
4-08-077	小麦麸	云南 9样平均值	18.43	13.88	6.86	2.18	15.5	4.2	9.7	65.8	4.8	0.17	1.02

（续）

（八）糠麸类饲料

编号	饲料名称	样品说明	总能量 (MJ/kg)	消化能 (MJ/kg)	产奶净能 (MJ/kg)	奶牛能量单位 (NND/kg)	干物质中					钙 (%)	磷 (%)
							粗蛋白质 (%)	粗脂肪 (%)	粗纤维 (%)	无氮浸出物 (%)	粗灰分 (%)		
4-08-075	小麦麸	四川，七二粉麸皮	18.09	13.75	6.78	2.16	15.8	3.5	8.1	67.0	5.6	0.16	2.07
4-08-076	小麦麸	四川，八四粉麸皮	18.07	13.74	6.76	2.16	17.5	2.3	9.3	65.9	5.0	0.14	0.97
4-08-078	小麦皮	全国115样平均值	18.33	13.72	6.78	2.16	16.3	4.2	10.4	63.4	5.8	0.20	0.88
4-08-088	玉米皮	北京	19.05	11.56	5.62	1.80	11.5	5.6	15.7	64.8	2.4	—	—
4-08-089	玉米糠	内蒙古，玉米糠	18.37	13.06	6.41	2.05	11.3	4.1	10.9	70.3	3.4	0.09	0.55
4-08-092	玉米皮	河南	18.22	13.32	6.57	2.09	8.7	3.1	10.9	75.3	2.1	—	—
4-08-094	玉米皮	6省市6样平均值	18.34	13.30	6.53	2.09	11.0	4.5	10.3	70.2	4.0	0.32	0.40

（九）油饼类饲料

编号	饲料名称	样品说明	总能量 (MJ/kg)	消化能 (MJ/kg)	产奶净能 (MJ/kg)	奶牛能量单位 (NND/kg)	干物质中					钙 (%)	磷 (%)
							粗蛋白质 (%)	粗脂肪 (%)	粗纤维 (%)	无氮浸出物 (%)	粗灰分 (%)		
5-10-601	菜籽饼	上海，浸提	19.21	15.65	7.79	2.47	44.6	2.6	13.0	29.1	10.7	—	—
5-10-016	菜籽饼	四川新都，浸提2样平均值	19.55	15.85	7.88	2.51	44.1	2.1	14.5	31.1	8.2	0.8	1.16
5-10-022	菜籽饼	13省市·机榨21样平均值	20.50	16.62	8.26	2.64	39.5	8.5	11.6	31.8	8.7	0.79	1.03
5-10-023	菜籽饼	2省，土榨，2样平均值	20.76	16.32	8.14	2.59	37.8	9.5	15.8	28.2	8.7	0.93	1.82
5-10-045	豆饼	北京2样平均值	20.63	18.33	9.19	2.92	49.1	5.0	6.5	33.2	6.1	0.31	0.67
5-10-031	豆饼	上海	20.87	18.42	9.22	2.93	49.5	5.5	8.0	31.1	5.9	0.34	0.57

（续）

（九）油饼类饲料

编号	饲料名称	样品说明	总能量(MJ/kg)	消化能(MJ/kg)	产奶净能(MJ/kg)	奶牛能量单位(NND/kg)	干物质中 粗蛋白质(%)	粗脂肪(%)	粗纤维(%)	无氮浸出物(%)	粗灰分(%)	钙(%)	磷(%)
5-10-602	豆饼	四川，溶剂法	19.85	18.34	9.17	2.92	51.5	1.0	6.7	34.3	6.5	0.36	0.75
5-10-036	豆饼	河南开封，冷榨	20.92	18.84	9.24	2.94	47.9	6.9	6.2	32.3	6.6	—	—
5-10-037	豆饼	河南开封，热榨	20.86	18.48	9.24	2.94	46.6	6.6	6.0	34.8	6.0	0.49	—
5-10-028	豆饼	吉林，热榨，2样平均值	20.72	18.41	9.21	2.93	46.4	6.0	5.7	36.1	5.8	0.38	0.86
5-10-027	豆饼	黑龙江，机榨，2样平均值	20.88	16.69	8.33	2.65	45.9	6.6	5.5	36.6	5.4	—	—
5-10-039	豆饼	广东，机榨，8样平均值	20.61	18.34	9.16	2.92	47.9	5.5	5.7	34.5	6.4	0.35	0.55
5-10-043	豆饼	13省，机榨，42样平均值	20.68	18.30	9.16	2.91	47.5	6.0	6.3	33.8	6.5	0.35	0.55
5-10-053	胡麻饼	北京，亚麻仁饼，机榨	20.20	17.02	8.49	2.70	39.4	5.6	9.8	39.1	6.1	0.43	0.95
5-10-057	胡麻饼	内蒙古，亚麻仁饼，机榨	20.62	16.22	8.08	2.57	34.4	9.0	12.9	37.0	6.7	0.66	1.07
5-10-603	胡麻饼	黑龙江齐齐哈尔市，亚麻仁饼	20.15	16.41	8.15	2.60	30.6	12.7	11.0	32.9	12.7	—	—
5-10-061	胡麻饼	新疆，机榨，4样平均值	20.17	16.78	8.37	2.66	34.5	8.2	9.0	40.0	8.2	0.8	0.8
5-10-062	胡麻饼	8省市，机榨，11样平均值	20.22	16.72	8.33	2.65	36.0	8.2	10.7	37.0	8.3	0.63	0.84
5-10-064	花生饼	北京，机榨，2样平均值	20.89	18.48	9.25	2.94	46.9	8.3	5.5	31.2	8.1	0.26	0.72
5-10-065	花生饼	河北保定，冷榨	21.31	19.00	9.50	3.03	46.5	7.9	4.3	36.8	4.6	0.35	0.55
5-10-066	花生饼	山东10样平均值	21.73	19.36	9.71	3.09	55.2	8.1	6.0	24.4	6.4	0.34	0.33
5-10-604	花生饼	上海，浸提	19.96	17.92	8.95	2.85	54.2	0.6	6.1	33.0	6.2	—	—

（续）

（九）油饼类饲料

编号	饲料名称	样品说明	总能量 (MJ/kg)	消化能 (MJ/kg)	产奶净能 (MJ/kg)	奶牛能量单位 (NND/kg)	干物质中						
							粗蛋白质 (%)	粗脂肪 (%)	粗纤维 (%)	无氮浸出物 (%)	粗灰分 (%)	钙 (%)	磷 (%)
5-10-605	花生饼	南京	19.44	17.42	8.70	2.77	44.6	4.1	4.1	37.5	9.7	0.37	0.62
5-10-067	花生饼	河南，机榨，6样平均值	21.46	19.21	9.62	3.07	53.9	6.3	5.4	29.5	4.9	0.18	0.64
5-10-072	花生饼	广东9样平均值	21.11	18.95	9.51	3.02	52.5	6.3	4.6	30.4	6.2	0.21	0.69
5-10-606	花生饼	四川，机榨	21.18	17.63	8.78	2.80	49.8	6.4	12.0	25.7	6.2	—	0.62
5-10-607	花生饼	四川，溶剂法	20.43	16.91	8.42	2.68	51.5	1.3	14.1	28.2	4.9	0.22	0.71
5-10-075	花生饼	9省市，机榨，34样平均值	21.38	18.90	9.46	3.01	51.6	7.3	6.5	28.6	6.0	0.27	0.58
5-10-077	米糠饼	上海，脱脂米糠	18.16	12.88	6.32	2.02	17.5	7.6	10.2	52.8	11.9	—	—
5-10-608	米糠饼	广州	19.00	13.22	6.49	2.07	18.5	11.3	12.2	45.2	12.7	—	—
5-10-083	米糠饼	云南，浸提	17.10	11.92	5.82	1.86	16.6	1.8	13.3	57.8	10.5	0.16	1.13
5-10-084	米糠饼	7省市，机榨，13样平均值	18.34	13.09	6.44	2.05	16.8	8.0	9.8	54.4	11.0	0.13	0.2
5-10-609	棉籽饼	上海	18.63	11.37	5.52	1.77	24.5	1.4	24.4	43.4	6.3	0.92	0.75
5-10-610	棉籽饼	上海，去壳浸提，2样平均值	19.54	16.02	7.96	2.54	44.6	2.4	11.8	33.0	8.3	0.26	2.28
5-10-101	棉籽饼	湖南，土榨，棉绒较多	20.17	12.42	6.11	1.94	23.1	7.2	25.2	39.8	4.7	0.28	0.59
5-10-611	棉籽饼	四川去壳，浸提	19.62	16.04	7.99	2.54	44.3	1.5	13.0	34.5	6.7	0.17	1.3
5-10-612	棉籽饼	4省市，去壳，机榨，6样平均值	20.09	16.47	8.20	2.61	36.3	6.4	11.9	38.5	6.9	0.3	0.9
5-10-110	向日葵粕	北京，去壳浸提	20.14	14.85	7.37	2.34	49.8	2.6	12.7	27.5	7.3	0.57	0.38
5-10-613	向日葵饼	内蒙古	19.65	10.42	5.06	1.61	18.6	4.4	42.0	29.8	5.1	0.43	1.01

（续）

（九）油饼类饲料

编号	饲料名称	样品说明	总能量(MJ/kg)	消化能(MJ/kg)	产奶净能(MJ/kg)	奶牛能量单位(NND/kg)	干物质中						
							粗蛋白质(%)	粗脂肪(%)	粗纤维(%)	无氮浸出物(%)	粗灰分(%)	钙(%)	磷(%)
5-10-113	向日葵粕	吉林，带壳，复浸	19.32	10.96	5.30	1.70	34.7	1.3	24.6	33.0	6.4	0.31	0.91
5-10-124	椰子饼	广东	21.11	15.41	7.65	2.44	18.4	16.7	15.9	40.8	8.2	0.04	0.21
5-10-126	玉米胚芽饼	北京	19.77	15.83	7.88	2.51	18.8	6.0	16.0	57.3	1.8	0.05	0.53
5-10-614	芝麻饼	广西，片状	20.25	16.63	8.28	2.64	42.6	9.0	7.2	29.1	11.3	—	—
5-10-147	芝麻饼	河南，南阳	20.78	17.11	8.54	2.72	42.6	11.2	7.8	27.1	11.3	2.48	1.29
5-10-138	芝麻饼	10省市，机榨，13样平均值	20.16	16.68	8.31	2.65	45.3	9.9	6.5	24.1	14.1	2.52	0.87

（十）糟渣类饲料

编号	饲料名称	样品说明	总能量(MJ/kg)	消化能(MJ/kg)	产奶净能(MJ/kg)	奶牛能量单位(NND/kg)	干物质中						
							粗蛋白质(%)	粗脂肪(%)	粗纤维(%)	无氮浸出物(%)	粗灰分(%)	钙(%)	磷(%)
1-11-601	豆腐渣	广州，黄豆	20.75	18.04	9.00	2.87	30.7	5.0	23.8	39.6	1.0	0.50	0.30
1-11-602	豆腐渣	2省市4样平均值	20.64	17.72	8.82	2.82	30.0	7.3	19.1	40.0	0.9	0.45	0.27
1-11-032	粉渣	北京，绿豆粉渣	18.36	13.64	6.74	2.14	15.0	0.7	20.0	62.1	2.1	0.43	0.21
4-11-046	粉渣	河北石家庄，玉米粉渣	19.06	16.80	8.40	2.67	10.7	6.0	9.3	72.7	1.3	0.07	0.33
4-11-603	粉渣	上海，玉米淀粉渣	18.73	14.27	7.08	2.25	11.2	3.4	15.7	68.5	1.1	0.34	0.56
4-11-058	粉渣	玉米粉渣，6省7样平均值	18.62	16.40	8.16	2.60	12.0	4.7	9.3	71.3	2.7	0.13	0.13

（续）

（十）糟渣类饲料

编号	饲料名称	样品说明	总能量 (MJ/kg)	消化能 (MJ/kg)	产奶净能 (MJ/kg)	奶牛能量单位 (NND/kg)	干物质中						
							粗蛋白质 (%)	粗脂肪 (%)	粗纤维 (%)	无氮浸出物 (%)	粗灰分 (%)	钙 (%)	磷 (%)
1-11-044	粉渣	湖南、玉米蚕豆粉渣	18.18	11.98	5.87	1.87	9.3	1.3	30.0	55.3	4.0	0.87	0.13
1-11-063	粉渣	云南南涧、蚕豆粉渣	18.50	11.17	5.44	1.73	14.7	0.7	35.3	45.3	4.0	0.47	0.07
1-11-048	粉渣	河南郑州郊区、豌豆粉渣	17.78	11.98	5.87	1.87	23.3	10.0	18.0	27.3	21.3	0.87	—
1-11-059	粉渣	重庆、豌豆粉渣	18.55	12.90	6.36	2.02	14.1	1.0	25.3	57.6	2.0	0.51	0.20
4-11-032	粉渣	福建南安、甘薯粉渣	17.29	15.20	7.53	2.40	2.0	2.0	5.3	88.7	2.0	—	—
1-11-040	粉渣	贵州、巴山豆粉渣	18.35	15.11	7.49	2.39	15.6	0.9	20.2	60.6	2.8	—	—
4-11-069	粉渣	马铃薯粉渣、3省 3样平均值	17.54	12.38	6.07	1.93	6.7	2.7	8.7	78.0	4.0	0.40	0.27
4-11-073	粉浆	上海、玉米粉浆	20.67	18.81	9.41	3.00	15.0	15.0	5.0	60.0	5.0	—	0.50
5-11-083	酱油渣	重庆、黄豆2份麸1份	21.17	13.64	6.74	2.14	31.7	8.9	15.2	41.5	2.7	0.49	0.13
5-11-080	酱油渣	宁夏银川、豆饼3份麸2份	22.56	17.10	8.54	2.72	29.2	18.5	13.6	32.5	6.2	0.45	0.12
5-11-103	酒糟	吉林、高粱酒糟	20.01	16.08	8.01	2.55	24.7	11.1	9.0	46.7	8.5	—	—
5-11-098	酒糟	江西、米酒糟	21.81	17.66	8.82	2.81	29.6	15.8	5.4	43.8	5.4	—	—
4-11-096	酒糟	河南淮阳、甘薯干	15.47	9.85	4.77	1.51	16.3	4.9	16.9	37.1	24.9	3.26	0.29
1-11-093	酒糟	湖南、甘薯稻谷	14.21	3.65	1.51	0.49	8.0	1.7	21.4	43.4	25.4	0.63	0.34
4-11-113	酒糟	四川乐山、玉米加15%谷壳	19.77	12.78	6.28	2.00	18.3	9.7	14.3	51.4	6.3	0.26	0.02
4-11-092	酒糟	贵州、玉米酒糟	20.31	13.07	6.44	2.05	19.0	10.5	11.0	55.7	3.8	—	—
4-11-604	木薯渣	广州、风干样	17.52	14.97	7.41	2.36	3.3	2.3	6.2	86.5	1.8	0.35	0.02

（续）

（十）糟渣类饲料

编号	饲料名称	样品说明	总能量 (MJ/kg)	消化能 (MJ/kg)	产奶净能 (MJ/kg)	奶牛能量单位 (NND/kg)	干物质中						
							粗蛋白质 (%)	粗脂肪 (%)	粗纤维 (%)	无氮浸出物 (%)	粗灰分 (%)	钙 (%)	磷 (%)
1-11-605	啤酒糟	上海	18.06	14.36	7.11	2.26	28.7	11.3	18.3	37.4	4.3	0.52	0.35
5-11-606	啤酒糟	哈尔滨	19.91	12.69	6.23	1.99	26.5	4.4	16.9	46.3	5.9	0.44	0.59
5-11-607	啤酒糟	2省市3样平均值	20.37	13.87	6.82	2.18	29.1	8.1	16.7	40.6	5.6	0.38	0.77
1-11-608	甜菜渣	北京	15.00	12.62	6.19	1.97	8.6	0.7	18.4	53.3	19.1	0.72	0.13
1-11-609	甜菜渣	黑龙江	16.07	12.21	5.98	1.90	10.7	1.2	31.0	40.5	16.7	0.95	0.60
1-11-610	甜菜渣	黑龙江	16.36	12.59	6.19	1.97	11.5	0.8	31.1	41.8	14.8	0.98	0.08
5-11-146	饴糖渣	内蒙古	21.78	15.47	7.66	2.45	33.2	13.5	9.2	39.3	4.8	0.44	0.70
5-11-147	饴糖渣	四川双流，大米95% 大麦5%	20.11	14.33	7.07	2.26	31.0	5.3	2.2	60.2	1.3	0.04	0.18
4-11-148	饴糖渣	重庆、玉米	19.65	13.22	6.49	2.07	8.5	8.5	10.4	72.0	0.6	0.12	—
5-11-611	饴糖渣	湖南、麦芽糖渣	18.77	13.42	6.61	2.11	31.6	5.6	14.4	36.1	12.6	—	0.60

（十一）矿物质饲料

编号	饲料名称	样品说明	干物质 (%)	钙 (%)	磷 (%)
6-14-001	白云石	北京	—	21.16	0
6-14-032	磷酸钙	北京、脱氟	—	27.91	14.38
6-14-035	磷酸氢钙	云南、脱氟	99.8	21.85	8.64
6-14-037	马牙石	云南昆明	风干	38.38	0

（续）

（十一）矿物质饲料

编号	饲料名称	样品说明	干物质（%）	钙（%）	磷（%）
6-14-038	石粉	河南南阳，白色	97.1	39.49	—
6-14-039	石粉	河南大理石、灰色	99.1	32.54	—
6-14-040	石粉	广东	风干	42.12	微
6-14-041	石粉	广东	风干	55.67	0.11
6-14-042	石粉	云南昆明	92.1	33.98	0
6-14-044	石灰石	吉林	99.7	32.00	—
6-14-045	石灰石	吉林九台	99.9	24.48	—
6-14-046	碳酸钙	浙江湖州，轻质碳酸钙	99.1	35.19	0.14
6-14-034	磷酸氢钙	四川	风干	23.20	18.60

附录三 肉用蜀宣花牛常用饲料成分与营养价值表

（一）青绿饲料

编号	饲料名称	样品说明	干物质(%)	粗蛋白质(%)	粗脂肪(%)	粗纤维(%)	无氮浸出物(%)	粗灰分(%)	钙(%)	磷(%)	消化能(MJ/kg)	综合净能(MJ/kg)	肉牛能量单位(RND/kg)
2-01-610	大麦青割	北京，5月上旬	15.7	2.0	0.5	4.7	6.9	1.6	—	—	1.80	0.86	0.11
			100.0	12.7	3.2	29.9	43.9	10.2	—	—	11.45	5.48	0.68
2-01-072	甘薯藤	11省市，15样平均值	13.0	2.1	0.5	2.5	6.2	1.7	0.20	0.05	1.37	0.63	0.08
			100.0	16.2	3.8	19.2	47.7	13.1	1.54	0.38	10.55	4.85	0.60
2-01-632	黑麦草	北京，帕克意大利黑麦草	18.0	3.3	0.6	4.2	7.6	2.3	0.13	0.05	2.22	1.11	0.14
			100.0	18.3	3.3	23.3	42.2	12.8	0.72	0.28	12.33	6.17	0.76
2-01-645	苜蓿	北京，盛花期	26.2	3.8	0.3	9.4	10.8	1.9	0.34	0.01	2.42	1.02	0.13
			100	14.5	1.1	35.9	41.2	7.3	1.30	0.04	9.22	3.87	0.48
2-01-655	沙打旺	北京	14.9	3.5	0.5	2.3	6.6	2.0	0.20	0.05	1.75	0.85	0.10
			100.0	23.5	3.4	15.4	44.3	13.4	1.34	0.34	11.76	5.56	0.70
2-01-664	象草	广东湛江	20.0	2.0	0.6	7.0	9.4	1.0	0.15	0.02	2.23	1.02	0.13
			100.0	10.0	3.0	35.0	47.0	5.0	0.25	0.10	11.13	5.12	0.63
2-01-679	野青草	黑龙江	18.9	3.2	1.0	5.7	7.4	1.6	0.24	0.03	2.06	0.93	0.12
			100.0	16.9	5.3	30.2	39.2	8.5	1.27	0.16	10.92	4.93	0.61
2-01-677	野青草	北京，狗尾巴草为主	25.3	1.7	0.7	7.1	13.3	2.5	—	0.12	2.53	1.14	0.14
			100.0	6.7	2.8	28.1	52.6	9.9	—	0.47	10.01	4.50	0.56
3-03-605	玉米青贮	4省市5样平均值	22.7	1.6	0.6	6.9	11.6	2.0	0.10	0.06	2.25	1.00	0.12
			100.0	7.0	2.6	30.4	51.1	8.8	0.44	0.26	9.90	4.40	0.54

（续）

（一）青绿饲料

编号	饲料名称	样品说明	干物质(%)	粗蛋白质(%)	粗脂肪(%)	粗纤维(%)	无氮浸出物(%)	粗灰分(%)	钙(%)	磷(%)	消化能(MJ/kg)	综合净能(MJ/kg)	肉牛能量单位(RND/kg)
3-03-025	玉米青贮	吉林双阳，收获后干贮	25.0	1.4	0.3	8.7	12.5	1.9	0.10	0.02	1.70	0.61	0.08
			100.0	5.6	1.2	35.6	50.0	7.6	0.40	0.08	6.78	2.44	0.30
3-03-606	玉米大豆青贮	北京	21.8	2.1	0.5	6.9	8.1	4.1	0.15	0.06	2.20	1.05	0.13
			100.0	9.6	2.3	31.7	37.6	18.8	0.69	0.28	10.09	4.82	0.60
3-03-601	冬大麦青贮	北京，7样品平均值	22.2	2.6	0.7	6.6	9.5	2.8	0.05	0.03	2.47	1.18	0.15
			100.0	11.7	3.2	29.7	42.8	12.6	0.23	0.14	11.14	5.33	0.66
3-03-011	胡萝卜叶青贮	青海西宁，起苔	19.7	3.1	1.3	5.7	4.8	4.8	0.35	0.03	2.01	0.95	0.12
			100.0	15.7	6.6	28.9	24.4	24.4	1.78	0.15	10.18	4.81	0.60
3-03-005	苜蓿青贮	青海西宁，盛花期	33.7	5.3	1.4	12.8	10.3	3.9	0.50	0.10	3.13	1.32	0.16
			100.0	15.7	4.2	38.0	30.6	11.6	1.48	0.30	9.29	3.93	0.49
3-03-021	甘薯蔓青贮	上海	18.3	1.7	1.1	4.5	7.3	3.7	—	—	1.53	0.64	0.08
			100.0	9.3	6.0	24.6	39.9	20.2	—	—	8.38	3.52	0.44
3-03-021	甜菜叶青贮	吉林	37.5	4.6	2.4	7.4	14.6	8.5	0.39	0.10	4.26	2.14	0.26
			100.0	12.3	6.4	19.7	38.9	22.7	1.04	0.27	11.36	5.69	0.70

（二）块根、块茎、瓜果类饲料

编号	饲料名称	样品说明	干物质(%)	粗蛋白质(%)	粗脂肪(%)	粗纤维(%)	无氮浸出物(%)	粗灰分(%)	钙(%)	磷(%)	消化能(MJ/kg)	综合净能(MJ/kg)	肉牛能量单位(RND/kg)
4-04-601	甘薯	北京	24.6	1.1	0.2	0.8	21.2	1.3	—	0.07	3.70	2.07	0.26
			100.0	4.5	0.8	3.3	86.3	5.3	—	0.28	15.05	8.43	1.04
4-04-200	甘薯	7省市8样品平均值	25.0	1.0	0.3	0.9	22.0	0.8	0.13	0.05	3.83	2.14	0.26
			100.0	4.0	1.2	3.6	88.0	3.2	0.53	0.21	15.32	8.55	1.06

（续）

（二）块根、块茎、瓜果类饲料

编号	饲料名称	样品说明	干物质（%）	粗蛋白质（%）	粗脂肪（%）	粗纤维（%）	无氮浸出物（%）	粗灰分（%）	钙（%）	磷（%）	消化能（MJ/kg）	综合净能（MJ/kg）	肉牛能量单位（RND/kg）
4-04-603	胡萝卜	张家口	9.3	0.8	0.2	0.8	6.8	0.7	0.05	0.03	1.45	0.82	0.10
			100.0	8.6	2.2	8.6	73.1	7.5	0.54	0.32	15.60	8.87	1.10
4-04-208	胡萝卜	12省市13样品平均值	12.0	1.1	0.3	1.2	8.4	1.0	0.15	0.09	1.85	1.05	0.13
			100.0	9.2	2.5	10.0	70.0	8.3	1.25	0.75	15.44	8.73	1.08
4-04-211	马铃薯	10省市10样品平均值	22.0	1.6	0.1	0.7	18.7	0.9	0.02	0.03	3.29	1.82	0.23
			100.0	7.5	0.5	3.2	85.0	4.1	0.09	0.14	14.97	8.28	1.02
4-04-213	甜菜	8省市9样品平均值	15.0	2.0	0.4	1.7	9.1	1.8	0.06	0.04	1.94	1.01	0.12
			100.0	13.3	2.7	11.3	60.7	12.0	0.40	0.27	12.93	6.71	0.83
4-04-611	甜菜丝干	北京	88.6	7.3	0.6	19.6	56.6	4.5	0.66	0.07	12.25	6.49	0.80
			100.0	8.2	0.7	22.1	63.9	5.1	0.74	0.08	13.82	7.33	0.91
4-04-215	芜菁甘蓝	3省市5样品平均值	10.0	1.0	0.2	1.3	6.7	0.8	0.06	0.02	1.58	0.91	0.11
			100.0	10.0	2.0	13.0	67.0	8.0	0.60	0.20	15.80	9.05	1.12

（三）青干草类饲料

编号	饲料名称	样品说明	干物质（%）	粗蛋白质（%）	粗脂肪（%）	粗纤维（%）	无氮浸出物（%）	粗灰分（%）	钙（%）	磷（%）	消化能（MJ/kg）	综合净能（MJ/kg）	肉牛能量单位（RND/kg）
1-05-645	羊草	黑龙江、4样品平均值	91.6	7.4	3.6	29.4	46.6	4.6	0.37	0.18	8.78	3.70	0.46
			100.0	8.1	3.9	32.1	50.9	5.0	0.40	0.20	9.59	4.04	0.50
1-05-622	苜蓿干草	北京、苏联苜蓿2号	92.4	16.8	1.3	29.5	34.5	10.3	1.95	0.28	9.79	4.51	0.56
			100.0	18.2	1.4	31.9	37.3	11.1	2.11	0.30	10.59	4.89	0.60
1-05-625	苜蓿干草	北京、下等	88.7	11.6	1.2	43.3	25.0	7.6	1.24	0.39	7.67	3.13	0.39
			100.0	13.1	1.4	48.8	28.2	8.6	1.40	0.44	8.64	3.53	0.44

（续）

（三）青干草类饲料

编号	饲料名称	样品说明	干物质(%)	粗蛋白质(%)	粗脂肪(%)	粗纤维(%)	无氮浸出物(%)	粗灰分(%)	钙(%)	磷(%)	消化能(MJ/kg)	综合净能(MJ/kg)	肉牛能量单位(RND/kg)
1-05-646	野干草	北京，秋白草	85.2	6.8	1.1	27.5	40.1	9.6	0.41	0.31	7.86	3.43	0.42
			100.0	8.0	1.3	32.3	47.1	11.4	0.48	0.36	9.22	4.03	0.50
1-05-071	野干草	河北，野草	87.9	9.3	3.9	25.0	44.2	5.5	0.33	—	8.42	3.54	0.44
			100.0	10.6	4.4	28.4	50.3	6.3	0.38	—	9.58	4.03	0.50
1-05-607	黑麦草	吉林	87.8	17.0	4.9	20.4	34.3	11.2	0.39	0.24	10.42	5.00	0.62
			100.0	19.4	5.6	23.2	39.1	12.8	0.44	0.27	11.86	5.70	0.71
1-05-617	碱草	内蒙古，结实期	91.7	7.4	3.1	41.3	32.5	7.4	—	—	6.54	2.37	0.29
			100.0	8.1	3.4		35.4	8.1	—	—	7.14	2.58	0.32
1-05-606	大米草	江苏，整株	83.2	12.8	2.7	30.3	25.4	12.0	0.42	0.02	7.65	3.29	0.41
			100.0	15.4	3.2	36.5	30.5	14.4	0.50	0.02	9.19	3.95	0.49

（四）农副产品类饲料

编号	饲料名称	样品说明	干物质(%)	粗蛋白质(%)	粗脂肪(%)	粗纤维(%)	无氮浸出物(%)	粗灰分(%)	钙(%)	磷(%)	消化能(MJ/kg)	综合净能(MJ/kg)	肉牛能量单位(RND/kg)
1-06-062	玉米秸	辽宁，3样品平均值	90.0	5.9	0.9	24.9	50.2	8.1	—	—	5.83	2.53	0.31
			100.0	6.6	1.0	27.7	55.8	9.0	—	—	6.48	2.81	0.35
1-06-622	小麦秸	新疆，墨西哥种	89.6	5.6	1.6	31.9	41.1	9.4	0.05	0.06	5.32	1.96	0.24
			100.0	6.3	1.8	35.6	45.9	10.5	0.06	0.07	5.93	2.18	0.27
1-06-620	小麦秸	北京，冬小麦	43.5	4.4	0.6	15.7	18.1	4.7	—	—	2.54	0.91	0.11
			100.0	10.1	1.4	36.1	41.6	10.8	—	—	5.85	2.10	0.26
1-06-009	稻草	浙江，晚稻	89.4	2.5	1.7	24.1	48.8	12.3	0.07	0.05	4.84	1.92	0.24
			100.0	2.8	1.9	27.0	54.6	13.8	0.08	0.06	5.42	2.16	0.27

（续）

（四）农副产品类饲料

编号	饲料名称	样品说明	干物质（%）	粗蛋白质（%）	粗脂肪（%）	粗纤维（%）	无氮浸出物（%）	粗灰分（%）	钙（%）	磷（%）	消化能（MJ/kg）	综合净能（MJ/kg）	肉牛能量单位（RND/kg）
1-06-611	稻草	河南	90.3	6.2	1.0	27.0	37.3	18.6	0.56	0.17	4.64	1.79	0.22
			100.0	6.9	1.3	29.9	41.3	20.6	0.62	0.19	5.17	1.99	0.25
1-06-615	谷草	黑龙江粟秸秆2 样品平均值	90.7	4.5	1.2	32.6	44.2	8.2	0.34	0.03	6.33	2.71	0.34
			100.0	5.0	1.3	35.9	48.7	9.0	0.37	0.03	6.98	2.99	0.37
1-06-100	甘薯蔓	7省市31样品平均值	88.0	8.1	2.7	28.5	39.0	9.7	1.55	0.11	7.53	3.28	0.41
			100.0	9.2	3.1	32.4	44.3	11.0	1.76	0.13	8.69	3.78	0.47
1-06-617	花生蔓	山东、伏花生	91.3	11.0	1.5	29.6	41.3	7.9	2.46	0.04	9.48	4.31	0.53
			100.0	12.0	1.6	32.4	45.2	8.7	2.69	0.04	10.39	4.72	0.58

（五）谷实类饲料

编号	饲料名称	样品说明	干物质（%）	粗蛋白质（%）	粗脂肪（%）	粗纤维（%）	无氮浸出物（%）	粗灰分（%）	钙（%）	磷（%）	消化能（MJ/kg）	综合净能（MJ/kg）	肉牛能量单位（RND/kg）
4-07-263	玉米	23省市120样品平均值	88.4	8.6	3.5	2.0	72.9	1.4	0.08	0.21	14.47	8.06	1.00
			100.0	9.7	4.4	2.3	82.5	1.6	0.09	0.24	16.36	9.12	1.13
4-07-194	玉米	北京、黄玉米	88.0	8.5	4.3	1.3	72.2	1.7	0.02	0.21	14.87	8.40	1.04
			100.0	9.7	4.9	1.5	82.0	1.9	0.02	0.24	16.90	9.55	1.18
4-07-104	高粱	17省市38样品平均值	89.3	8.7	3.3	2.2	72.9	2.2	0.09	0.28	13.31	7.08	0.88
			100.0	9.7	3.7	2.5	81.6	2.5	0.10	0.31	14.90	7.93	0.98
4-07-605	高粱	北京、红高粱	87.0	8.5	3.6	1.5	71.3	2.1	0.09	0.36	13.09	6.98	0.86
			100.0	9.8	4.1	1.7	82.0	2.4	0.10	0.41	15.04	8.02	0.99
4-07-022	大麦	20省市49样品平均值	88.8	10.8	2.0	4.7	68.1	3.2	0.12	0.29	13.31	7.19	0.89
			100.0	12.1	2.3	5.3	76.7	3.6	0.14	0.33	14.99	8.10	1.00

（续）

（五）谷实类饲料

编号	饲料名称	样品说明	干物质（%）	粗蛋白质（%）	粗脂肪（%）	粗纤维（%）	无氮浸出物（%）	粗灰分（%）	钙（%）	磷（%）	消化能（MJ/kg）	综合净能（MJ/kg）	肉牛能量单位（RND/kg）
4-07-074	稻谷	9省市34样品稻粕平均值	90.6	8.3	1.5	8.5	67.5	4.8	0.13	0.28	13.00	6.98	0.86
			100.0	9.2	1.7	9.4	74.5	5.3	0.14	0.31	14.35	7.71	0.95
4-07-188	燕麦	11省市17样品平均值	90.3	11.6	5.2	8.9	60.7	3.9	0.15	0.33	13.28	6.95	0.86
			100.0	12.8	5.8	9.9	67.2	4.3	0.17	0.37	14.70	7.70	0.95
4-07-164	小麦	15省市28样品平均值	91.8	12.1	1.8	2.4	73.2	2.3	0.11	0.36	14.82	8.29	1.03
			100.0	13.2	2.0	2.6	79.7	2.5	0.12	0.39	16.14	9.03	1.12

（六）糠麸类饲料

编号	饲料名称	样品说明	干物质（%）	粗蛋白质（%）	粗脂肪（%）	粗纤维（%）	无氮浸出物（%）	粗灰分（%）	钙（%）	磷（%）	消化能（MJ/kg）	综合净能（MJ/kg）	肉牛能量单位（RND/kg）
4-08-078	小麦麸	全国15样品平均值	88.6	14.4	3.7	9.2	56.2	5.1	0.18	0.78	11.37	5.86	0.73
			100.0	16.3	4.2	10.4	63.4	5.8	0.20	0.88	13.24	6.61	0.82
4-08-049	小麦麸	山东，39样品平均值	89.3	15.0	3.2	10.3	55.4	5.4	0.14	0.54	11.47	5.66	0.70
			100.0	16.8	3.6	11.5	62.0	6.0	0.16	0.60	12.84	6.33	0.78
4-08-094	玉米皮	北京	87.9	10.17	4.9	13.8	57.0	2.1	—	—	10.12	4.59	0.57
			100.0	11.5	5.6	15.7	64.8	2.4	—	—	11.54	5.22	0.65
4-08-030	米糠	4省市13样品平均值	90.2	12.1	15.5	9.2	43.3	10.1	0.14	1.04	13.93	7.22	0.89
			100.0	13.4	17.2	10.2	48.0	11.2	0.16	1.15	15.44	8.00	0.99
4-08-016	高粱糠	2省市8样品平均值	91.1	9.6	9.1	4.0	63.5	4.9	0.07	0.81	14.02	7.40	0.92
			100.0	10.5	10.0	4.4	69.7	5.4	0.08	0.89	15.40	8.13	1.01
4-08-603	黄面粉	北京，土面粉	87.2	9.5	0.7	1.3	74.3	1.4	0.08	0.44	14.24	8.08	1.00
			100.0	10.9	0.8	1.5	85.2	1.6	0.09	0.50	16.33	9.26	1.15

（续）

（六）糠麸类饲料

编号	饲料名称	样品说明	干物质(%)	粗蛋白质(%)	粗脂肪(%)	粗纤维(%)	无氮浸出物(%)	粗灰分(%)	钙(%)	磷(%)	消化能(MJ/kg)	综合净能(MJ/kg)	肉牛能量单位(RND/kg)
4-08-001	大豆皮	北京	91.0	18.8	2.6	25.4	39.4	5.1	—	0.35	11.25	5.40	0.67
			100.0	20.7	2.9	27.6	43.3	5.6	—	0.38	12.36	5.94	0.74

（七）饼粕类饲料

编号	饲料名称	样品说明	干物质(%)	粗蛋白质(%)	粗脂肪(%)	粗纤维(%)	无氮浸出物(%)	粗灰分(%)	钙(%)	磷(%)	消化能(MJ/kg)	综合净能(MJ/kg)	肉牛能量单位(RND/kg)
5-10-043	豆饼	13省，机榨42样品 平均值	90.6	43.0	5.4	5.7	30.6	5.9	0.32	0.50	14.31	7.41	0.92
			100.0	47.5	6.0	6.3	33.8	6.5	0.35	0.55	15.80	8.17	1.01
5-10-602	豆饼	四川，溶剂法	89.0	45.8	0.9	6.0	30.5	5.8	0.32	0.67	13.48	6.97	0.86
			100.0	51.2	1.0	6.7	34.3	6.5	0.36	0.75	15.15	7.83	0.97
5-10-022	菜籽饼	13省市，机榨21样品 平均值	92.2	36.4	7.8	10.7	29.3	8.0	0.73	0.95	13.52	6.77	0.84
			100.0	39.5	8.5	11.6	31.3	8.7	0.79	1.03	14.66	7.35	0.91
5-10-062	胡麻饼	8省市，机榨11样品 平均值	92.0	33.1	7.5	9.8	34.0	7.6	0.58	0.77	13.76	7.01	0.87
			100.0	36.0	8.2	10.7	37.0	8.3	0.63	0.84	14.95	7.62	0.94
5-10-075	花生饼	9省市，机榨34样品 平均值	89.9	46.4	6.6	5.8	25.7	5.4	0.24	0.52	14.44	7.41	0.92
			100.0	51.6	7.3	6.5	28.6	6.0	0.27	0.58	16.06	8.24	1.02
5-10-610	棉籽饼	上海，去壳浸2样品 平均值	88.3	39.4	2.1	10.4	29.1	7.3	0.23	2.01	12.05	5.95	0.74
			100.0	44.6	2.4	11.8	33.0	8.3	0.26	2.28	13.65	6.74	0.83
5-10-612	棉籽饼	4省市，机榨6样品 平均值	89.6	32.5	5.7	10.7	34.5	6.2	0.27	0.81	13.11	6.62	0.82
			100.0	36.3	6.4	11.9	38.5	6.9	0.30	0.90	14.63	7.39	0.92
5-10-110	向日葵饼	北京，去壳浸提	92.6	46.1	2.4	11.8	25.5	6.8	0.53	0.35	10.97	4.93	0.61
			100.0	49.8	2.6	12.7	27.5	7.4	0.57	0.38	11.84	5.32	0.66

（续）

（八）槽渣类饲料

编号	饲料名称	样品说明	干物质(%)	粗蛋白质(%)	粗脂肪(%)	粗纤维(%)	无氮浸出物(%)	粗灰分(%)	钙(%)	磷(%)	消化能(MJ/kg)	综合净能(MJ/kg)	肉牛能量单位(RND/kg)
5-11-103	酒糟	吉林, 高粱酒糟	37.7	9.3	4.2	3.4	17.6	3.2	—	—	5.83	3.03	0.38
			100.0	24.7	11.1	9.0	46.7	8.5	—	—	15.46	8.05	1.00
4-11-092	酒糟	贵州, 玉米酒糟	21.0	4.0	2.2	2.3	11.7	0.8	—	—	2.69	1.25	0.15
			100.0	19.0	10.5	11.0	55.7	3.4	—	—	12.89	5.94	0.73
4-11-058	粉渣	玉米粉渣, 6省市7样品平均值	15.0	2.8	0.7	1.4	10.7	0.4	0.02	0.02	2.41	1.33	0.16
			100.0	12.0	4.7	9.3	71.3	2.7	0.13	0.13	16.1	8.86	1.10
4-11-069	粉渣	马铃薯粉渣, 3省3品平均值	15.0	1.0	0.4	1.3	11.7	0.6	0.06	0.04	1.90	0.94	0.12
			100.0	6.7	2.7	8.7	78.0	4.0	0.40	0.27	12.67	6.29	0.78
5-11-607	啤酒糟	2省3样品平均值	23.4	6.8	1.9	3.9	9.5	1.3	0.09	0.18	2.98	1.38	0.17
			100.0	29.1	8.1	16.7	40.6	5.6	0.38	0.77	12.27	5.91	0.73
1-11-609	甜菜渣	黑龙江	8.4	0.9	0.1	2.6	3.4	1.4	0.08	0.05	1.00	0.52	0.06
			100.0	10.7	1.2	31.0	40.5	16.7	0.95	0.60	11.92	6.17	0.76
1-11-602	豆腐渣	2省市, 4样品平均值	11.0	3.3	0.8	2.1	4.4	0.4	0.05	0.03	1.77	0.93	0.12
			100.0	30.0	7.3	19.1	40.0	3.6	0.45	0.27	16.09	8.49	1.05
5-11-080	酱油渣	宁夏银川, 豆饼3份, 麸皮2份	24.3	7.1	4.5	3.3	7.9	1.5	0.11	0.03	3.62	1.73	0.21
			100.0	29.2	18.5	13.6	32.5	6.2	0.45	0.12	14.89	7.14	0.88

（九）矿物质类饲料

编号	饲料名称	样品说明	干物质(%)	钙(%)	磷(%)
6-14-034	磷酸氢钙	四川	风干	23.20	18.60
6-14-001	白云石	北京	风干	21.16	0
6-14-032	磷酸钙	北京、脱氟	—	27.91	14.38

（续）

（九）矿物质类饲料

编号	饲料名称	样品说明	干物质（%）	钙（%）	磷（%）
6-14-035	磷酸氢钙	云南、脱氟	99.8	21.85	8.64
6-14-037	马牙石	云南昆明	风干	38.38	0
6-14-038	石粉	河南南阳、白色	97.1	39.49	—
6-14-039	石粉	河南大理石、灰色	99.1	32.54	—
6-14-040	石粉	广东	风干	42.12	微
6-14-041	石粉	广东	风干	55.67	0.11
6-14-042	石粉	云南昆明	92.1	33.98	0
6-14-044	石灰石	吉林	99.7	32.00	—
6-14-045	石灰石	吉林九台	99.9	24.48	—
6-14-046	碳酸钙	浙江湖州、轻质碳酸钙	99.1	35.19	0.14

后记

　　蜀宣花牛是由四川省畜牧科学研究院主持，会同四川省宣汉县农业局（原畜牧食品局）及四川省畜禽改良总站的科技工作者，历时 30 多年选育而成。蜀宣花牛经引种杂交形成杂种群，导血和横交选育，建立新品种种群及世代选育三个阶段，按照既定的育种方向和目标，有计划持续系统性进行；采用杂交育种和世代选育方法进行开放核心群选育，将传统的动物育种技术与现代繁殖育种技术及分子生物技术相结合，构建湿热条件下以散户养殖为主的乳肉兼用型牛育种选择体系，解决多品种杂种牛群整齐度和多性状间协同育种等技术难题，建立蜀宣花牛开放核心群选择体系，加快育种进展，通过育种群及育种体系建设，优秀种公牛选择与培育生产性能系统测定，配套饲养技术研发集成等研究工作的实施，培育出适合四川乃至我国南方地区高温（低温）、高湿和农区较粗放条件下饲养的乳肉兼用新品种。其丰富了我国的牛种资源，为四川乃至全国类似地区养牛业发展壮大提供新型牛种，并通过扩繁推广，缓解我国养牛业发展中品种制约的瓶颈问题，为养牛业深化发展和缓解我国肉牛业效益不高等问题奠定坚实的种源基础。

蜀宣花牛新品种的培育成功，对推动节粮型畜牧业和农业循环经济发展，促进畜牧业内部结构优化调整，缓解"人畜争食"矛盾，提升养牛生产技术水平，满足市场对牛奶、牛肉等优质动物食品的多元化需求，振兴农村经济，多渠道增加农民收入，实现资源节约型、环境友好型新农村建设目标等都具有重要的现实和长远意义。

本书从蜀宣花牛的品种形成、品种特征和生产性能、品种选育、繁殖技术、营养与常用饲料、品种饲养管理、疾病防控、养殖场建设与环境控制、主要产品及加工等方面的内容，为蜀宣花牛的选育提高和推广、配套技术的科学运用提供重要的理论依据。

作者把他们在本领域的最新研究成果归纳总结到此书中，在编写过程中注重科学性、资料性和新颖性，突出综合分析性，使本书成为一部既具前瞻性，又具知识性、实用性的专著。是从事蜀宣花牛养殖者的指南，同时可供政府相关管理部门人员、高等学校和科研院所等科研人员等，进行政策制定和科学研究参考使用。

中国畜牧业协会牛业分会会长　　许尚忠
中国农业科学院研究员

2019 年 6 月

图书在版编目（CIP）数据

蜀宣花牛/王淮主编 . —北京：中国农业出版社，
2019.12
（中国特色畜禽遗传资源保护与利用丛书）
国家出版基金项目
ISBN 978-7-109-25537-1

Ⅰ.①蜀…　Ⅱ.①王…　Ⅲ.①黑白花牛－饲养管理
Ⅳ.①S823.9

中国版本图书馆 CIP 数据核字（2019）第 100776 号

内容提要：该书从蜀宣花牛的品种形成、品种特征和生产性能、品种选育、繁殖技术、营养需要与饲草料调剂、牧草栽培及加工、饲养管理、疫病防控、牛场建设与环境保护、主要产品及加工 10 个方面详细介绍了蜀宣花牛产业科学理论基础知识、养牛实践经验和实用技术，以及在科学研究中形成的科学、规范、标准、可操作性实施方案。实施方案针对大巴山区中亚热带湿润季风气候区及"立体"气候明显的环境条件，按照我国农业结构调整及供给侧需求、绿色发展的要求，以提高蜀宣花牛精准管理水平、提升质量安全为目标。

中国农业出版社出版
地址：北京市朝阳区麦子店街 18 号楼
邮编：100125
责任编辑：黄向阳
版式设计：杨　婧　　责任校对：吴丽婷
印刷：北京通州皇家印刷厂
版次：2019 年 12 月第 1 版
印次：2019 年 12 月北京第 1 次印刷
发行：新华书店北京发行所
开本：720mm×960mm　1/16
印张：21
字数：355 千字
定价：136.00 元